U0196730

《"中国制造2025"出版工程》
编 委 会

“十三五”国家重点出版物
出版规划项目

特种机器人技术

郭彤颖 张 辉 朱林仓 等著

化学工业出版社
·北 京·

本书系统地介绍了特种机器人的基础知识、路径规划算法，以及废墟搜救机器人和文本问答机器人的应用实例，内容涉及近几年机器人领域的研究热点问题，是作者多年来在该领域研究成果的积累和总结。主要内容有机器人的定义与分类，特种机器人的发展现状及核心技术、主要应用领域，机器人的驱动系统、机构和传感技术，移动机器人的定位算法和路径规划算法，废墟搜救机器人的系统组成和自主运动控制研究，文本问答机器人的体系结构、关键技术和典型应用等。

本书可作为从事特种机器人研究和开发及应用的科学研究工作者和工程技术人员的参考书，也可作为控制科学与工程、计算机科学与技术、机械电子工程等学科研究生或高年级本科生的教材。

图书在版编目（CIP）数据

特种机器人技术/郭彤颖等著. —北京：化学工业出版社，2019.8（2023.2重印）
“中国制造2025”出版工程
ISBN 978-7-122-34381-9

Ⅰ.①特…　Ⅱ.①郭…　Ⅲ.①特种机器人-机器人技术　Ⅳ.①TP242.3

中国版本图书馆CIP数据核字（2019）第080957号

责任编辑：韩亚南　　装帧设计：尹琳琳
责任校对：王素芹

出版发行：化学工业出版社（北京市东城区青年湖南街13号　邮政编码100011）
印　　装：北京科印技术咨询服务有限公司数码印刷分部
710mm×1000mm　1/16　印张15¼　字数284千字　2023年2月北京第1版第2次印刷

购书咨询：010-64518888　　售后服务：010-64518899
网　　址：http://www.cip.com.cn
凡购买本书，如有缺损质量问题，本社销售中心负责调换。

定　　价：89.00元

序

制造业是国民经济的主体，是立国之本、兴国之器、强国之基。 近十年来，我国制造业持续快速发展，综合实力不断增强，国际地位得到大幅提升，已成为世界制造业规模最大的国家。 但我国仍处于工业化进程中，大而不强的问题突出，与先进国家相比还有较大差距。 为解决制造业大而不强、自主创新能力弱、关键核心技术与高端装备对外依存度高等制约我国发展的问题，国务院于 2015 年 5 月 8 日发布了“中国制造 2025”国家规划。 随后，工信部发布了“中国制造 2025”规划，提出了我国制造业“三步走”的强国发展战略及 2025 年的奋斗目标、指导方针和战略路线，制定了九大战略任务、十大重点发展领域。 2016 年 8 月 19 日，工信部、国家发展改革委、科技部、财政部四部委联合发布了“中国制造 2025”制造业创新中心、工业强基、绿色制造、智能制造和高端装备创新五大工程实施指南。

为了响应党中央、国务院做出的建设制造强国的重大战略部署，各地政府、企业、科研部门都在进行积极的探索和部署。 加快推动新一代信息技术与制造技术融合发展，推动我国制造模式从“中国制造”向“中国智造”转变，加快实现我国制造业由大变强，正成为我们新的历史使命。 当前，信息革命进程持续快速演进，物联网、云计算、大数据、人工智能等技术广泛渗透于经济社会各个领域，信息经济繁荣程度成为国家实力的重要标志。 增材制造（3D 打印）、机器人与智能制造、控制和信息技术、人工智能等领域技术不断取得重大突破，推动传统工业体系分化变革，并将重塑制造业国际分工格局。 制造技术与互联网等信息技术融合发展，成为新一轮科技革命和产业变革的重大趋势和主要特征。 在这种中国制造业大发展、大变革背景之下，化学工业出版社主动顺应技术和产业发展趋势，组织出版《“中国制造 2025”出版工程》丛书可谓勇于引领、恰逢其时。

《“中国制造 2025”出版工程》丛书是紧紧围绕国务院发布的实施制造强国战略的第一个十年的行动纲领——“中国制造 2025”的一套高水平、原创性强的学术专著。 丛书立足智能制造及装备、控制及信息技术两大领域，涵盖了物联网、大数据、3D 打印、机器人、智能装备、工业网络安全、知识自动化、人工智能等一系列核心技术。 丛书的选题策划紧密结合“中国制造 2025”规划及 11 个配套实施指南、行动计划或专项规划，每个分册针对各个领域的一些核心技术组织内容，集中体现了国内制造业领域的技术发展成果，旨在加强先进技术的研发、推广和应用，为“中国制造 2025”行动纲领的落地生根提供了有针对性的方向引导和系统性的技术参考。

这套书集中体现以下几大特点：

首先，丛书内容都力求原创，以网络化、智能化技术为核心，汇集了许多前沿科技，反映了国内外最新的一些技术成果，尤其使国内的相关原创性科技成果得到了体现。 这些图书中，包含了获得国家与省部级诸多科技奖励的许多新技术，因此，图书的出版对新技术的推广应用很有帮助！ 这些内容不仅为技术人员解决实际问题，也为研究提供新方向、拓展新思路。

其次，丛书各分册在介绍相应专业领域的新技术、新理论和新方法的同时，优先介绍有应用前景的新技术及其推广应用的范例，以促进优秀科研成果向产业的转化。

丛书由我国控制工程专家孙优贤院士牵头并担任编委会主任，吴澄、王天然、郑南宁等多位院士参与策划组织工作，众多长江学者、杰青、优青等中青年学者参与具体的编写工作，具有较高的学术水平与编写质量。

相信本套丛书的出版对推动“中国制造 2025”国家重要战略规划的实施具有积极的意义，可以有效促进我国智能制造技术的研发和创新，推动装备制造业的技术转型和升级，提高产品的设计能力和技术水平，从而多角度地提升中国制造业的核心竞争力。

中国工程院院士 潘云鹤

前言

自 20 世纪 50 年代末第一台工业机器人诞生以来，机器人不仅广泛应用于工业生产和制造业领域，而且在航空航天、海洋探测、建筑领域、危险或恶劣环境，以及日常生活和教育娱乐等非制造业领域中得到了大量应用。 特种机器人是除工业机器人之外的、用于非制造业并服务于人类的各种机器人的总称。

特种机器人的研究涉及机器视觉、模式识别、人工智能、智能控制、传感器技术、计算机技术、机械电子和仿生学等诸多学科的理论和技术，是一门高度交叉的前沿学科。 为了顺应机器人从传统的工业机器人逐步走向千家万户的发展趋势，展示特种机器人的广阔应用领域，本书综合应用多个相关学科的知识，系统地讲解了特种机器人的基础知识、算法研究和应用实例，反映了特种机器人学的基础知识以及与其相关的先进理论和技术。 算法研究部分主要是针对目前应用最为广泛的移动机器人开展的研究，应用实例部分介绍了目前比较前沿的废墟搜救机器人和文本问答机器人的系统组成和关键技术，大量篇幅介绍作者的研究成果。 希望读者通过阅读和学习这本书，能够感受到从事特种机器人相关研究的乐趣。

本书共分 7 章，第 1 章主要讲解机器人的基础知识，包括机器人的定义与分类、发展历程及趋势，特种机器人的发展现状和核心技术及主要应用领域；第 2 章主要介绍特种机器人的驱动系统、传动机构、手臂和移动机构；第 3 章讲解特种机器人的常用传感器，以及最近几年发展起来的智能传感器和无线传感网络技术；第 4 章在分析移动机器人视觉系统特点基础上，开展了摄像机标定方法研究、路标的设计与识别、基于路标的视觉定位研究和算法实现；第 5 章在介绍常用的移动机器人路径规划方法基础上，开展了基于算法融合的移动机器人路径规划研究；第 6 章讲述废墟搜救机器人的控制系统和如何实现移动机器人的自主运动；第 7 章阐明文本问答机器人的体系结构和关键技术，并详细阐述了基于互联网的文本问答机器人的典型应用。 本书以二维码形式给出了特种机器人有关术语的中英文对照。

本书第 1 章、第 2 章由郭彤颖、王海忱撰写，第 3 章由郭彤颖、张辉撰写，第 4 章由张令涛、关丽荣、张辉撰写，第 5 章由郭彤颖、刘雍、刘伟、赵昆、李宁宁撰写，第 6 章由朱林仓、郭彤颖、刘冬莉撰写，第 7 章由朱林仓、郭彤颖撰写，有关术语中英文对照由郭彤颖、王德广撰写。 全书由郭彤颖统稿。

由于机器人技术一直处于不断发展之中，鉴于作者水平有限，难以全面、完整地对当前的研究前沿和热点问题一一进行探讨。 书中存在不妥之处，敬请读者给予批评指正。

著　者

目录

中国制造
2025

第1章

绪论

1.1 机器人的定义与分类

1.1.1 机器人的定义

机器人技术作为20世纪人类最伟大的发明之一，在制造业和非制造业领域都发挥了重要作用。随着机器人技术的飞速发展和信息时代的到来，新型机器人不断涌现，机器人所涵盖的内容越来越丰富，机器人的定义也在不断充实和创新。

“机器人”一词最早出现在1920年捷克斯洛伐克作家卡雷尔·凯佩克（Karel Capek）所编写的科幻剧本《罗萨姆的万能机器人》(Rossum's Universal Robots)。在剧本中，凯佩克把捷克语“Robota”写成了“Robot”，“Robota”是“强制劳动”的意思。该剧预告了机器人的发展对人类社会的悲剧性影响，引起了大家的广泛关注，被当成了机器人一词的起源。凯佩克提出的是机器人的安全、感知和自我繁殖问题。科学技术的进步很可能引发人类不希望出现的问题。虽然科幻世界只是一种想象，但人类社会将可能面临这种现实。

为了防止机器人伤害人类，1950年科幻作家阿西莫夫（Isaac Asimov）在《我，机器人》一书中提出了“机器人三原则”：

① 机器人必须不伤害人类，也不允许它见人类将受到伤害而袖手旁观；

② 机器人必须服从人类的命令，除非人类的命令与第一条相违背；

③ 机器人必须保护自身不受伤害，除非这与上述两条相违背。

这三条原则，给机器人社会赋以新的伦理性。至今，它仍会为机器人研究人员、设计制造厂家和用户提供十分有意义的指导方针。

1967年在日本召开的第一届机器人学术会议上，人们提出了两个有代表性的定义。一是森政弘与合田周平提出的：“机器人是一种具有移动性、个体性、智能性、通用性、半机械半人性、自动性、奴隶性7个特征的柔性机器”。从这一定义出发，森政弘又提出了用自动性、智能性、个体性、半机械半人性、作业性、通用性、信息性、柔性、有限性、移动性10个特性来表示机器人的形象。另一个是加藤一郎提出的，具有如下3个条件的机器可以称为机器人：

① 具有脑、手、脚三要素的个体；

② 具有非接触传感器（用眼、耳接收远方信息）和接触传感器；

③ 具有平衡和定位的传感器。

该定义强调了机器人应当具有仿人的特点，即它靠手进行作业，靠脚实现移动，由脑来完成统一指挥的任务。非接触传感器和接触传感器相当于人的五官，使机器人能够识别外界环境，而平衡和定位则是机器人感知本身状态所不可缺少的传感器。

美国机器人产业协会（RIA）给出的定义是：机器人是一种用于搬运各种材料、零件、工具或其他特种装置的、可重复编程的多功能操作机。

日本工业机器人协会（JIRA）给出的定义是：机器人是一种带有记忆装置和末端执行器的，能够通过自动化的动作而代替人类劳动的通用机器。

国际标准化组织（ISO）对机器人的定义是：机器人是一种能够通过编程和自动控制来执行诸如作业或移动等任务的机器。

我国科学家对机器人的定义是：机器人是一种自动化的机器，所不同的是，这种机器具备一些与人或生物相似的智能能力，如感知能力、规划能力、动作能力和协同能力，是一种具有高度灵活性的自动化机器。

随着人们对机器人技术智能化本质认识的加深，机器人技术开始源源不断地向人类活动的各个领域渗透。结合这些领域的应用特点，人们发展出了各式各样的具有感知、决策、行动和交互能力的特种机器人和各种智能机器人。现在虽然还没有一个严格而准确的机器人定义，但是我们希望对机器人的本质特征做些确认：机器人是自动执行工作的机器装置。它既可以接受人类指挥，又可以运行预先编写的程序，也可以根据人工智能技术制定的原则进行行动。它的任务是协助或取代人类的工作。它是高级整合控制论、机械电子、计算机、材料和仿生学的产物，在工业、医学、农业、服务业、建筑业甚至军事等领域中均有重要用途。

1.1.2 机器人的分类

关于机器人的分类，国际上没有制定统一的标准，从不同的角度可以有不同的分类，下面介绍几种常用的分类方式。

（1）从应用环境角度分类

目前，我国的机器人专家从应用环境出发，将机器人分为两大类，即工业机器人和特种机器人。国际上的机器人学者，从应用环境出发将机器人也分为两类：制造环境下的工业机器人和非制造环境下的服务与仿人型机器人，这和中国的分类是一致的。

工业机器人是指面向工业领域的多关节机械手或多自由度机器人。特种机器人则是除工业机器人之外的、用于非制造业并服务于人类的各种先进机器人，包括：服务机器人、水下机器人、娱乐机器人、军用机器人、农业机器人、医疗机器人等。在特种机器人中，有些分支发展很快，有独立成体系的趋势，如服务机器人、水下机器人、军用机器人、微操作机器人等。

(2) 按照控制方式分类

① 操作型机器人：能自动控制，可重复编程，多功能，有几个自由度，可固定或运动，用于相关自动化系统中。

② 程控型机器人：按预先要求的顺序及条件，依次控制机器人的机械动作。

③ 示教再现型机器人：通过引导或其他方式，先教会机器人动作，输入工作程序，机器人则自动重复进行作业。

④ 数控型机器人：不必使机器人动作，通过数值、语言等对机器人进行示教，机器人根据示教后的信息进行作业。

⑤ 感觉控制型机器人：利用传感器获取的信息控制机器人的动作。

⑥ 适应控制型机器人：机器人能适应环境的变化，控制其自身的行动。

⑦ 学习控制型机器人：机器人能“体会”工作的经验，具有一定的学习功能，并将所“学”的经验用于工作中。

⑧ 智能机器人：至少要具备三个要素，一是感觉要素，用来认识周围环境状态；二是运动要素，对外界做出反应性动作；三是思考要素，根据感觉要素所得到的信息，判断出采用什么样的动作。

(3) 按照机器人移动性分类

可分为半移动式机器人（机器人整体固定在某个位置，只有部分可以运动，例如机械手）和移动机器人。

随着机器人的不断发展，人们发现固定于某一位置操作的机器人并不能完全满足各方面的需要。因此，在 20 世纪 80 年代后期，许多国家有计划地开展了移动机器人技术的研究。所谓的移动机器人，就是一种具有高度自主规划、自行组织、自适应能力，适合于在复杂的非结构化环境中工作的机器人，它融合了计算机技术、信息技术、通信技术、微电子技术和机器人技术等。移动机器人具有移动功能，在代替人从事危险、恶劣（如辐射、有毒等）环境下作业和人较难到达的（如宇宙空间、水下等）环境作业方面，比一般机器人有更大的机动性、灵活性。

移动机器人可以从不同角度进行分类。按照机器人的移动方式可以分为轮式移动机器人、步行移动机器人（单腿式、双腿式和多腿式）、履带式移动机器人、爬行机器人、蠕动式机器人和游动式机器人等类型；按工作环境可分为室内移动机器人和室外移动机器人。

1.2 机器人的发展历程及趋势

机器人是集机械、电子、控制、传感、人工智能等多学科先进技术于一体的自动化装备。应用机器人系统不仅可以帮助人们摆脱一些危险、恶劣、难以到达等环境下的作业（如危险物拆除、扫雷、空间探索、海底探险等），还因为机器人具有操作精度高、不知疲倦等特点，可以减轻人们的劳动强度，提高劳动生产率，改善产品质量。

从世界上第一台机器人诞生以来，机器人技术得到了迅速的发展。机器人的应用范围也已经从工业制造领域扩展到军事、航空航天、服务业、医疗、人类日常生活等多个领域。机器人与人工智能技术、先进制造技术和移动互联网技术的融合发展，推动了人类社会生活方式的变革。机器人产业也正在逐渐成为一个新的高技术产业。

1.2.1 机器人的发展历程

机器人发展历程可以分为四个阶段，如图 1-1 所示。

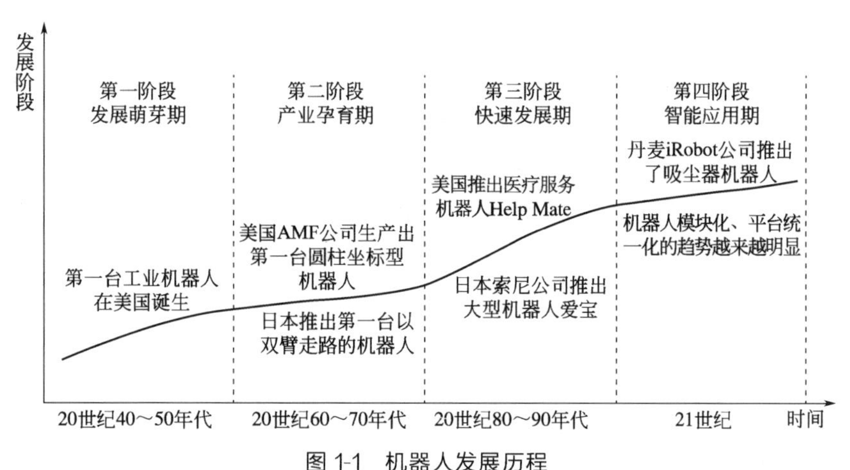

图 1-1 机器人发展历程

第一阶段，发展萌芽期。1954 年，美国人乔治·德沃尔制造出世界上第一台可编程的机器人，并获得了专利，它能按照不同的程序从事不同的工作，因此具有通用性和灵活性。1959 年，德沃尔与美国发明家约瑟夫·英格伯格联手制造出第一台工业机器人。随后，成立了世界上第一家机器人制造工厂——Unimation 公司。由于英格伯格对工业机器人的研发和宣传，他也被称为“工业机器人之父”。1956 年，在达特茅斯会议上，马文·明斯基提出了他对智能机器的看法：智能机器“能够创建周围环境的抽象模型，如果遇到问题，能够从抽象模型中寻找解决方法”。这个定义影响到以后 30 年智能机器人的研究方向。这一阶段，随着机构理论和伺服理论的发展，机器人进入了实用阶段。

第二阶段，产业孕育期。1962 年，美国机械与铸造公司（American Machine and Foundry，AMF）制造出世界上第一台圆柱坐标型机器人，命名为 Verstran，意思是“万能搬动”，并成功应用于美国坎顿（Canton）的福特汽车生产厂，这是世界上第一种用于工业生产上的机器人。1969 年，日本研发出第一台以双臂走路的机器人。同时日本、德国等国家面临劳动力短缺等问题，因而投入巨资研发机器人，技术迅速发展，成为机器人强国。这一阶段，随着计算机技术、现代控制技术、传感技术、人工智能技术的发展，机器人也得到了迅速的发展。这一时期的机器人属于“示教再现”（Teach-in/Playback）型机器人，只具有记忆、存储能力，按相应程序重复作业，对周围环境基本没有感知与反馈控制能力。

第三阶段，快速发展期。1984 年，美国推出医疗服务机器人（Help Mate），可在医院里为病人送饭、送药、送邮件。1999 年，日本索尼公司推出大型机器人爱宝（Aibo）。这一阶段，随着传感技术，包括视觉传感器、非视觉传感器（力觉、触觉、接近觉等）以及信息处理技术的发展，出现了有感觉的机器人。焊接、喷涂、搬运等机器人被广泛应用于工业行业。2002 年，丹麦 iRobot 公司推出了吸尘机器人。目前，吸尘机器人是世界上销量最大的家用机器人。2006 年起，机器人模块化、平台统一化的趋势越来越明显。近几年来，全球工业机器人销量年均增速超过 17%，与此同时，服务机器人发展迅速，应用范围日趋广泛，以手术机器人为代表的医疗康复机器人形成了较大产业规模，空间机器人、仿生机器人和救灾机器人等特种作业机器人实现了应用。

第四阶段，智能应用期。进入 21 世纪以来，随着劳动力成本的不断提高，技术的不断进步，各国陆续进行制造业的转型与升级，出现了机器人替代人的热潮。这一阶段，随着感知、计算、控制等技术的迭代升级和图像识别、自然语音处理、深度认知学习等人工智能技术在机器人领域的深入应用，机器人领域的服务化趋势日益明显，逐渐渗透到社会生产生活的每一个角落，机器人产业规模也迅速增长。

1.2.2 机器人的发展趋势

进入21世纪以来，智能机器人技术得到迅速发展，具体发展趋势有以下几方面。

（1）传感技术发展迅速

作为机器人基础的传感技术有了新的发展，各种新型传感器不断出现。例如：超声波触觉传感器、静电电容式距离传感器、基于光纤陀螺惯性测量的三维运动传感器，以及具有工件检测、识别和定位功能的视觉系统等。多传感器集成与融合技术在智能机器人上获得应用。单一传感信号难以保证输入信息的准确性和可靠性，不能满足智能机器人系统获取全面、准确环境信息以提升决策能力的要求。采用多传感器集成和融合技术，可利用传感信息，获得对环境状态的正确理解，使机器人系统具有容错性，保证系统信息处理的快速性和准确性。

（2）运用模块化设计技术

智能机器人和高级工业机器人的结构要力求简单紧凑，其高性能部件，甚至全部机构的设计已向模块化方向发展；其驱动采用交流伺服电机，向小型和高输出方向发展；其控制装置向小型化和智能化发展，采用高速CPU和32位芯片、多处理器和多功能操作系统，提高机器人的实时和快速响应能力。机器人软件的模块化简化了编程，发展了离线编程技术，提高了机器人控制系统的适应性。

在生产工程系统中应用机器人，使自动化发展为综合柔性自动化，实现生产过程的智能化和机器人化。近年来，机器人生产工程系统获得不断发展。汽车工业、工程机械、建筑、电子和电机工业以及家电行业在开发新产品时，引入高级机器人技术，采用柔性自动化和智能化设备，改造原有生产手段，使机器人及其生产系统的发展呈上升趋势。

（3）微型机器人开发有突破

微型机器和微型机器人为21世纪的尖端技术之一。我国已经开发出手指大小的微型移动机器人，可用于进入小型管道进行检查作业。预计将生产出毫米级大小的微型移动机器人和直径为几百微米的医疗机器人，可让它们直接进入人体器官，进行各种疾病的诊断和治疗，而不伤害人的健康。微型驱动器是开发微型机器人的基础和关键技术之一。它将对精密机械加工、现代光学仪器、超大规模集成电路、现代生物工程、遗传工程和医学工程产生重要影响。

(4) 新型机器人开发有突破

显远或遥现，被称为临场感。这种技术能够测量和估计人对预测目标的拟人运动和生物学状态，显示现场信息，用于设计和控制拟人机构的运动。

虚拟现实（virtual reality，VR）技术是新近研究的智能技术，它是一种对事件的现实性从时间和空间上进行分解后重新组合的技术。这一技术包括三维计算机图形学技术、多传感器的交互接口技术以及高清晰度的显示技术。虚拟现实技术可应用于遥控机器人和临场感通信等领域。例如，可从地球上对火星探测机器人进行遥控操作，以采集火星表面上的土壤。

形状记忆合金（SMA）被称为智能材料。SMA 的电阻随温度的变化而改变，导致合金变形，可用来执行驱动动作，完成传感和驱动功能。可逆形状记忆合金（RSMA）也在微型机器人上得到了应用。

多自主机器人系统（MARS）是近年来开始探索的又一项智能技术，它是在单体智能机器发展到需要协调作业的条件下产生的。多个机器人具有共同的目标，完成相互关联的动作或作业。MARS 的作业目标一致，信息资源共享，各个局部（分散）动作的主体在全局环境下感知、行动、受控和协调，是群控机器人系统的发展。在诸多新型智能技术中，基于人工神经网络的识别、检测、控制和规划方法的开发和应用占有重要的地位。基于专家系统的机器人规划获得新的发展，除了用于任务规划、装配规划、搬运规划和路径规划外，还用于自动抓取方面。

(5) 移动机器人自主性逐步提高

近年来，人们开始重视对移动机器人的研究，自主式移动机器人是研究最多的一种。自主式移动机器人能够按照预先给出的任务指令，根据已知的地图信息做出全局路径规划，并在行进过程中，不断感知周围局部环境信息，自主做出决策，引导自身绕开障碍物，安全行驶到达指定目标，并执行要求的动作与操作。移动机器人在工业和国防上具有广泛的应用前景，如清洗机器人、服务机器人、巡逻机器人、防化侦察机器人、水下自主作业机器人、飞行机器人等。

（6）语言交流功能越来越完美

现代智能机器人的语言功能，主要是依赖于其内部存储器内预先储存的大量的语音语句和文字词汇语句，其语言的能力取决于数据库内储存语句量的大小以及储存的语言范围。显然数据库词汇量越大的机器人，其聊天能力也越强。由此我们可以进一步这样设想，假设机器人储存的聊天语句足够多，能涵盖所有的词汇、语句，那么机器人就有可能与常人的聊天能力相媲美，甚至还要强。此时的机器人具有更广的知识面，虽然机器人可能并不清楚聊天语句的真正涵义。

另外，机器人还需要有进行自我语言词汇重组的能力。就是当人类与之交流时，若遇到语言包程序中没有的语句或词汇时，可以自动地用相关或相近意思的词组，按句子的结构重组成新句子来回答，这也相当于类似人类的学习能力和逻辑能力，是一种意识化的表现。

（7）各种动作的完美化

机器人的动作是相对于模仿人类动作来说的，我们知道人类能做的动作是多样化的，招手、握手、走、跑、跳等各种动作都是人类惯用的。现代智能机器人虽然也能模仿人的部分动作，不过仍让人感觉有点僵化，或者动作比较缓慢。未来机器人将“具有”更灵活的类似人类的关节和仿真人造肌肉，其动作更像人类，模仿人的所有动作。还有可能做出一些普通人很难做出的动作，如平地翻跟斗、倒立等。

（8）逻辑分析能力越来越强

为了使智能机器人更完美地模仿人类，未来科学家会不断地赋予它许多逻辑分析功能，这也相当于智能的表现。如自行重组相应词汇成新的句子是逻辑能力的完美表现形式，还有若自身能量不足，可以自行充电，而不需要主人帮助，是一种意识表现。总之逻辑分析有助于机器人自身完成许多工作，在不需要人类帮助的同时，还可以尽量地帮助人类完成一些任务，甚至是比较复杂化的任务。在一定层面上讲，机器人有较强的逻辑分析能力，是利大于弊的。

（9）具备越来越多样化功能

人类制造机器人的目的是为人类服务，所以就会尽可能地使它多功能化。比如在家庭中使用的机器人保姆，会扫地、吸尘，还可以做人类的聊天朋友，还可以帮助看护小孩。到外面时，机器人可以搬一些重物，或提一些东西，甚至还能当人类的私人保镖。另外，未来高级智能机器人还会具备多样化的变形功能，比如从人形状态，变成一辆豪华的汽车，可以载人，这些设想在未来都有可能实现。

（10）外形越来越酷似人类

科学家研制越来越高级的智能机器人，是主要以人类自身形体为参照对象的。自然先需要有仿真的人类外表，这一方面的技术日本应该是相对领先的，我国也是非常优秀的。

对于未来机器人，仿真程度很有可能达到即使近在咫尺细看它的外表，也只会把它当成人类，很难分辨出是机器人的程度。这种状况就如美国科幻大片《终结者》中的机器人物造型，具有极致完美的人类外表。

1.3 特种机器人的发展现状和核心技术

特种机器人是指除工业机器人之外的、用于非制造业并服务于人类的各种先进机器人，其始终是智能机器人技术研究的重点。非制造业领域的特种机器人与制造业的工业机器人相比，其主要特点是工作环境的非结构化和不确定性，因而对机器人的要求更高，需要机器人具有行走功能、对外感知能力以及局部的自主规划能力等，是机器人技术的一个重要发展方向。

1.3.1 全球特种机器人发展现状

近年来，全球特种机器人整机性能持续提升，不断催生出新兴市场，引起各国高度关注。2017 年，全球特种机器人市场规模已达到了 56 亿美元，按照年均增速 12%来算，至 2020 年全球特种机器人市场规模将达 77 亿美元（见图 1-2）。其中，美国、日本和欧盟在特种机器人创新和市场推广方面全球领先。美国提出“机器人发展路线图”，计划将特种机器人列为未来 15 年重点发展方向。日本提出“机器人革命”战略，涵盖特种机器人、新世纪工业机器人和服务机器人三个主要方向，计划至 2020 年实现市场规模翻番，扩大至 12 万亿日元，其中特种机器人将是增速最快的领域。欧盟启动全球最大民用机器人研发项目，计划到 2020 年投入 28 亿欧元，开发包括特种机器人在内的机器人产品并迅速推向市场。

目前，特种机器人发展有以下特点。

① 技术进步促进智能水平大幅提升　当前特种机器人应用领域不断拓展，所处的环境变得更为复杂与极端，传统的编程式、遥控式机器人

由于程序固定、响应时间长等问题，难以在环境迅速改变时做出有效的应对。随着传感技术、仿生与生物模型技术、生机电信息处理与识别技术不断进步，特种机器人已逐步实现“感知—决策—行为—反馈”的闭环工作流程，具备了初步的自主智能，与此同时，仿生新材料与刚柔耦合结构也进一步打破了传统的机械模式，提升了特种机器人的环境适应性。

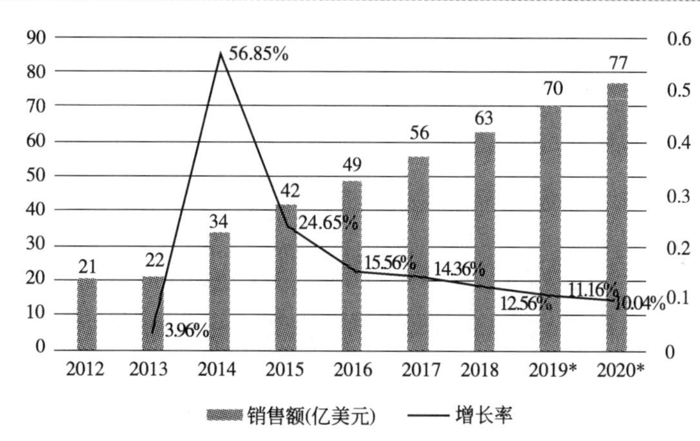

图 1-2 2012—2020 年全球特种机器人销售额及增长率（带 * 为预估值，下同）

② 替代人类在更多特殊环境中从事危险劳动 当前特种机器人已具备一定水平的自主智能，通过综合运用视觉、压力等传感器，深度融合软硬系统，以及不断优化控制算法，特种机器人已能完成定位、导航、避障、跟踪、二维码识别、场景感知识别、行为预测等任务。例如，波士顿动力公司已发布的两轮机器人 Handle，实现了在快速滑行的同时进行跳跃的稳定控制。随着特种机器人的智能性和对环境的适应性不断增强，其在军事、防暴、消防、采掘、建筑、交通运输、安防监测、空间探索、管道建设等众多领域都具有十分广阔的应用前景。

③ 救灾、仿生、载人等领域获得高度关注 近年来全球多发的自然灾害、恐怖活动、武力冲突等对人们的生命财产安全构成了极大的威胁，为提高危机应对能力，减少不必要的伤亡以及争取最佳救援时间，各国政府及相关机构投入重金加大对救灾、仿生、载人等特种机器人的研发支持力度，如日本研究人员在开发的救灾机器人的基础上，创建了一个可远程操控的双臂灾害搜救建筑机器人。与此同时，日本软银集团收购了谷歌母公司 Alpahbet 旗下的两家仿生机器人公司波士顿动力和 Schaft，

韩国机器人公司“韩泰未来技术”花费 2.16 亿美元打造出“世界第一台”载人机器人。

④ 无人机广受各路资本追捧　近年来，无人机在整机平台制造、飞控和动力系统等方面都取得了较大进步。无人机产业发展呈现爆发增长的态势，市场空间增长迅速，无人机已成为各路资本关注的重点。如 Snap 收购无人机初创公司 Ctrl Me Robotics，卡特彼勒集团战略投资了美国无人机服务巨头 Airware，英特尔收购了德国无人机软件和硬件制造商 MAVinci。

1.3.2 我国特种机器人发展现状

当前，我国特种机器人市场保持较快发展，各种类型产品不断出现，在应对地震、洪涝灾害和极端天气，以及矿难、火灾、安防等公共安全事件中，对特种机器人有着突出的需求。2016 年，我国特种机器人市场规模达到 6.3 亿美元，增长率达到 16.67%，略高于全球特种机器人增长率。其中，军事应用机器人、极限作业机器人和应急救援机器人市场规模分别为 4.8 亿美元、1.1 亿美元和 0.4 亿美元，其中极限作业机器人是增速最快的领域。随着我国企业对安全生产意识的进一步提升，将逐步使用特种机器人替代人在高危场所和复杂环境中进行作业。到 2020 年，特种机器人的国内市场需求有望达到 12.4 亿美元（见图 1-3）。

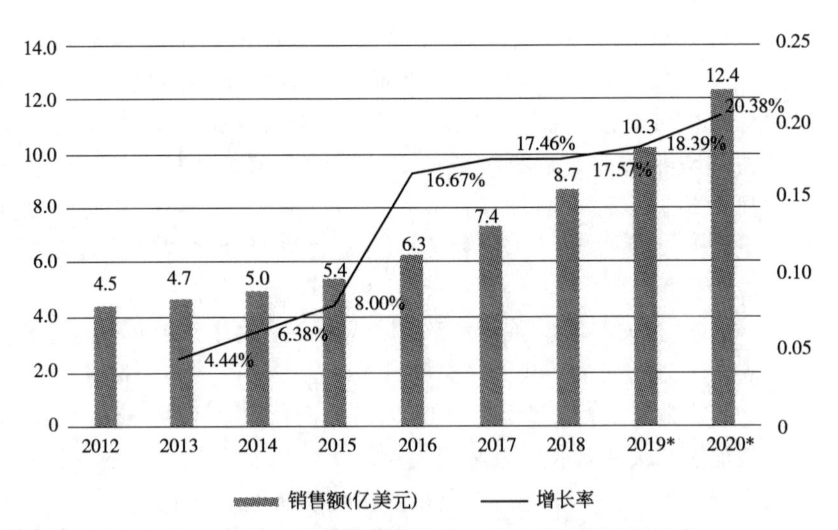

图 1-3　2012—2020 年我国特种机器人销售额及增长率

我国特种机器人从无到有、品种不断丰富、应用领域不断拓展，奠定了特种机器人产业化的基础。我国高度重视特种机器人技术研究与开发，并通过“特殊服役环境下作业机器人关键技术”主题项目及“深海关键技术与装备”等重点专项予以支持。目前，在反恐排爆及深海探索领域部分关键核心技术已取得突破，例如室内定位技术、高精度定位导航与避障技术，汽车底盘危险物品快速识别技术已初步应用于反恐排爆机器人。与此同时，我国先后攻克了钛合金载人舱球壳制造、大深度浮力材料制备、深海推进器等多项核心技术，使我国在深海核心装备国产化方面取得了显著进步。

20 多年来，我国先后研制出一大批特种机器人，并投入使用，如辅助骨外科手术机器人和脑外科机器人成功用于临床手术，低空飞行机器人在南极科考中得到应用，微小型探雷扫雷机器人参加了国际维和扫雷行动，空中搜索探测机器人、废墟搜救机器人等地震搜救机器人成功问世，细胞注射微操作机器人已应用于动物克隆实验，国内首台腹腔微创外科手术机器人进行了动物试验并通过了鉴定，反恐排爆机器人已经批量装备公安和武警部队等。

特种无人机、水下机器人等研制水平全球领先。目前，在特种机器人领域，我国已初步制造出特种无人机、水下机器人、搜救/排爆机器人等系列产品，并在一些领域形成优势。例如，中国电子科技集团公司研究开发了固定翼无人机智能集群系统，成功完成 119 架固定翼无人机集群飞行试验。我国中车时代电气公司研制出世界上最大吨位深水挖沟犁，填补了我国深海机器人装备制造领域空白；新一代远洋综合科考船“科学”号搭载的缆控式遥控无人潜水器“发现”号与自治式水下机器人“探索”号在南海北部实现首次深海交会拍摄。

1.3.3 特种机器人核心技术

发展具有自主知识产权的海洋探测技术，研发面向资源勘探、捕捞救援、环境监测等需求的系列化海洋装备，推动产业化进程，提供我国在深远海国际竞争中的技术支撑与能力保障；研发国防建设急需的无人化机器人装备，包括面向海陆空单一环境和多栖环境的无人侦察及作战机器人系统、增强单兵能力的助力机器人、智能光电系统等；研发面向极地科考、核电站巡检、空间科学实验等需求的特种机器人系统。根据中国自动化学会发布的相关报告，特种机器人核心技术发展规划如表 1-1 所示。

表 1-1 特种机器人核心技术发展规划

		现状	近期(2020 年)	远期(2030 年)
特种机器人		只有在某种已知环境下、面向特定任务时,特种机器人才能够在某些方面表现出自主性	机器人在复杂环境中的自主导航、制导与控制能力提升,机器人可以摆脱人的持续实时遥控,部分自主地完成一些任务	机器人能够应对需要较高认知能力的环境(野外自然环境)并在不依赖人遥控的条件下自主运行
机器人本体技术	驱动技术	电、液、气等驱动方式是主流,且驱动性能不高	驱动性能提升:轻量化、小型化、集成化技术快速发展	新的驱动方式(化学驱动、核驱动、生物驱动)出现并逐渐成熟
	机构构型	传统的机构、构型在灵巧性、效率方面性能不高	仿生机构技术快速发展,机构性能大幅提升	仿生运动机构可能展现出类生物的运动性能
传感与控制技术	运动控制	常规条件下的运动控制技术已经成熟,复杂条件下的运动控制性能仍然不高	运动控制技术趋于成熟,可支持机器人在复杂条件下安全地完成一些复杂的运动	鲁棒控制、自适应控制技术得到广泛应用,机器人能够实现大部分机动运行模态
	感知	非结构化环境建模技术、特定目标识别技术等面向特定任务的感知技术逐渐成熟	动态环境感知、长时期自主感知等技术趋于成熟,环境认知能力仍然不足	机器人感知能力大幅增强,感知精度和鲁棒性得到大幅提升,机器人将具备一定的态势认知能力
智能性与自主性技术	导航规划决策	面向特定使命和环境的导航与规划技术成熟,短期内,机器人的决策自主性仍然不高,需要依靠操控人员进行决策	导航与规划算法中对于不确定因素的处理趋于成熟,算法实时性得到极大改善,机器人能够针对特定的任务进行决策	导航与规划中系统不确定性的内在处理机制成熟,实时导航与规划实现机器人能够在部分复杂环境中(极地、海洋、行星等)实现自主决策
	学习	面向特定任务(如目标识别、导航等)的学习理论趋于成熟,可提高任务完成效率	自主学习理论发展迅速,机器人可以实现面向任务的自主发育式学习	自主学习理论发展趋于成熟,认知学习,长期学习,机-机、人-机全自主学习(通过观察,交互)等技术迅速发展

1.4 特种机器人的主要应用领域

经过数十年的发展，特种机器人已经广泛应用于医用、农业、建筑、服务业、军用、救灾等领域。下面简要介绍一下机器人在诸多领域的应用情况。

(1) 医用机器人

医用机器人，是指用于医院、诊所的医疗或辅助医疗的机器人。它能独自编制操作计划，依据实际情况确定动作程序，然后把动作变为操作机构的运动。主要研究内容包括：医疗外科手术的规划与仿真、机器人辅助外科手术、最小损伤外科手术、临场感外科手术等。美国已开展临场感外科的研究，用于战场模拟、手术培训、解剖教学等。法国、英国、意大利、德国等国家联合开展了图像引导型矫形外科计划、袖珍机器人计划以及用于外科手术的机电手术工具等项目的研究，并已取得一些成效。医用机器人种类很多，按照其用途不同，有临床医疗用机器人、护理机器人、医用教学机器人和为残疾人服务机器人等。

① 运送药品的机器人　可代替护士送饭、送病例和化验单等，较为著名的有美国 TRC 公司的 Help Mate 机器人。

② 移动病人的机器人　主要帮助护士移动或运送瘫痪和行动不便的病人，如英国的 PAM 机器人。

③ 临床医疗的机器人　包括外科手术机器人和诊断与治疗机器人。图 1-4 所示机器人是一台能够为患者治疗中风的医疗机器人，这款机器人能够通过互联网将医生和患者的信息进行交互。有了这种机器人，医生无需和患者面对面就能进行就诊治疗。

④ 为残疾人服务的机器人　又叫康复机器人，可以帮助残疾人恢复独立生活能力。图 1-5 所示机器人是一款新型助残机器人，它是由美国军方专门为受伤致残失去行动能力的士兵设计的，它将受伤的士兵下肢紧紧地包裹在机器人体内，通过感知士兵的肢体运动来行走。

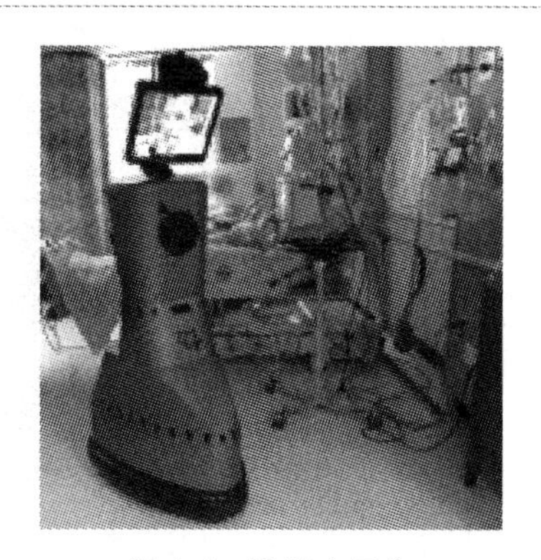

图 1-4　机器人医生

图 1-5　助残机器人

⑤ 护理机器人　英国科学家正在研发一种护理机器人，能用来分担

护理人员繁重琐碎的护理工作。新研制的护理机器人将帮助医护人员确认病人的身份，并准确无误地分发所需药品。将来，护理机器人还可以检查病人体温、清理病房，甚至通过视频传输帮助医生及时了解病人病情。

⑥ 医用教学机器人　是理想的教具。美国医护人员目前使用一部名为“诺埃尔”的教学机器人，它可以模拟即将生产的孕妇，甚至还可以说话和尖叫。通过模拟真实接生，有助于提高妇产科医护人员手术配合能力和临场反应能力。

（2）农业机器人

农业机器人是应用于农业生产的机器人的总称。近年来，随着农业机械化的发展，农业机器人正在发挥越来越大的作用，已经投入应用的有西红柿采摘机器人（见图 1-6）、林木球果采摘机器人（见图 1-7）、嫁接机器人（见图 1-8）、伐根机器人（见图 1-9）、收割机器人、喷药机器人等。

图 1-6　西红柿采摘机器人

图 1-7　林木球果采摘机器人

图 1-8　嫁接机器人

图 1-9　伐根机器人

(3) 建筑机器人

建筑机器人是应用于建筑领域的机器人的总称。随着全球建筑行业的快速发展，劳动力成本的上升，建筑机器人迎来了发展机遇。日本已研制出20多种建筑机器人，如高层建筑抹灰机器人、预制件安装机器人、室内装修机器人、地面抛光机器人、擦玻璃机器人等，并已投入实际应用。美国在进行管道挖掘和埋设机器人、内墙安装机器人等的研制，并开展了传感器、移动技术和系统自动化施工方法等基础研究。图1-10是玻璃幕墙清洗机器人，图1-11是管道清洗机器人。

图1-10 玻璃幕墙清洗机器人

图1-11 管道清洗机器人

建筑机器人可以24h工作，长时间保持一个特殊姿势而不“疲倦”。机器人建起的房子质量更好，同时可以抵御恶劣的天气。美国Construction Robotics公司推出了一款名为“半自动梅森”(SAM100)的砌砖机器人(见图1-12)，每天可砌砖3000块，而一个工人一般每天只砌250～300块砖。

图1-12 “半自动梅森”(SAM100)砌砖机器人

澳大利亚开发的全自动商用建筑机器人 Hadrian X（见图 1-13），可以 3D 打印和砌砖，它每小时的铺砖量达到了惊人的 1000 块。Hadrian X 不再采用传统水泥，而是用建筑胶来粘合砖块，从而大大提升建筑的速度、强度，并可强化结构的最终热效应。

图 1-13 Hadrian X 建筑机器人

2018 年 4 月，美国麻省理工学院的研究团队开发了一个全新的数字建设机台（见图 1-14），可利用 3D 打印技术“打印”建筑，该机器人使用的建筑材料是泡沫和混凝土的混合物，壁与壁之间留有空隙，可嵌入线路及管道。该机台最底部的装置就像装有坦克履带的探测车一样，上面有两只机械手臂，手臂的末端还装有喷嘴。

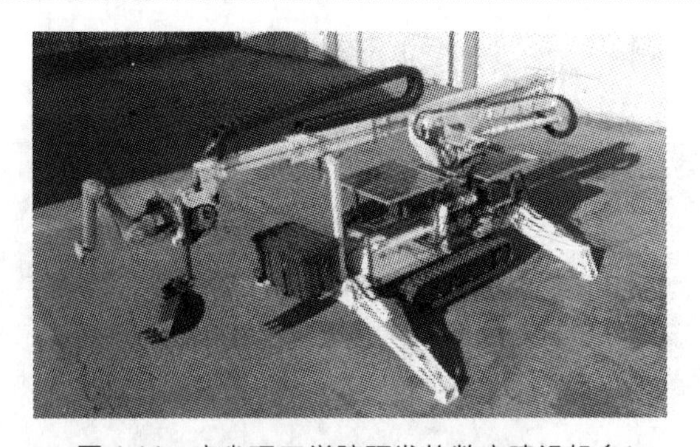

图 1-14 麻省理工学院研发的数字建设机台

图 1-15 是在美国宾夕法尼亚州的一个桥梁项目上试用的捆绑钢筋的机器人。图 1-16 所示的 Husqvarna DXR 系列遥控拆迁机器人具有功率大、重量轻等特点。工人可以远程操作 Husqvarna DXR 拆迁机器人，而不需要进入危险的拆迁场地中。

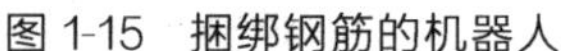
图 1-15 捆绑钢筋的机器人

图 1-16 Husqvarna DXR 拆迁机器人

配备了高清摄像头和传感器的建筑工地上的“自动漫游者”，可以在工地周围导航，是能够识别和避开障碍物的机器人。法国机器人公司 Effidence 开发的“EffiBOT”（见图 1-17），可以跟随工人，携带工具和材料。

图 1-17 法国机器人公司 Effidence 开发的“EffiBOT”

（4）家政服务机器人

服务机器人是一种以自主或半自主方式运行，能为人类生活和健康提供服务的机器人，或者是能对设备运行进行维护的一类机器人。服务机器人主要是一个移动平台，它能够移动，上面有一些手臂进行操作，同时还装有一些力觉传感器、视觉传感器、超声测距传感器等。它对周边的环境进行识别，判断自己的运动，完成某种工作，这是服务机器人的基本特点。

如图 1-18 所示的是日本发明的人形机器人保姆“AR”，“AR”上共搭载了五台照相机，通过图像识别来辨认家具，它依靠车轮移动，除了会洗衣、打扫卫生，还会做收拾餐具等诸多家务杂活。在公开展示活动中，“AR”演示了打开洗衣机盖并将衣服放入洗衣机的过程，同时还展示了送餐具和打扫卫生等功能。

图 1-19 所示机器人是由德国研制的新一代机器人保姆 Care-O-Bot3，它全身布满了各种能够识别物体的传感器，能够准确地判断物体的位置并识别物体的类型；它不仅能够通过声音控制或者手势控制，同时还具备很强的自我学习能力。

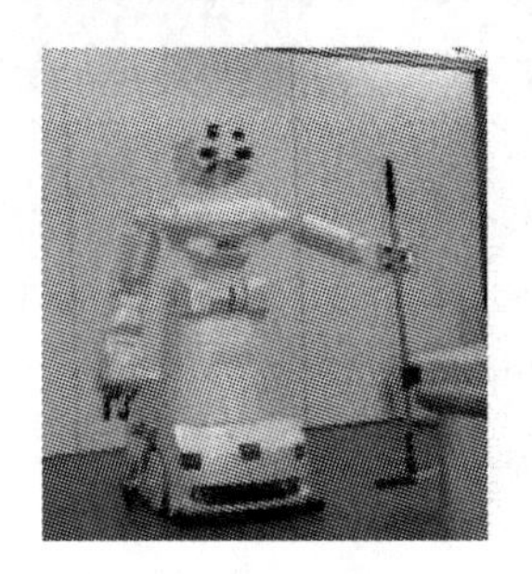

图 1-18 机器人保姆“AR”

图 1-19 机器人保姆 Care-O-Bot3

图 1-20 机器人“阿涅亚”

图 1-20 所示机器人是俄罗斯利用“新纪元”公司许多独特研究研制的人形机器人“阿涅亚”，这款机器人是一种能够双脚行走，还能与人对话的服务机器人，它拥有世界先进的机械结构和程序保障系统。

（5）娱乐机器人

娱乐机器人以供人观赏、娱乐为目的，可以像人、像某种动物、像童话或科幻小说中的人物等。娱乐机器人可以行走或完成动作，可以有语言能力，会唱歌，有一定的感知能力，如机器人歌手、足球机器人、玩具机器人、舞蹈机器人等。

娱乐机器人主要使用了超级 AI 技术、超绚声光技术、可视通话技术、定制效果技术。AI 技术为机器人赋予了独特的个性，通过语音、声光、动作及触碰反应等与人交互；超炫声光技术通过多层 LED 灯及声音系统，呈现超炫的声光效果；可视通话技术是通过机器人的大屏幕、麦克风及扬声器，与异地实现可视通话；而定制效果技术可根据用户的不同需求，为机器人增加不同的应用效果。

图 1-21 所示霹雳舞机器人是由英国 RM 的工程师开发研制的，它不

仅能在课堂上成为孩子们的帮手，帮助孩子学习，还能通过计算机设定好的程序来控制身上多个关节活动，从而做出各种类似人类跳舞的动作。

图 1-22 所示机器人是一款完全由我国科学家自主研发的“美女机器人”，它不仅能够与人进行对话，还能够根据自身携带的传感器进行自主运动。这款“美女机器人”拥有靓丽的外形，还能根据人的语音指令快速做出反应。

图 1-21 霹雳舞机器人

图 1-22 美女机器人

索尼公司新推出的 Aibo 机器狗（见图 1-23）约 2.2kg，站立时测量的宽度、高度分别为：18cm、29.3cm。机器人本身就配置了由索尼特别设计的超级电容和 2 轴驱动器。这些执行器使 Aibo 的身体能沿着 22 个轴移动。这使得新版 Aibo 比原来的 Aibo 动作更流畅、更自然，体现在耳朵和尾巴摆动，以及嘴、爪和身体动作。新的机器狗还配备了一个鱼眼摄像头和一个在后面的摄像头，它们都与传感器一起探测和分析声音和图像，并帮助 Aibo 识别出它的主人的脸。同步定位和映射技术使 Aibo 能够适应环境。这种传感器和深度学习的结合也帮助 Aibo 分析了赞扬、微笑并产生对爱抚的反应，这就创造了“随着时间的推移而增长与主人的关系”。SIM 卡连接为 Aibo 提供了移动互联网接入，索尼计划将其扩展到家用电器和设备上。

图 1-23 索尼公司生产的新版 Aibo 机器狗

(6) 军用机器人

军用机器人是一种用于军事领域（侦察、监视、排爆、攻击、救援等）的具有某种仿人功能的机器人。近年来，美国、英国、法国、德国等国已研制出第二代军用智能机器人。其特点是采用自主控制方式，能完成侦察、作战和后勤支援等任务，具有看、嗅和触摸能力，能够实现地形跟踪和道路选择，并且具有自动搜索、识别和消灭敌方目标的功能。如美国的Navplab自主导航车、SSV半自主地面战车，法国的自主式快速运动侦察车，德国MV4爆炸物处理机器人等。按其工作环境可以分为地面军用机器人、水下军用机器人、空中军用机器人和空间机器人等。

① 地面军用机器人　主要是指在地面上使用的机器人系统，它们不仅可以完成要地保安任务，而且可以代替士兵执行运输、扫雷、侦察和攻击等各种任务。地面军用机器人种类繁多，主要有作战机器人（见图1-24)、防爆机器人（见图1-25)、扫雷车、机器保安（见图1-26)、机器侦察兵（见图1-27）等。

图1-24　作战机器人

图1-25　防爆机器人

图1-26　机器保安

图1-27　机器侦察兵

② 水下军用机器人　分为有人机器人和无人机器人两大类，如有人潜水器机动灵活，便于处理复杂的问题，但人的生命可能会有危险，而且价格昂贵。无人潜水器就是人们所说的水下机器人。按照无人潜水器与水面支持设备（母船或平台）间联系方式的不同，水下机器人可以分为两大类：一种是有缆水下机器人，习惯上把它称为遥控潜水器，简称ROV；另一种是无缆水下机器人，习惯上把它称为自治潜水器，简称AUV。有缆机器人都是遥控式的，按其运动方式分为拖曳式、（海底）移动式和浮游（自航）式三种。无缆水下机器人只能是自治式的，只有观测型浮游式一种运动方式，但它的前景是光明的。为了争夺制海权，各国都在开发各种用途的水下机器人，图 1-28 是美国 SeaBotix 公司研制的 LBV 300 型有缆水下机器人，图 1-29 是我国研制的 CR-01 型无缆自治水下机器人。

图 1-28　LBV 300 型有缆水下机器人

图 1-29　CR-01 型无缆自治水下机器人

③ 空中军用机器人　又叫无人机，在军用机器人家族中，无人机是科研活动最活跃、技术进步最大、研究及采购经费投入最多、实战经验最丰富的领域。从第一台自动驾驶仪问世以来，无人机的发展基本上是以美国为主线向前推进的，无论从技术水平还是无人机的种类和数量来看，美国均居世界之首位。

无人机被广泛应用于侦察、监视、预警、目标攻击等领域（见图 1-30～图 1-32）。随着科技的发展，无人机的体积越来越小，产生了微机电系统集成的产物——微型飞行器。微型飞行器被认为是未来战场上重要的侦察和攻击武器，能够传输实时图像或执行其他任务，具有足够小的尺寸（小于 20cm）、足够大的巡航范围（如不小于 5km）和足够长的飞行时间（不少于 15min）。

图 1-30 “全球鹰”无人机

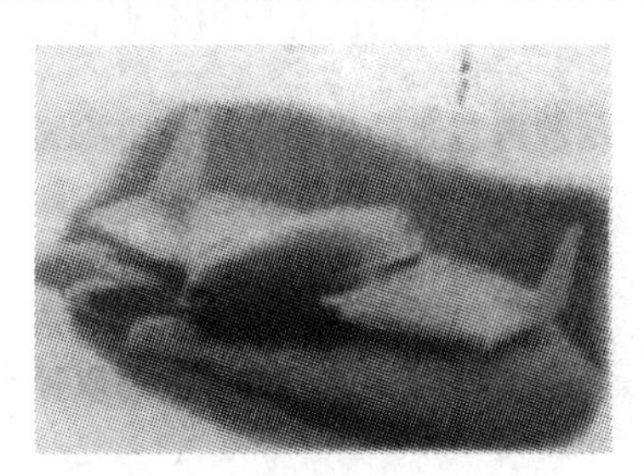

图 1-31 “微星”微型无人机

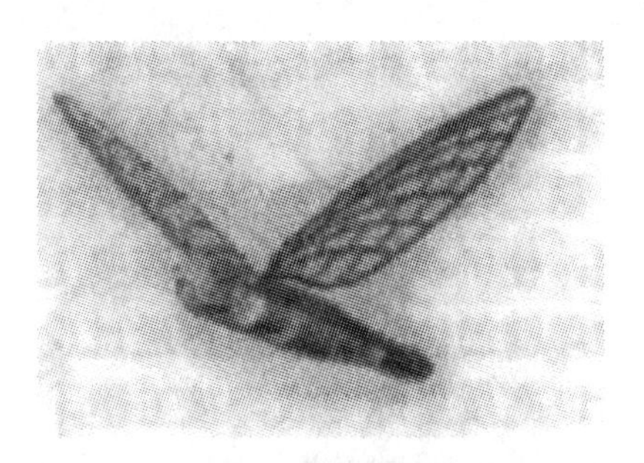

图 1-32 机器蜻蜓

④ 空间机器人 是一种低价位的轻型遥控机器人，可在行星的大气环境中导航及飞行。为此，它必须克服许多困难，例如它要能在一个不断变化的三维环境中运动并自主导航；几乎不能够停留；必须能实时确定它在空间的位置及状态；要能对它的垂直运动进行控制；要为它的星际飞行预测及规划路径。目前，美国、俄罗斯、加拿大等国已研制出各种空间机器人，如美国研制的火星机器人（见图 1-33）、月球探测机器人（见图 1-34），国际空间站机器人（见图 1-35）。图 1-36 是中国的月球车在进行沙漠实验。

图 1-33 美国研制的火星机器人

图 1-34 美国研制的月球探测机器人

图 1-35 国际空间站机器人

图 1-36 中国的月球车在进行沙漠实验

(7) 灾难救援机器人

近些年来，特别是“9·11”事件以后，世界上许多国家开始从国家安全战略的角度考虑研制出各种反恐防爆机器人、灾难救援机器人等危险作业机器人，用于灾难的防护和救援。同时，由于救援机器人有着潜在的应用背景和市场，一些公司也介入了救援机器人的研究与开发。国外的搜救机器人的研究成果具有很强的前沿性，国内的搜救机器人研究更加侧重于应用领域。

日本电气通信大学研发的 KONGA2 搜救机器人（见图 1-37），是一种可通过多单元进行组合的模块化机器人，该机器人可以进入狭小的废墟空间进行幸存者的搜索。采用多个单元进行组合，增加了机器人运动的自由度，不但能有效防止机器人在废墟内被卡，还可增强机器人翻越沟壑和越障的能力。

(a) 单模块

(b) 双模块

(c) 三模块

图 1-37 可重新排列的类蛇援救机器人 KOHGA2

日本神户大学及日本国家火灾与灾难研究所共同研发的针对核电站事故的救援机器人如图 1-38 所示，设计它的目的是让其进入受污染的核能机构的内部将昏厥者转移至安全的地方。这种机器人系统是由一组小的移动机器人组成的，作业时首先通过小的牵引机器人调整昏厥者的身体姿势以便搬运，接着用带有担架结构的移动机器人将人转移到安全的地带。

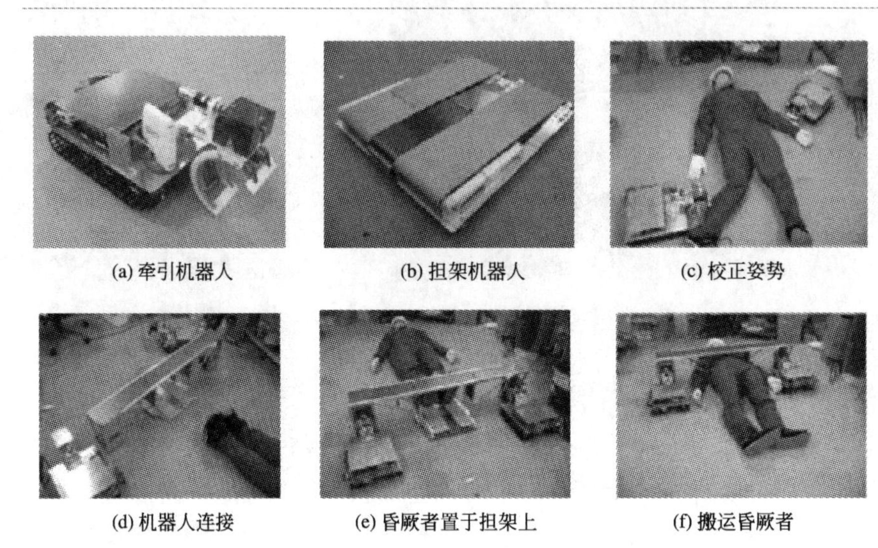

(a) 牵引机器人　(b) 担架机器人　(c) 校正姿势

(d) 机器人连接　(e) 昏厥者置于担架上　(f) 搬运昏厥者

图 1-38　针对核灾难的救援机器人及其实验

日本千叶大学和日本精工爱普生公司联合研发的微型飞行机器人 uFR 如图 1-39 所示，uFR 外观像直升机，使用了世界上最大的电力/重量输出比的超薄超声电机，总重只有 13g，同时 uFR 因具有使用线性执行器的稳定机械结构而可以在半空中平衡。uFR 可以应用在地震等自然灾害中，它可以非常有效地测量现场以及危险地带和狭窄空间的环境，此外它还可以有效地防止二次灾难。

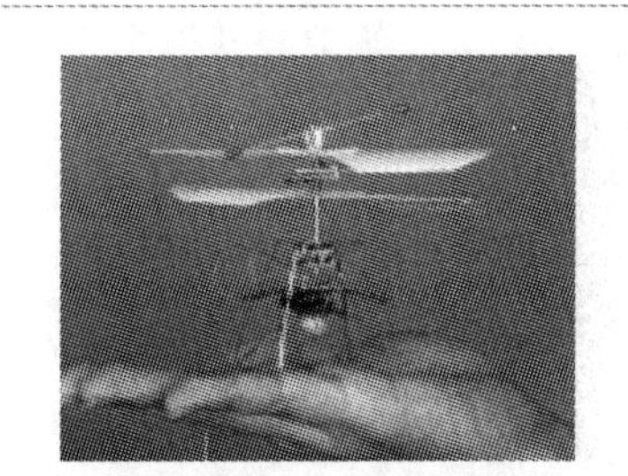

图 1-39　微型飞行机器人 uFR

美国南佛罗里达大学研发的可变形机器人 Bujold 如图 1-40 所示，这种机器人装有医学传感器和摄像头，底部采用可变形履带驱动，可以变成三种结构：坐立起来面向前方、坐立起来面向后方和平躺姿态。Bujold 具有较强的运动能力和探测能力，它能够进入灾难现场获取幸存者的生理信息以及周围的环境信息。

美国国家航空航天局（NASA）研制的机器人 RoboSimian（见图 1-41），直立身高 1.64m，重 108kg，拥有敏捷灵活的四肢，可采用四足方式进行运动，能够适应多种复杂的地震废墟环境，在废墟环境下具有很好的运动能力，并具有很强的平衡能力，同时，装有多个摄像头，能够获取丰富的外界环境信息。

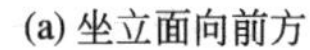
(a) 坐立面向前方

(b) 坐立面向后方

(c) 平躺

图 1-40　可变形机器人 Bujold 的三种结构

美国卡内基梅隆大学研制的四肢机器人 CHIMP（见图 1-42），是一种轮足复合的移动机器人，该机器人的四肢装有履带机构，可以采用履带机器人的运动方式在崎岖路面运动，又可以采用四肢爬行的方式进行运动，机器人的四肢顶端装有三指操纵器，能够抓握物体，四肢机构和三指操纵器配合工作，可以爬梯子、移动物体。CHIMP 机器人的每个关节都可以被操作人员进行远程控制，同时，该机器人具有预编程序，能够执行预设的任务，操作人员下达高级指令，机器人进行低级反射，并能够进行自我保护。该机器人具有很强的复杂环境适应能力、很高的运动能力和很强的操作能力，在灾难救援领域具有很大的应用潜力。

图 1-41　机器人 RoboSimian

图 1-42　机器人 CHIMP

美国 iRobot 公司生产的机器人 PackBot（见图 1-43）是一种具有前摆臂和机械手结构的履带式搜救机器人，该机器人原本为军用安防机器人，“9・11”事件发生后，该机器人被部署到世贸中心受损的建筑物中执行幸存者搜救任务，搜救出多名幸存者。机器人头部装配有摄像机，既可以在崎岖的地面上导航，也可以改变观察平台的高度，底盘装有全球定位系统（GPS）、电子指南针和温度探测器，同时还搭载了声波定位仪、激光扫描仪、微波雷达等多种传感器以感知外部环境信息和自身状态信息。目前，该机器人已开发出基于安卓系统的便携式移动控制平台。

图 1-43 机器人 PackBot

美国霍尼韦尔公司研发的垂直起降的微型无人机 RQ-16A T-Hawk 如图 1-44 所示，这款无人机重 8.4kg，能持续飞行 40min，最大速度 130km/h，最高飞行高度 3200m，最大可操控范围半径 11km，适合于背包部署和单人操作。T-Hawk 无人机可以用于灾难现场的环境监测，它已经被应用在 2011 年日本福岛的核事故中，帮助人类更好地判断放射性物质泄漏的位置以及如何更好地进行处理。

图 1-44 霍尼韦尔公司的微型无人机 RQ-16A T-Hawk

德国人工智能研究中心研发的轮腿混合结构的机器人 ASGUARD 如图 1-45 所示，该机器人的设计灵感来源于昆虫的移动，特殊的机械结构使得该机器人非常适合城市灾难搜索和救援，尤其在攀爬楼梯方面具有天然的优势。

图 1-45 轮腿混合式机器人 ASGUARD

韩国大邱庆北科学技术院研发的便携式火灾疏散机器人如图 1-46 所

示，疏散机器人设计的目的是深入火灾现场收集环境信息，寻找幸存者，并且引导被困者撤离火灾现场。该机器人是由铝合金制品压铸而成的，具有耐高温和防水的功能，机器人具有一个摄像机可以捕捉火灾现场的环境信息，有多种传感器可以检测温度、一氧化碳和氧气浓度，还有扬声器用来与被困者进行交流。

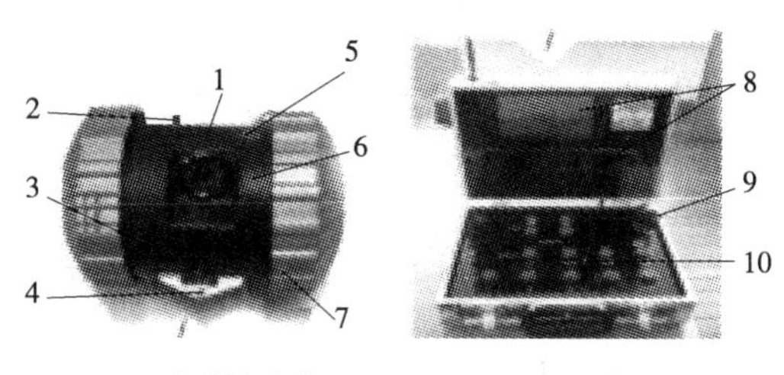

(a) 机器人本体　　(b) 控制台

图 1-46　便携式火灾疏散机器人

1—摄像机；2—开关；3—LED 灯；4—支撑轮；5—空气温度传感器；6—铝合金；7—两驱动轮及控制系统；8—两机器人的双显示画面；9—摇杆；10—控制按钮

中国科学院沈阳自动化研究所研发的可变形灾难救援机器人见图 1-47，这种机器人具有 9 种运动构型和 3 种对称构型，具有直线、三角和并排等多种形态，它能够通过多种形态和步态来适应环境和任务的需要，可以根据使用的目的，安装摄像头、生命探测仪等不同的设备。可变形灾难救援机器人在 2013 年四川省雅安市芦山县地震救援中进行了首次应用，在救援过程中，它的任务是对废墟表面及废墟内部进行搜索，为救援队提供必要的数据以及图像支持信息。

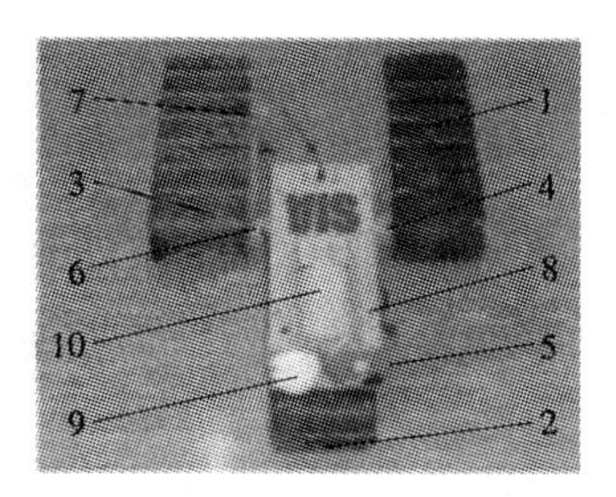

(a) 可变形机器人结构图

(b) 现场救灾图

图 1-47　可变形灾难救援机器人及其现场救灾

1—首模块；2—中间模块；3—尾模块灯；4, 6—仰俯关节；5, 7—偏转关节；8—云台；9—拾音器；10—环境采集加拿大 Inuktun 公司研制的 MicroVGTV 机器人（见图 1-48），是一种履带可变形的灾难搜救机器人，该机器人的履带可通过机械装置改变整体结构，以适应不同的环境，在复杂环境下具有很强的运动能力。该机器人采用电缆控制，装配有摄像头，采集废墟环境的图像信息，并带有微型话筒和扬声器，对废墟内的声音信号进行监听，可以与废墟中的幸存者进行通话。

图 1-48 MicroVGTV 机器人

中国科学院沈阳自动化研究所研制了废墟表面起缝机器人（见图 1-49），该机器人是一种具有前后摆臂和前端起缝装置的履带驱动式移动机器人，主要用于废墟表面执行起缝作业，机器人的起缝装置采用液压驱动，最大起缝重量为 1200kg，在废墟搜救工作中，可以起到很好的辅助作用。

图 1-49 起缝机器人

上海大学研制了主动介入式废墟缝隙搜救机器人（见图 1-50），该机器人是一种具有柔性本体的自动推进系统，机器人由主动段和被动段两部分组成，主动段具有 3 个自由度，可实现机器人的推进与机器人的姿态控制，被动段可以扩展延长，内部装有通信线路和电源线路，起到通信的作用。该机器人装有 LED 灯、摄像头、麦克风与扩音器，可进行废墟内的照明与音频通信，获取废墟内部环境信息。同时，机器人装备的温度传感器和二氧化碳浓度传感器等设备，可探测废墟内部的空气状态信息。独特的机构设计使得该机器人在废墟缝隙环境下具有很强的移动能力，具有很强的应用前景。

图 1-50　主动介入式废墟缝隙搜救机器人

中国科学院沈阳自动化研究所研制了旋翼飞行机器人（见图 1-51），该机器人能够克服复杂的大气环境，具有灵巧、轻便、稳定等特点，在灾难救援工作中，该机器人能够从空中获取灾难现场的真实状况，进行搜索、排查和路况监控等，并向地面救援人员传送图片和视频数据，辅助救援工作的部署与决策。

图 1-51　旋翼飞行机器人

第2章

特种机器人的驱动系统和机构

2.1 机器人的基本组成

机器人主要由驱动系统、机构、感知系统、人机交互系统、控制系统组成，如图 2-1 所示。

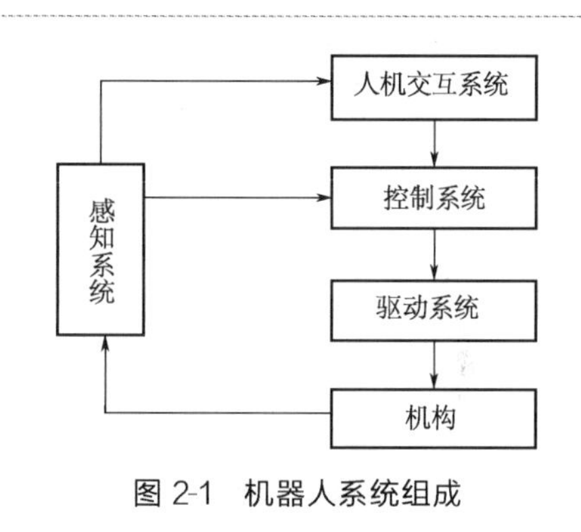

图 2-1 机器人系统组成

(1) 驱动系统

驱动系统是向机械结构系统提供动力的装置。驱动系统的驱动方式主要有：电气驱动、液压驱动、气压驱动及新型驱动。

电气驱动是目前使用最多的一种驱动方式，其特点是无环境污染、运动精度高、电源取用方便，响应快，驱动力大，信号检测、传递、处理方便，并可以采用多种灵活的控制方式，驱动电机一般采用步进电机、直流伺服电机、交流伺服电机，也有采用直接驱动电机的。

液压驱动可以获得很大的抓取能力，传动平稳，结构紧凑，防爆性好，动作也较灵敏，但对密封性要求高，不宜在高、低温现场工作。

气压驱动的机器人结构简单，动作迅速，空气来源方便，价格低，但由于空气可压缩而使工作速度稳定性差，抓取力小。

随着应用材料科学的发展，一些新型材料开始应用于机器人的驱动，如形状记忆合金驱动、压电效应驱动、人工肌肉及光驱动等。

(2) 机构

机器人的机构由传动机构和机械构件组成。

传动机构的作用是把驱动器的运动传递到关节和动作部位。机器人常用的传动机构有滚珠丝杠、齿轮、传动带及链、谐波减速器等。

机械构件由机身、手臂、末端操作器三大件组成。每一大件都有若干自由度，构成一个多自由度的机械系统。若基座具备移动机构，则构成移动机器人；若基座不具备移动及腰转机构，则构成单机器人臂。手臂一般由上臂、下臂和手腕组成。末端执行器是直接装在手腕上的一个重要部件，它可以是两手指或多手指的手爪，也可以是作业工具。

（3）感知系统

感知系统由内部传感器模块和外部传感器模块组成，获取内部和外部环境中有用的信息。内部传感器用来检测机器人的自身状态（内部信息），如关节的运动状态等。外部传感器用来感知外部世界，检测作业对象与作业环境的状态（外部信息），如视觉、听觉、触觉等。智能传感器的使用提高了机器人的机动性、适应性和智能化水平。人类的感受系统对感知外部世界信息是极其巧妙的，然而对于一些特殊的信息，传感器比人类的感受系统更有效。

（4）人机交互系统

人机交互系统是人与机器人进行联系和参与机器人控制的装置。例如，指令控制台、信息显示板、危险信号报警器等。

（5）控制系统

控制系统的任务是根据机器人的作业指令以及从传感器反馈回来的信号，支配机器人的执行机构去完成规定的运动和功能。

2.2 常用驱动器

机器人常用的驱动方式主要有液压驱动、气压驱动和电气驱动三种基本类型，其驱动系统的驱动性能对比见表 2-1。

表 2-1 三种驱动系统的驱动性能对比

项目	液压	电气	气压
优点	①适用于大型机器人和大负载	①适用于所有尺寸的机器人	①元器件可靠性高
	②系统刚性好，精度高，响应速度快	②控制性能好，适合于高精度机器人	②无泄漏，无火花
	③不需要减速齿轮	③与液压系统相比，有较高的柔性	③价格低，系统简单
	④易于在大的速度范围内工作	④使用减速齿轮降低了电机轴上的惯量	④和液压系统比，压强低
	⑤可以无损停在一个位置	⑤不会泄漏，可靠，维护简单	⑤柔性系统
缺点	①会泄漏，不适合在要求洁净的场合使用	①刚度低	①系统噪声大，需要气压机、过滤器
	②需要泵、储液箱、电机等	②需要减速齿轮，增加成本、质量等	②很难控制线性位置
	③价格昂贵，有噪声，需要维护	③在不供电时，电机需要刹车装置	③在负载作用下易变形，刚度低

工业机器人出现的初期，由于其运动大多采用曲柄机构和连杆机构等，所以大多采用液压与气压驱动方式。但随着对作业高速度的要求，以及作用日益复杂化，目前电气驱动的机器人所占的比例越来越大。但在需要出力很大的应用场合，或运动精度不高、有防爆要求的场合，液压、气压驱动仍获得满意的应用。

此外，随着应用材料科学的发展，一些新型材料开始应用于机器人的驱动，如形状记忆合金驱动、压电效应驱动、人工肌肉及光驱动等。

2.2.1 液压驱动

液压驱动是以高压油作为工作介质。驱动可以是闭环的或是开环的，可以是直线的或是旋转的。开环控制能实现点到点的精确控制，但中间不能停留，因为它从一个位置运动，碰到一个挡块后才停下来。

（1）直线液压缸

用电磁阀控制的直线液压缸是最简单和最便宜的开环液压驱动装置。在直线液压缸的操作中，通过受控节流口调节流量，可以在达到运动终点前实现减速，使停止过程得到控制。也有许多设备是用手动阀控制，在这种情况下，操作员就成了闭环系统中的一部分，因而不再是一个开环系统。汽车起重机和铲车就是这种类型。

大直径的液压缸是很贵的，但能在小空间内输出很大的力。工作压力通常达 14MPa，所以 $1cm^2$ 面积就可输出 1400N 的力。

图 2-2 是用伺服阀控制的液压缸的简化原理图。无论是直线液压缸或旋转液压马达，它们的工作原理都是基于高压对活塞或对叶片的作用。液压油经控制阀被送到液压缸的一端，见图 2-2。在开环系统中，阀是由电磁铁来控制的；在闭环系统中，则是用电液伺服阀或手动阀来控制液压缸。Unimation 机器人使用液压驱动已有多年。

（2）旋转液压马达

图 2-3 是一种旋转液压马达。它的壳体用铝合金制成，转子是钢制的，密封圈和防尘圈分别防止油的外泄和保护轴承。在电液阀的控制下，液压油经进油孔流入，并作用于固定在转子上的叶片上，使转子转动。固定叶片防止液压油短路。通过一对消隙齿轮带动的电位器和一个解算器给出位置信息。电位器给出粗略值，精确位置由解算器测定。这样，解算器的高精度小量程就由低精度大量程的电位器予以补偿。当然，整体精度不会超过驱动电位器和解算器的齿轮系的精度。

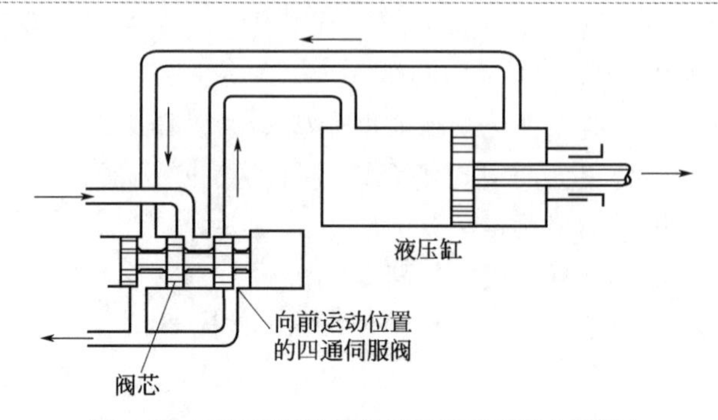

图 2-2 用伺服阀控制的液压缸的简化原理图

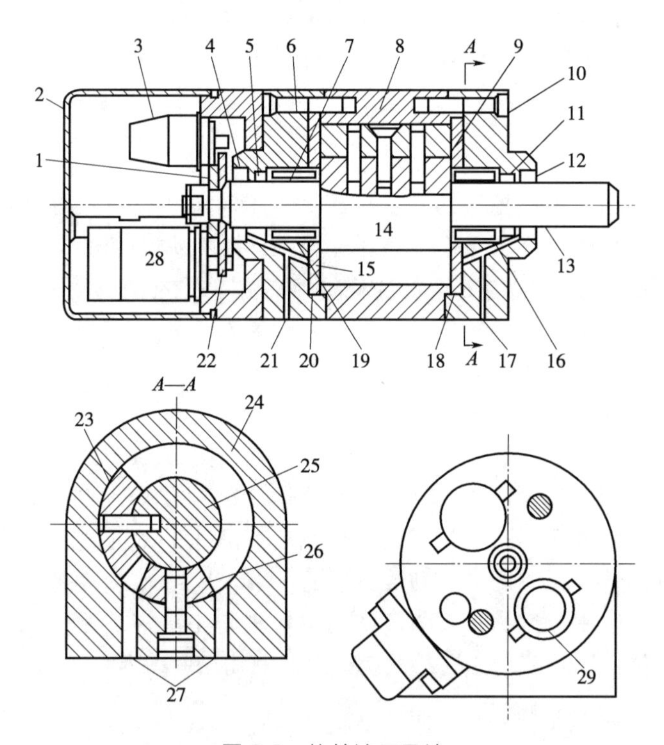

图 2-3 旋转液压马达

1, 22—齿轮；2—防尘罩；3, 29—电位器；4, 12—防尘圈；5, 11—密封圈；6, 10—端盖；7, 13—输出轴；8, 24—壳体；9, 15—钢盘；14, 25—转子；16, 19—滚针轴承；17, 21—泄油孔；18, 20—O 形密封圈；23—转动叶片；26—固定叶片；27—进出油孔；28—解算器

（3）液压驱动的优缺点

用于控制液流的电液伺服阀相当昂贵，而且需要经过过滤的高洁净

度油，以防止伺服阀堵塞。使用时，电液伺服阀是用一个小功率的电气伺服装置（力矩电动机）驱动的。力矩电动机比较便宜，但并不能弥补伺服阀本身的昂贵，也不能弥补系统污染这一缺陷。由于压力高，总是存在漏油的危险，14MPa 的压力可迅速用油膜覆盖很大面积，所以这是一个必须重视的问题。这样导致，所需管件昂贵，并需要良好的维护，以保证其可靠性。

由于液压缸提供了精确的直线运动，所以在机器人上尽可能使用直线驱动元件。然而液压马达的结构设计也很精良，尽管其价格要高一些，同样功率的液压马达要比电动机尺寸小，如关节式机器人的关节上通常装有液压马达就是该优点的利用。但为此却要把液压油送到回转关节上。目前新设计的电动机尺寸已变得紧凑，质量也减小，这是因为用了新的磁性材料。尽管较贵，但电动机还是更可靠些，而且维护工作量小。

液压驱动超过电动机驱动的根本优点是它的安全性。在像喷漆这样的环境中，安全性的要求非常严格。因为存在着电弧和引爆的可能性，要求在易爆区域中所带电压不超过 9V，液压系统不存在电弧问题，而且在用于易爆气体中时，总是选用液压驱动。如采用电动机，就要密封，但目前电动机的成本和质量对需要这种功率的情况是不允许的。

2.2.2 气压驱动

有不少机器人制造企业采用气动系统制造了很灵活的机器人。在原理上，它们很像液压驱动，但细节差别很大。它的工作介质是高压空气。在所有的驱动方式中，气压驱动是最简单的，在工业上应用很广。气动执行元件既有直线气缸，也有旋转气动马达。

多数的气压驱动是完成挡块间的运动。由于空气的可压缩性，实现精确控制是困难的。即使将高压空气施加到活塞的两端，活塞和负载的惯性仍会使活塞继续运动，直到它碰到机械挡块，或者空气压力最终与惯性力平衡为止。

用气压伺服实现高精度是困难的，但在能满足精度的场合下，气压驱动在所有的机器人驱动器中是质量最轻、成本最低的。可以用机械挡块实现点位操作中的精确定位，很容易达到 0.12mm 的精度。气缸与挡块相加的缓冲器可以使气缸在运动终点减速，以防止碰坏设备。操作简单是气动系统的主要优点之一。气动系统操作简单、易于编程，可以完成大量点位搬运操作的任务。点位搬运是指从一个地点抓起一件东西，移动到另一指定地点放下来。

一种新型的气动马达——用微处理器直接控制的一种叶片马达，能携带 215.6N 的负载而又获得较高的定位精度（1mm）。这一技术的主要优点是成本低。与液压驱动和电动机驱动的机器人相比，如能达到高精度、高可靠性，气压驱动是很富有竞争力的。

气压驱动的最大优点是有积木性。由于工作介质是空气，很容易给各个驱动装置接上许多压缩空气管道，并利用标准构件组建起各种复杂的系统。

气动系统的动力由高质量的空气压缩机提供。这个气源可经过一个公用的多路接头为所有的气动模块所共享。安装在多路接头上的电磁阀控制通向各个气动元件的气流量。在最简单的系统中，电磁阀由步进开关或零件传感开关所控制。可将几个执行元件进行组装，以提供 3～6 个单独的运动。

气动机器人也可像其他机器人一样示教，点位操作可用示教盒控制。

2.2.3 电气驱动

电气驱动是利用电动机产生的力或力矩，直接或经过减速机构驱动机器人，以达到机器人要求的位置、速度和加速度。电气驱动不需要能量转换，使用方便，具有无环境污染、控制灵活、运动精度高、成本低、驱动效率高等优点，应用最为广泛。电气驱动可以分为步进电机驱动、直线电机驱动和伺服电机驱动。

步进电机驱动的速度和位移大小，可由电气控制系统发出的脉冲数加以控制。由于步进电机的位移量与脉冲数严格成正比，故步进电机驱动可以达到较高的重复定位精度，但是步进电机速度不能太高，控制系统也比较复杂。

直线电机驱动的结构简单、成本低，其动作速度与行程主要取决于其定子与转子的长度，反接制动时，定位精度较低，必须增设缓冲及定位机构。

伺服电机驱动按其使用的电源性质不同，可分为直流伺服电机驱动和交流伺服电机驱动两类。直流伺服电机具有调速特性良好、启动转矩较大、响应快速等优点。交流伺服电机结构简单、运行可靠、维护方便。随着微电子技术的迅速发展，过去主要用于恒速运转的交流驱动技术，在 20 世纪 90 年代逐步取代高性能的直流驱动，使得机器人的伺服执行机构的最高速度、容量、使用环境及维护修理等条件得到大幅度改善，从而实现了机器人对伺服电机的轻薄短小、安装方便、高效率、高控制性能、无维修的要求。机器人采用的交流伺服电机与直流伺服电机的构造基本上是相同的，不同点仅是整流子部分。直流有刷电机不能直接用于要求防爆的环境中，成本也较上两种驱动系统的高。但因这类驱动系统优点比较突出，因此在机器人中被广泛选用。

2.2.4 新型驱动

随着机器人技术的发展，出现了新型的驱动器，如压电驱动器、静电驱动器、形状记忆合金驱动器、超声波驱动器、人工肌肉、光驱动等。

（1）压电驱动器

压电材料是一种当它受到力作用时其表面上出现与外力成比例电荷的材料，又称压电陶瓷。反过来，把电场加到压电材料上，则压电材料产生应变，输出力。利用这一特性可以制成压电驱动器，这种驱动器可以达到驱动亚微米级的精度。

（2）静电驱动器

静电驱动器利用电荷间的吸力和排斥力互相作用顺序驱动电极而产生平移或旋转的运动。因静电作用属于表面力，它和元件尺寸的二次方成正比，在微小尺寸变化时，能够产生很大的能量。

（3）形状记忆合金驱动器

形状记忆合金是一种特殊的合金，一旦使它记忆了任意形状，即使它变形，当加热到某一适当温度时，它也能恢复为变形前的形状。已知的形状记忆合金有 Au-Cd、In-Tl、Ni-Ti，Cu-Al-Ni、Cu-Zn-Al 等几十种。

（4）超声波驱动器

所谓超声波驱动器就是将超声波振动作为驱动力的一种驱动器，即由振动部分和移动部分所组成，靠振动部分和移动部分之间的摩擦力来驱动的一种驱动器。

由于超声波驱动器没有铁芯和线圈，结构简单、体积小、重量轻、响应快、力矩大，不需要配合减速装置就可以低速运行，因此很适合用于机器人、照相机和摄像机等驱动。

（5）人工肌肉

随着机器人技术的发展，驱动器从传统的电机-减速器的机械运动机制，向骨架→腱→肌肉的生物运动机制发展。人的手臂能完成各种柔顺作业，为了实现骨骼→肌肉的部分功能而研制的驱动装置称为人工肌肉驱动器。为了更好地模拟生物体的运动功能或在机器人上应用，已研制出了多种不同类型的人工肌肉，如利用机械化学物质的高分子凝胶、形状记忆合金制作的人工肌肉。

（6）光驱动

某种强电介质（严密非对称的压电性结晶）受光照射，会产生每厘米几千伏的光感应电压。这种现象是压电效应和光致伸缩效应的结果。这是电介质内部存在不纯物，导致结晶严密不对称，在光激励过程中引起电荷移动而产生的。

2.3 常见传动机构

传动机构用来把驱动器的运动传递到关节和动作部位。机器人常用的传动机构有丝杠传动机构、齿轮传动机构、螺旋传动机构、带传动及链传动、连杆及凸轮传动等。

2.3.1 直线传动机构

（1）丝杠传动

丝杠传动有滑动式、滚珠式和静压式等。机器人传动用的丝杠具备结构紧凑、间隙小和传动效率高等特点。

① 滚珠丝杠　丝杠和螺母之间装了很多钢球，丝杠或螺母运动时钢球不断循环，运动得以传递。因此，即使丝杠的导程角很小，也能得到90%以上的传动效率。

滚珠丝杠可以把直线运动转换成回转运动，也可以把回转运动转换成直线运动。滚珠丝杠按钢球的循环方式分为钢球管外循环方式、靠螺母内部S状槽实现钢球循环的内循环方式和靠螺母上部导引板实现钢球循环的导引板方式，如图2-4所示。

由丝杠转速和导程得到的直线进给速度为

$$v=60ln \tag{2-1}$$

式中，v为直线运动速度，m/s；l为丝杠的导程，m；n为丝杠的转速，r/min。

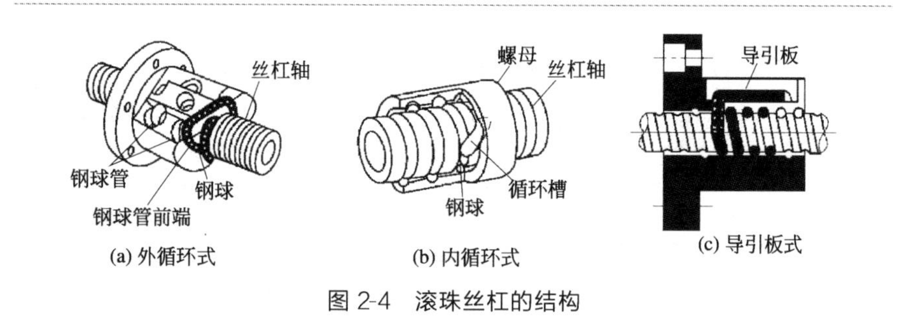

图 2-4 滚珠丝杠的结构

驱动力矩由式(2-2) 和式(2-3) 给出：

$$T_a=\frac{F_a l}{2\pi\eta_1} \tag{2-2}$$

$$T_b=\frac{F_a l\eta_2}{2\pi} \tag{2-3}$$

式中，T_a 为回转运动变换到直线运动（正运动）时的驱动力矩，N·m；η_1 为正运动时的传动效率（0.9～0.95）；T_b 为直线运动变换到回转运动（逆运动）时的驱动力矩，N·m；η_2 为逆运动时的传动效率（0.9～0.95）；F_a 为轴向载荷，N；l 为丝杠的导程，m。

② 行星轮式丝杠　多用于精密机床的高速进给，从高速性和高可靠性来看，也可用于大型机器人的传动，其原理如图 2-5 所示。螺母与丝杠轴之间有与丝杠轴啮合的行星轮，装有 7～8 套行星轮的系杆可在螺母内自由回转，行星轮的中部有与丝杠轴啮合的螺纹，其两侧有与内齿轮啮合的齿。将螺母固定，驱动丝杠轴，行星轮便边自转边相对于内齿轮公转，并使丝杠轴沿轴向移动。行星轮式丝杠具有承载能力大、刚度高和回转精度高等优点，由于采用了小螺距，因而丝杠定位精度也高。

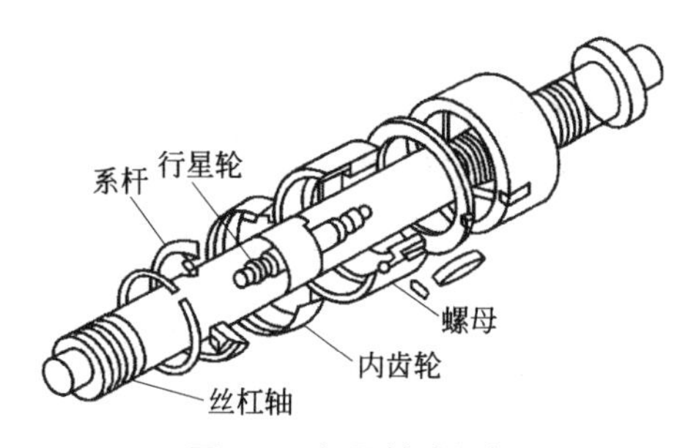

图 2-5 行星轮式丝杠

(2) 带传动与链传动

带传动和链传动用于传递平行轴之间的回转运动，或把回转运动转换成直线运动。机器人中的带传动和链传动分别通过带轮或链轮传递回转运动，有时还用来驱动平行轴之间的小齿轮。

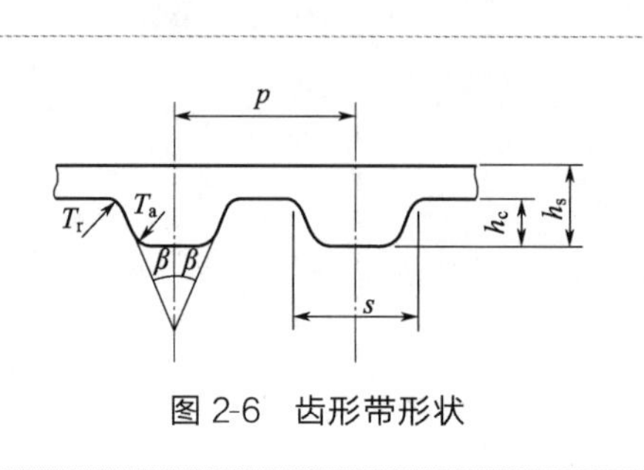

图 2-6 齿形带形状

① 齿形带传动 齿形带的传动面上有与带轮啮合的梯形齿，如图 2-6 所示。齿形带传动时无滑动，初始张力小，被动轴的轴承不易过载。因无滑动，它除了用于动力传动外还适用于定位。齿形带采用氯丁橡胶作基材，并在中间加入玻璃纤维等伸缩刚性大的材料，齿面上覆盖耐磨性好的尼龙布。用于传递轻载荷的齿形带是用聚氨基甲酸酯制造的。齿的节距用 p 来表示，表示方法有模数法和英寸法。各种节距的齿形带有不同规格的宽度和长度。设主动轮和被动轮的转速分别为 n_a 和 n_b，齿数分别为 z_a 和 z_b，齿形带传动的传动比为

$$i=\frac{n_b}{n_a}=\frac{z_a}{z_b} \tag{2-4}$$

齿形带的平均速度为

$$v=z_a p n_a=z_b p n_b \tag{2-5}$$

齿形带的传动功率为

$$P=Fv \tag{2-6}$$

式中，P 为传动功率，W；F 为紧边张力，N；v 为传动带速度，m/s。

齿形带传动属于低惯性传动，适合于电机和高速比减速器之间使用。传动带上面安装上滑座可实现与齿轮齿条机构同样的功能。由于它惯性小，且有一定的刚度，所以适合于高速运动的轻型滑座。

② 滚子链传动 属于比较完善的传动机构，由于噪声小、效率高，得到了广泛的应用。但是，高速运动时滚子与链轮之间的碰撞，产生较大的噪声和振动，只有在低速时才能得到满意的效果，即适合于低惯性载荷的关节传动。链轮齿数少，摩擦力会增加，要得到平稳运动，链轮的齿数应大于 17，并尽量采用奇数个齿。

2.3.2 旋转运动机构

(1) 齿轮的种类

齿轮靠均匀分布在轮边上的齿的直接接触来传递转矩。通常，齿轮的角速度比和轴的相对位置都是固定的。因此，轮齿以接触柱面为节面，等间隔地分布在圆周上。随轴的相对位置和运动方向的不同，齿轮有多种类型，其中主要的类型如图 2-7 所示。

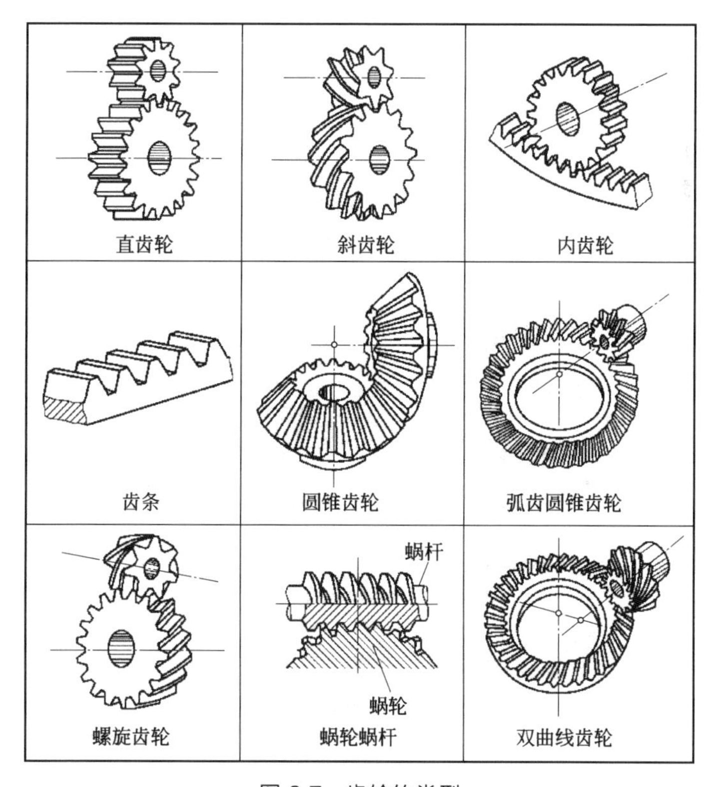

图 2-7 齿轮的类型

(2) 各种齿轮的结构及特点

① 直齿轮 是最常用的齿轮之一。通常，齿轮两齿啮合处的齿面之间存在间隙，称为齿隙（见图 2-8）。为弥补齿轮制造误差和齿轮运动中温升引起的热膨胀的影响，要求齿轮传动有适当的齿隙，但频繁正反转的齿轮齿隙应限制在最小范围之内。齿隙可通过减小齿厚或拉大中心距来调整。无齿隙的齿轮啮合叫无齿隙啮合。

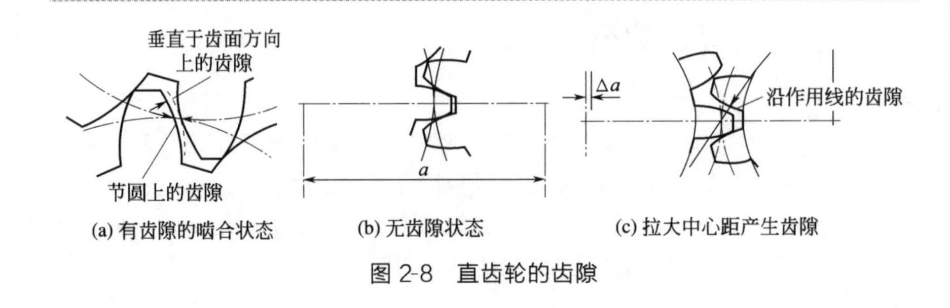

图 2-8 直齿轮的齿隙

② 斜齿轮 如图 2-9 所示，斜齿轮的齿带有扭曲。它与直齿轮相比具有强度高、重叠系数大和噪声小等优点。斜齿轮传动时会产生轴向力，所以应采用止推轴承或成对地布置斜齿轮，如图 2-10 所示。

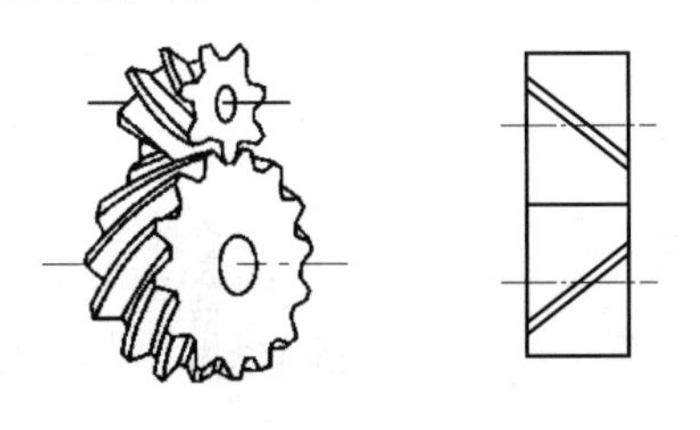

(a) 斜齿轮的立体图　(b) 斜齿轮的简化画法

图 2-9 斜齿轮

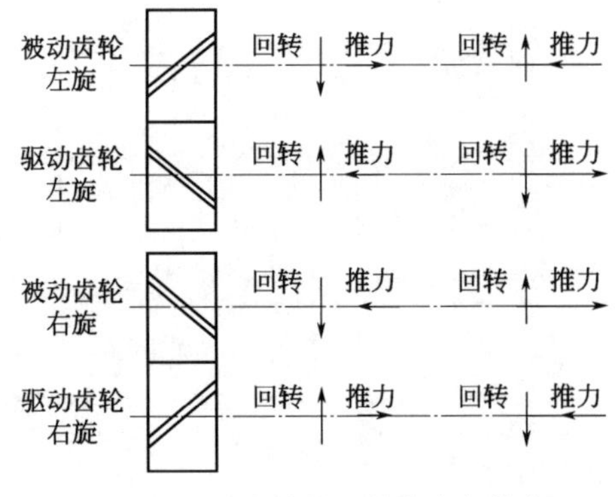

图 2-10 斜齿轮的回转方向与推力

③ 锥齿轮 用于传递相交轴之间的运动，以两轴相交点为顶点的两圆锥面为啮合面，如图 2-11 所示。齿向与节圆锥直母线一致的称直齿锥齿轮，齿向在节圆锥切平面内呈曲线的称弧齿锥齿轮。直齿锥齿轮用于

节圆圆周速度低于 5m/s 的场合，弧齿锥齿轮用于节圆圆周速度大于 5m/s 或转速高于 1000r/min 的场合，还用在要求低速平滑回转的场合。

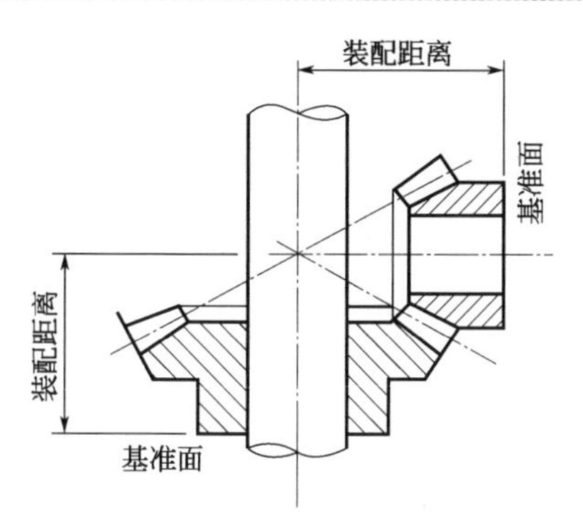

图 2-11 锥齿轮的啮合状态

④ 蜗轮蜗杆 该传动装置由蜗杆和与蜗杆相啮合的蜗轮组成。蜗轮蜗杆能以大减速比传递垂直轴之间的运动。鼓形蜗轮用在大负荷和大重叠系数的场合。蜗轮蜗杆传动与其他齿轮传动相比，具有噪声小、回转轻便和传动比大等优点，缺点是其齿隙比直齿轮和斜齿轮大，齿面之间摩擦大，因而传动效率低。

基于上述各种齿轮的特点，齿轮传动可分为如图 2-12 所示的类型。根据主动轴和被动轴之间的相对位置和转向可选用相应的类型。

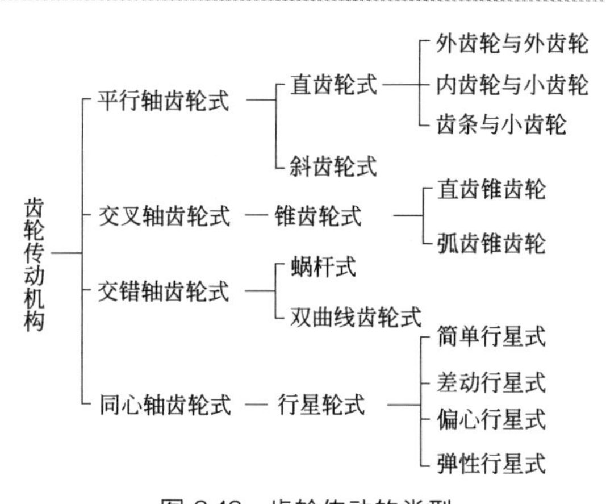

图 2-12 齿轮传动的类型

(3) 齿轮传动机构的速比

① 最优速比 输出力矩有限的原动机要在短时间内加速负载，要求

其齿轮传动机构的速比为最优。原动机驱动惯性载荷，设其惯性矩分别为 J_N 和 J_L，则最优速比为

$$U_a=\sqrt{\frac{J_L}{J_N}} \tag{2-7}$$

② 传动级数及速比的分配　要求大速比时应采用多级传动。传动级数和速比的分配是根据齿轮的种类、结构和速比关系来确定的。通常的传动级数与速比关系如图 2-13 所示。

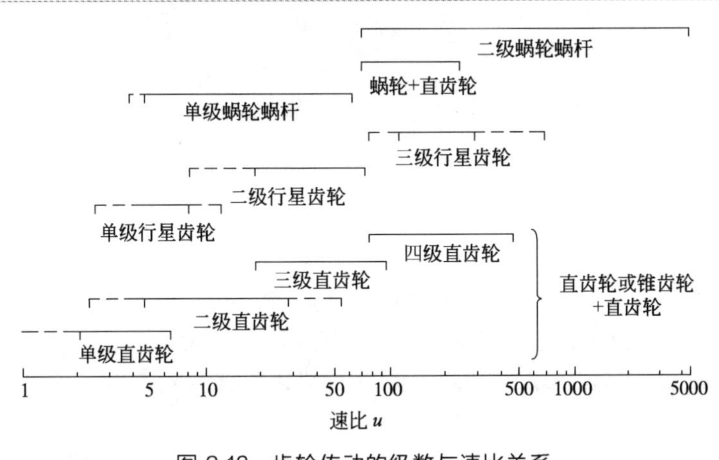

图 2-13　齿轮传动的级数与速比关系

2.3.3 减速传动机构

机器人中常用的齿轮传动机构是行星齿轮传动机构和谐波传动机构。电动机是高转速、小力矩的驱动器，而机器人通常要求低转速、大力矩，因此，常用行星齿轮机构和谐波传动机构减速器来完成速度和力矩的变换与调节。

输出力矩有限的原动机要在短时间内加速负载，要求其齿轮传动机构的速比 n 为最优，即

$$n=\sqrt{\frac{I_a}{I_m}} \tag{2-8}$$

式中，I_a 为工作臂的惯性矩；I_m 为电机的惯性矩。

(1) 行星齿轮传动机构

行星齿轮减速器大体上分为 S-C-P、3S（3K）、2S-C(2K-H) 3 类，结构如图 2-14 所示。

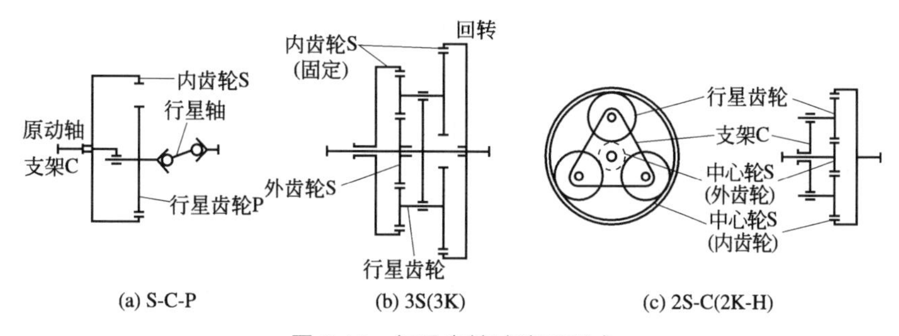

图 2-14 行星齿轮减速器形式

① S-C-P(K-H-V) 式行星齿轮减速器 S-C-P 由内齿轮、行星齿轮和行星齿轮支架组成。行星齿轮的中心和内齿轮中心之间有一定偏距，仅部分齿参加啮合。曲柄轴与输入轴相连，行星齿轮绕内齿轮边公转边自转。行星齿轮公转一周时，行星齿轮反向自转的转数取决于行星齿轮和内齿轮之间的齿数差。

行星齿轮为输出轴时传动比为

$$i=\frac{Z_s-Z_p}{Z_p} \tag{2-9}$$

式中，Z_s 为内齿轮（太阳齿轮）的齿数；Z_p 为行星齿轮的齿数。

② 3S 式行星齿轮减速器 其行星齿轮与两个内齿轮同时啮合，还绕中心轮（外齿轮）公转。两个内齿轮中，固定一个时另一个齿轮可以转动，并可与输出轴相连接。这种减速器的传动比取决于两个内齿轮的齿数差。

③ 2S-C 式行星齿轮减速器 2S-C 式由两个中心轮（外齿轮和内齿轮）、行星齿轮和支架组成。内齿轮和外齿轮之间夹着 2～4 个相同的行星齿轮，行星齿轮同时与外齿轮和内齿轮啮合。支架与各行星齿轮的中心相连接，行星齿轮公转时迫使支架绕中心轮轴回转。

上述行星齿轮机构中，若内齿轮的齿数 Z_s 和行星齿轮的齿数 Z_p 之差为 1，可得到最大减速比 $i=1/Z_p$，但容易产生齿顶的相互干涉，这个问题可由下述方法解决：利用圆弧齿形或钢球；齿数差设计成 2；行星齿轮采用可以弹性变形的薄椭圆状（谐波传动）。

（2）谐波传动机构

谐波减速器由谐波发生器、柔轮和刚轮 3 个基本部分组成，如图 2-15 所示。

① 谐波发生器 是在椭圆形凸轮的外周嵌入薄壁轴承制成的部件。轴承内圈固定在凸轮上，外圈靠钢球发生弹性变形，一般与输入轴相连。

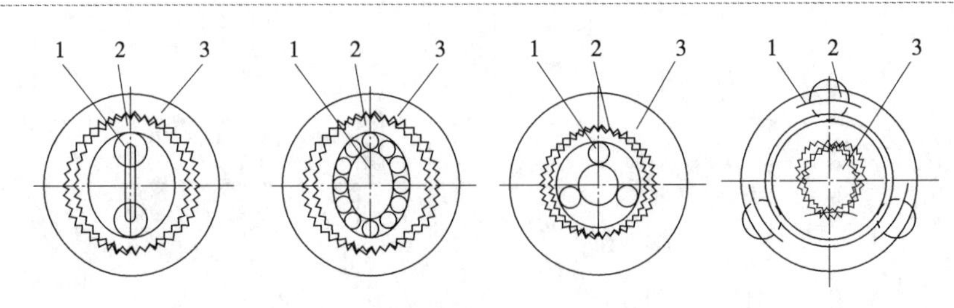

图 2-15 谐波传动机构的组成和类型

1—谐波发生器；2—柔轮；3—刚轮

② 柔轮 是杯状薄壁金属弹性体，杯口外圆切有齿，底部称柔轮底，用来与输出轴相连。

③ 刚轮 内圆有很多齿，齿数比柔轮多两个，一般固定在壳体。

谐波发生器通常采用凸轮或偏心安装的轴承。刚轮为刚性齿轮，柔轮为能产生弹性变形的齿轮。当谐波发生器连续旋转时，产生的机械力使柔轮变形的过程形成了一条基本对称的和谐曲线。发生器波数表示发生器转一周时，柔轮某一点变形的循环次数。其工作原理是：当谐波发生器在柔轮内旋转时，迫使柔轮发生变形，同时进入或退出刚轮的齿间。在发生器的短轴方向，刚轮与柔轮的齿间处于啮入或啮出的过程，伴随着发生器的连续转动，齿间的啮合状态依次发生变化，即啮入—啮合—啮出—脱开—啮入的变化过程。这种错齿运动把输入运动变为输出的减速运动。

谐波传动速比的计算与行星传动速比计算一样。如果刚轮固定，谐波发生器 ω_1 为输入，柔轮 ω_2 为输出，则速比 $i_{12}=\frac{\omega_1}{\omega_2}=-\frac{z_r}{z_g-z_r}$。如果柔轮静止，谐波发生器 ω_1 为输入，刚轮 ω_3 为输出，则速比 $i_{13}=\frac{\omega_1}{\omega_3}=\frac{z_g}{z_g-z_r}$。其中，$z_r$ 为柔轮齿数；z_g 为刚轮齿数。

柔轮与刚轮的轮齿齿距相等，齿数不等，一般取双波发生器的齿数差为 2，三波发生器齿数差为 3。双波发生器在柔轮变形时所产生的应力小，容易获得较大的传动比。三波发生器在柔轮变形时所需要的径向力大，具有同时啮合齿数多、啮合深度大、承载能力强、运动精度高等优点。通常推荐谐波传动柔轮最小齿数在齿数差为 2 时，$z_{rmin}=150$，齿数差为 3 时，$z_{rmin}=225$。

谐波传动的特点是结构简单、体积小、质量轻、传动精度高、承载能力大、传动比大，且具有高阻尼特性。但柔轮易疲劳、扭转刚度低，且易产生振动。

此外，也有采用液压静压波发生器和电磁波发生器的谐波传动机构，图 2-16 为采用液压静压波发生器的谐波传动示意图。凸轮 1 和柔轮 2 之间不直接接触，在凸轮 1 上的小孔 3 与柔轮内表面有大约 0.1mm 的间隙。高压油从小孔 3 喷出，使柔轮产生变形波，从而实现减速驱动谐波传动。

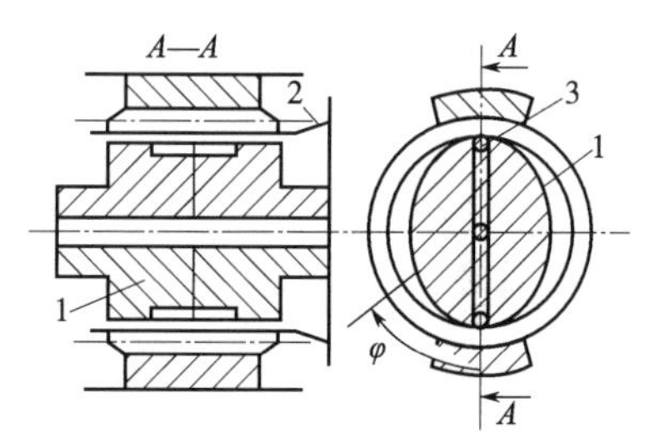

图 2-16　液压静压波发生器谐波传动

1—凸轮；2—柔轮；3—小孔

谐波传动机构在机器人中已得到广泛应用。美国送到月球上的机器人，德国大众汽车公司研制的 Rohren、Gerot R30 型机器人和法国雷诺公司研制的 Vertical 80 型等机器人都采用了谐波传动机构。

2.4 机械臂

机械臂是支撑腕部和末端执行器，用来改变末端执行器在空间中位置的部件。其结构形式需要根据机器人的抓取重量、运动形式、定位精度、自由度等因素来确定。机械臂的主要运动形式有伸缩、俯仰、回转、升降等，而实现其运动的典型机构如下。

（1）伸缩运动机构

机械臂的伸缩运动使其手臂的工作长度发生变化，而实现其运动的常用机构有活塞液压（气）缸、丝杠螺母机构、活塞缸和齿轮齿条机构、活塞缸和连杆机构等。

活塞液压（气）缸的体积小、重量轻，因而在机械臂结构中应用比较多。图 2-17 为双导向杆机械臂的伸缩结构。手臂和手腕通过连接板安装在升降液压缸的上端。当双作用液压缸 1 的两腔分别通入压力油时，则推动活塞杆 2（即手臂）做往复直线运动。由于机械臂的伸缩液压缸安装在两根导向杆之间，由导向杆承受弯曲作用，活塞杆只受拉压作用，故受力简单、传动平稳、外形整齐美观、结构紧凑。图 2-18 是采用四根导向柱的机械臂伸缩结构。手臂的垂直伸缩运动由液压缸 3 驱动。其特点是行程长、抓重大。工件形状不规则时，为了防止产生较大的偏重力矩，采用四根导向柱。

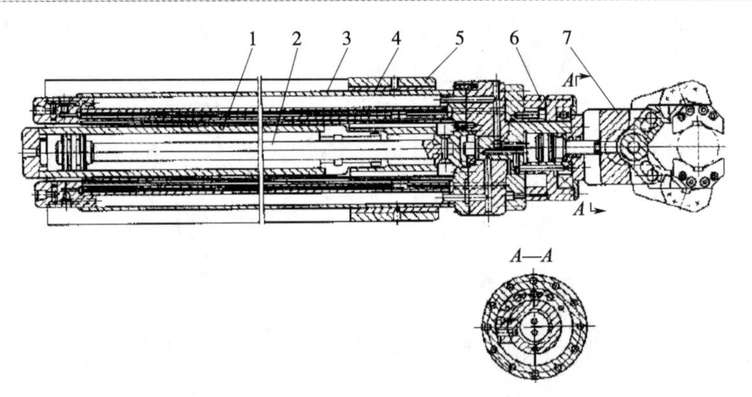

图 2-17 双导向杆机械臂的伸缩结构

1—双作用液压缸；2—活塞杆；3—导向杆；4—导向套；5—支承座；6—手腕；7—手部

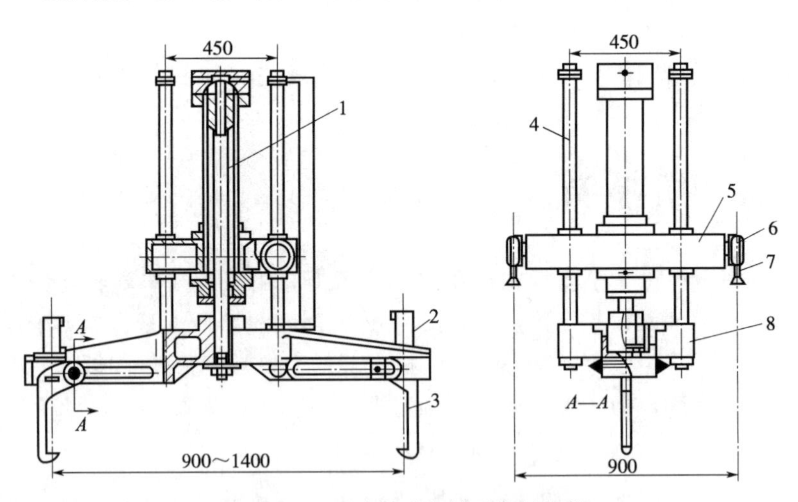

图 2-18 四导向柱式机械臂伸缩机构

1—手部；2—夹紧缸；3—液压缸；4—导向柱；5—运行架；

6—行走车轮；7—轨道；8—支座

(2) 俯仰运动机构

机械臂的俯仰运动一般采用活塞液压缸与连杆机构来实现。图 2-19 为机械臂俯仰驱动缸安装示意图，机械臂俯仰运动用的活塞缸位于手臂的下方，其活塞杆和手臂用铰链连接，缸体采用尾部耳环或中部销轴等方式与立柱连接。图 2-20 是铰接活塞缸实现机械臂俯仰的结构示意图。其采用铰接活塞缸 5、7 和连杆机构，实现小臂 4 和大臂 6 的俯仰运动。

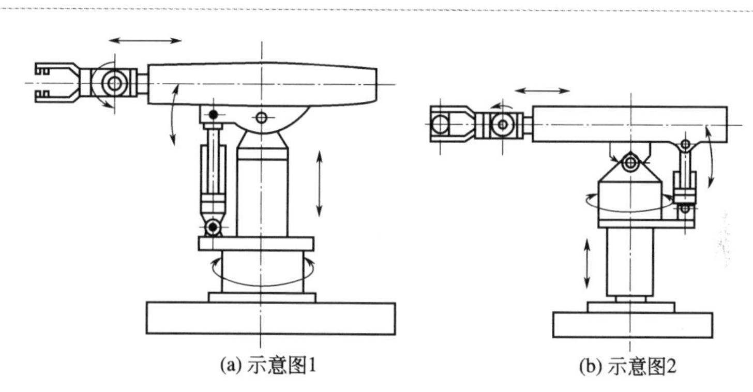

(a) 示意图1　　(b) 示意图2

图 2-19　机械臂俯仰驱动缸安装示意图

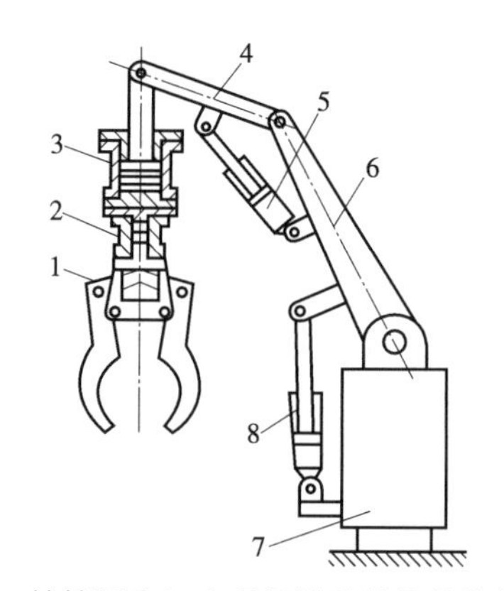

图 2-20　铰接活塞缸实现机械臂俯仰的结构示意图

1—手臂；2—夹紧缸；3—升降缸；4—小臂；5，7—铰接活塞缸；6—大臂；8—立柱

(3) 回转和升降运动机构

回转运动是指机器人绕铅锤轴的转动。这种运动决定了机器人的手臂所能到达的角度位置。实现机械臂升降和回转运动的常用机构有叶片式回转缸、齿轮传动机构、链轮传动机构、连杆机构等。回转缸与升降缸单独驱动，适用于升降行程短而回转角度小于 360°的情况。图 2-21 是

采用升降缸和齿轮齿条传动结构来实现机械臂升降和回转运动的示意图，图中齿轮齿条机构是通过齿条的往复运动，带动与机械臂连接的齿轮做往复回转运动，从而实现机械臂的回转运动。带动齿条往复移动的活塞缸可以由压力油或压缩气体驱动。活塞液压缸两腔分别进压力油，推动齿条 7 做往复移动（见 A—A 剖面），与齿条 7 啮合的齿轮 4 即做往复回转运动。由于齿轮 4、手臂升降缸体 2、连接板 8 均用螺钉连接成一体，连接板又与手臂固连，从而实现手臂的回转运动。升降液压缸的活塞杆通过连接盖 5 与机座 6 连接而固定不动，手臂升降缸体 2 沿导向套 3 做上下移动，因升降液压缸外部装有导向套，所以刚性好、传动平稳。

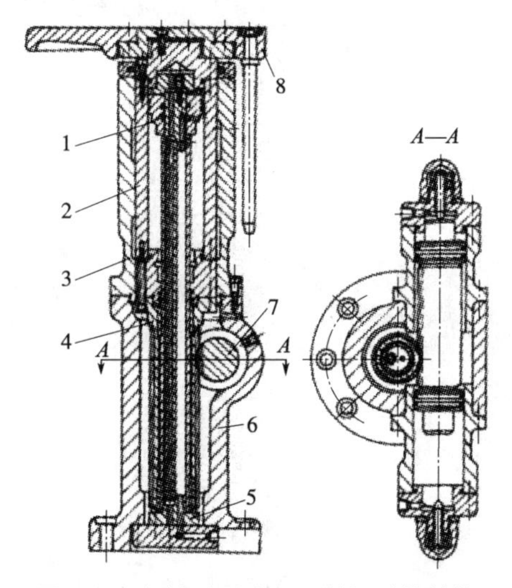

图 2-21 机械臂升降和回转运动的结构

1—活塞杆；2—手臂升降缸体；3—导向套；4—齿轮；5—连接盖；6—机座；7—齿条；8—连接板

2.5 机械手

机器人技术发展到智能化阶段，机械手从工业机器人用于搬运物品、组装零件、焊接、喷漆等，已经发展得越来越灵巧，能完成海底救援、握笔写字、弹奏乐器、抓起鸡蛋等精细复杂的工作。

模仿人手的机器人多指灵巧手能够提高机械手的操作能力、灵活性和快速反应能力，使机器人能像人手那样进行各种复杂的作业。多指灵巧手有多个手指，每个手指有 3 个回转关节，每个关节的自由度都是独立控制的。因此，它能模仿人手指完成各种复杂的动作，如写字、弹钢琴等动作。图 2-22～图 2-24 分别为三指、四指和五指灵巧手。通常，多指灵巧手部配置力觉、视觉、触觉、温度等传感器，不仅可以应用在抓取各种异形物件，进行各种仿人操作的领域，也可以应用于各种极限环境下完成人无法实现的操作，如太空、灾难救援等领域。图 2-25 给出了五指灵巧手的多种应用场景举例，它们可以抓取各种异形物件，并进行各种仿人操作。图 2-26 介绍了灵巧手与 3D 视觉传感器及力觉传感器进行集成应用的例子。

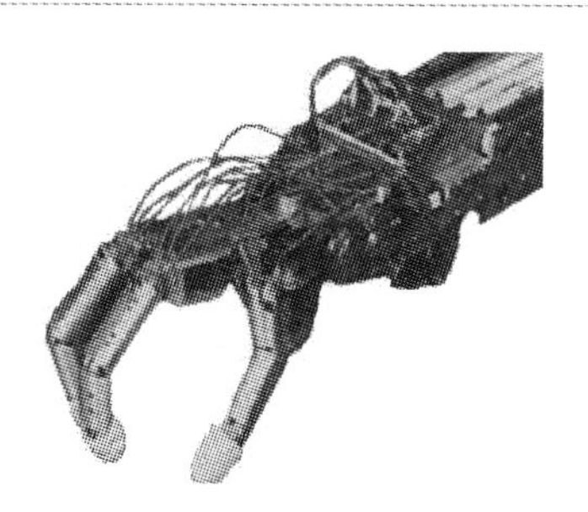
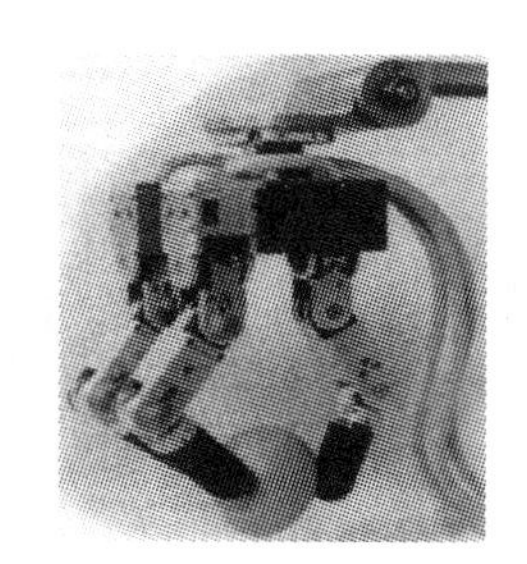

图 2-22　三指灵巧手

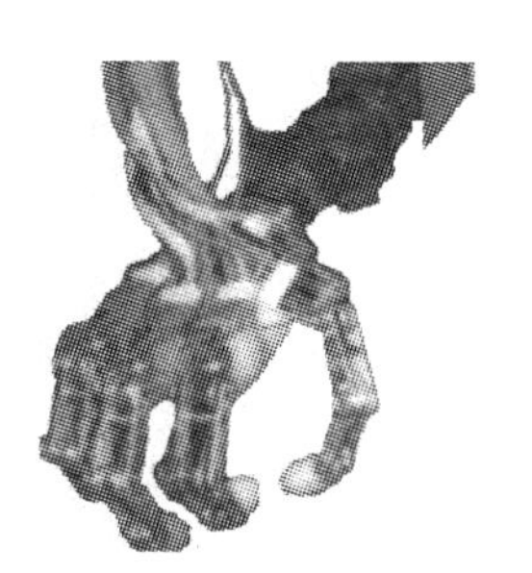
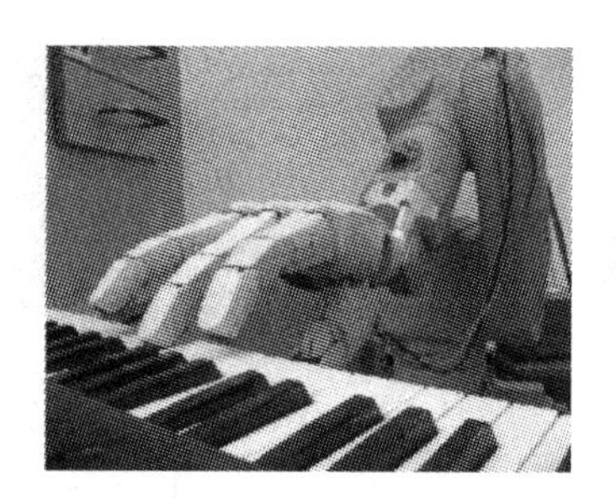

图 2-23　四指灵巧手

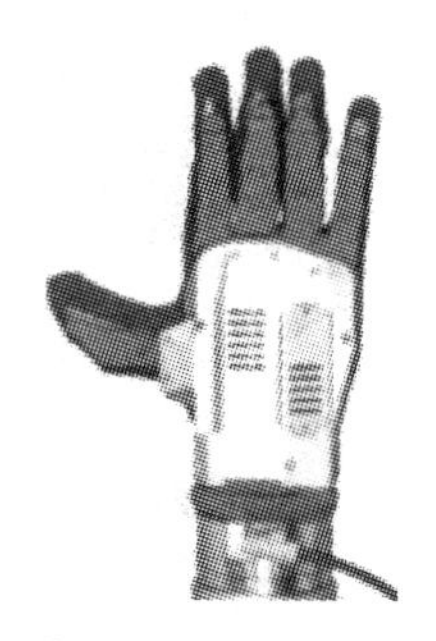

图 2-24　五指灵巧手

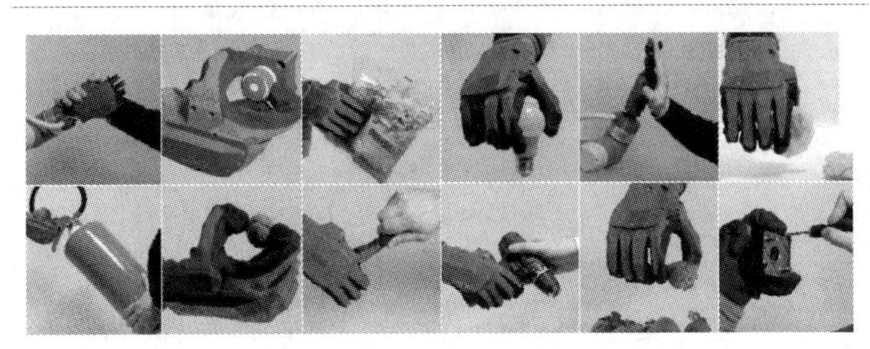

图 2-25 五指灵巧手应用场景举例

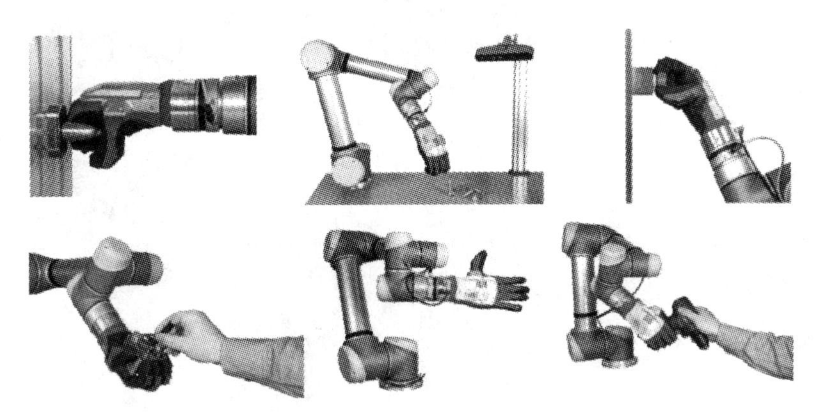

图 2-26 灵巧手与 3D 视觉传感器及力觉传感器进行集成应用

2.6 常见移动机构

移动机器人的移动机构形式主要有：车轮式移动机构、履带式移动机构、腿足式移动机构。此外，还有步进式移动机构、蠕动式移动机构、混合式移动机构和蛇行式移动机构等，适合于不同的场合。

2.6.1 车轮式移动机构

车轮式移动机构可按车轮数来分类。

（1）两轮车

人们把非常简单、便宜的自行车或两轮摩托车用在机器人上的试验很早就进行了。但是人们很容易地就认识到两轮车的速度、倾斜等物理量精度不高，而进行机器人化，所需简单、便宜、可靠性高的传感器也很难获得。此外，两轮车制动时以及低速行走时也极不稳定。图 2-27 是装备有陀螺仪的两轮车。人们在驾驶两轮车时，依靠手的操作和重心的移动才能稳定地行驶，这种陀螺两轮车，把与车体倾斜成比例的力矩作用在轴系上，利用陀螺效应使车体稳定。

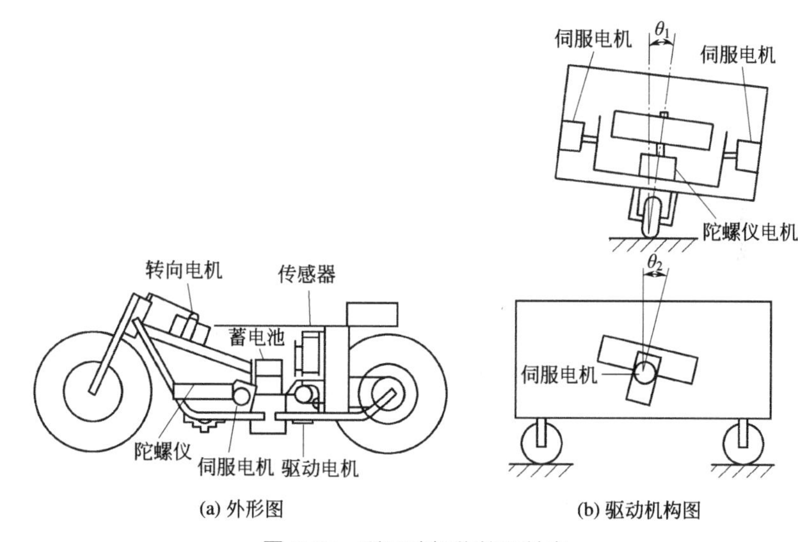

图 2-27 利用陀螺仪的两轮车

(2) 三轮车

三轮移动机构是车轮型机器人的基本移动机构，其原理如图 2-28 所示。

图 2-28(a) 是后轮用两轮独立驱动，前轮用小脚轮构成的辅助轮组合而成。这种机构的特点是机构组成简单，而且旋转半径可从零到无限大，任意设定。但是它的旋转中心是在连接两驱动轴的连线上，所以旋转半径即使是零，旋转中心也与车体的中心不一致。

图 2-28(b) 中的前轮由操舵机构和驱动机构合并而成。与图 2-28(a) 相比，操舵和驱动的驱动器都集中在前轮部分，所以机构复杂，其旋转半径可以从零到无限大连续变化。

图 2-28(c) 是为避免图 2-28(b) 所示机构的缺点，通过差动齿轮进行驱动的方式。近来不再用差动齿轮，而采用左右轮分别独立驱动的方法。

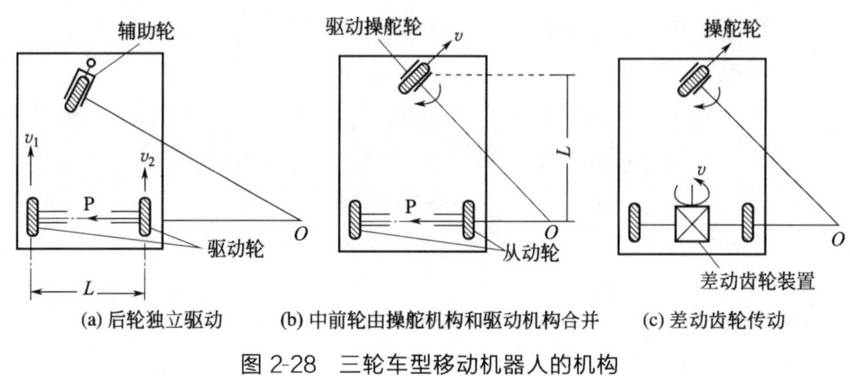

图 2-28　三轮车型移动机器人的机构

(3) 四轮车

四轮车的驱动机构和运动基本上与三轮车相同。图 2-29(a) 是两轮独立驱动，前后带有辅助轮的方式。与图 2-28(a) 相比，当旋转半径为零时，由于能绕车体中心旋转，所以有利于在狭窄场所改变方向。图 2-29(b) 是汽车方式，适合于高速行走，稳定性好。

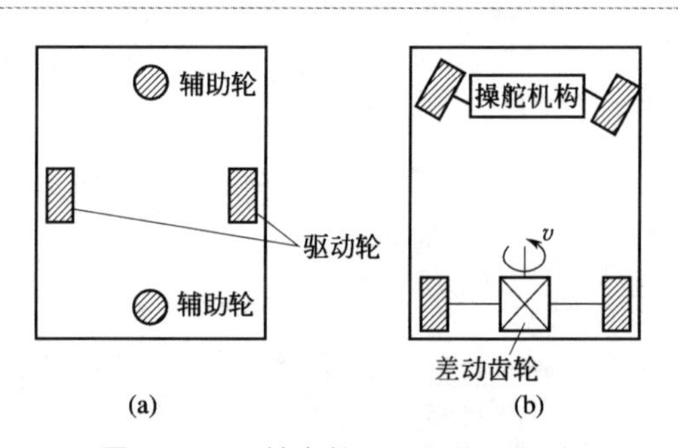

图 2-29　四轮车的驱动机构和运动

根据使用目的不同，还有使用六轮驱动车和车轮直径不同的车轮式移动机构，也有的提出利用具有柔性机构车辆的方案。图 2-30 是火星探测用的小漫游车的例子，它的轮子可以根据地形上下调整高度，提高其稳定性，适合在火星表面作业。

(4) 全方位移动车

前面的车轮式移动机构基本是二自由度的，因此不可能简单地实现车体任意的定位和定向。机器人的定位，用四轮构成的车可通过控制各轮的转向角来实现。全方位移动机构能够在保持机体方位不变的前提下沿平面上任意方向移动。有些全方位车轮机构除具备全方位移动能力外，还可以像普通车辆那样改变机体方位。由于这种机构的灵活操控性能，特别适合于窄小空间（通道）中的移动作业。

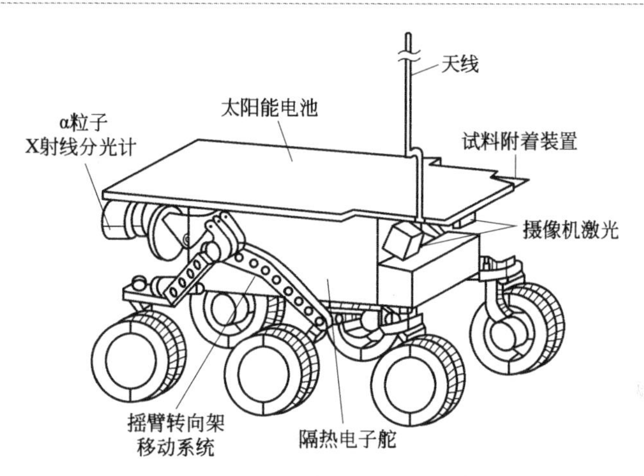

图 2-30 火星探测用小漫游车

图 2-31 是一种全轮偏转式全方位移动机构的传动原理图。行走电机 M_1 运转时，通过蜗杆蜗轮副 5 和锥齿轮副 2 带动车轮 1 转动。当转向电机 M_2 运转时。通过另一对蜗杆蜗轮副 6 和齿轮副 3 带动车轮支架 4 适当偏转。当各车轮采取不同的偏转组合，并配以相应的车轮速度后，便能够实现如图 2-32 所示的不同移动方式。

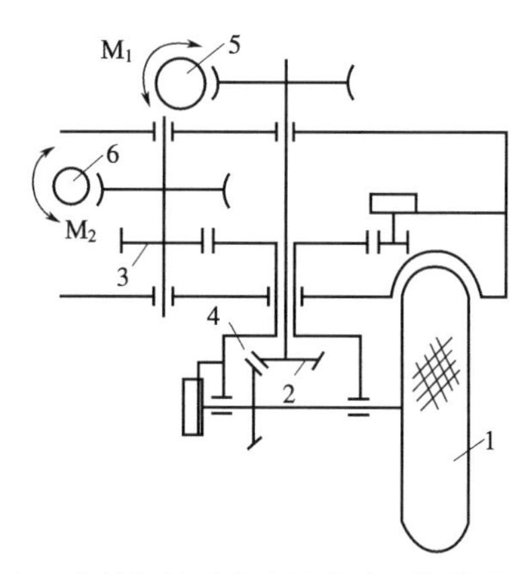

图 2-31 全轮偏转式全方位移动机构传动原理图

1—车轮；2—锥齿轮副；3—齿轮副；4—车轮支架；5，6—蜗轮蜗杆副

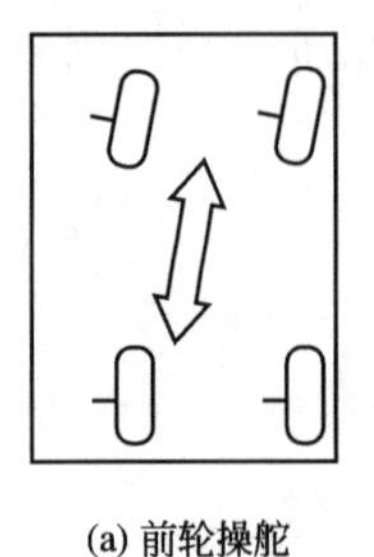

(a) 前轮操舵

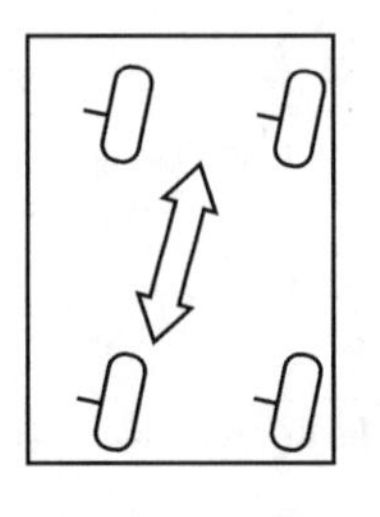

(b) 全方位方式

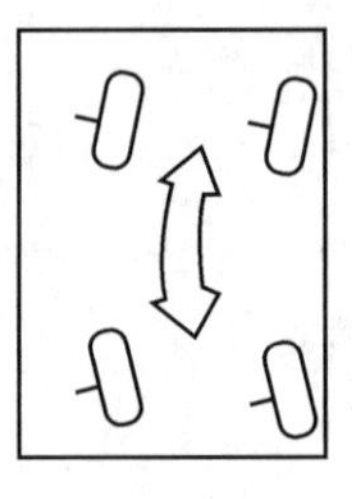

(c) 四轮操舵

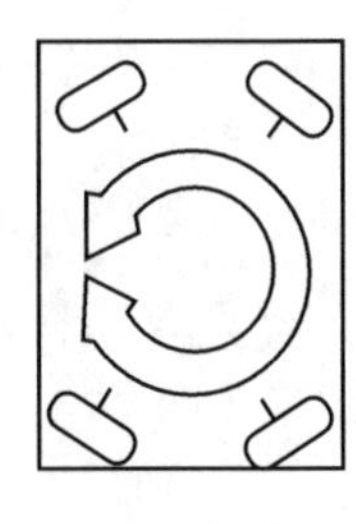

(d) 原地回转

图 2-32　全轮偏转全方位车辆的移动方式

应用更为广泛的全方位四轮移动机构采用一种称为麦卡纳姆轮（Mecanum weels）的新型车轮。图 2-33(a) 所示为麦卡纳姆车轮的外形，这种车轮由两部分组成，即主动的轮毂和沿轮毂外缘按一定方向均匀分布着的多个被动辊子。当车轮旋转时，轮芯相对于地面的速度 v 是轮毂速度 v_h 与辊子滚动速度 v_r 的合成，v 与 v_h 有一个偏离角 θ，如图 2-33(b) 所示。由于每个车轮均有这个特点，经适当组合后就可以实现车体的全方位移动和原地转向运动，见图 2-34。

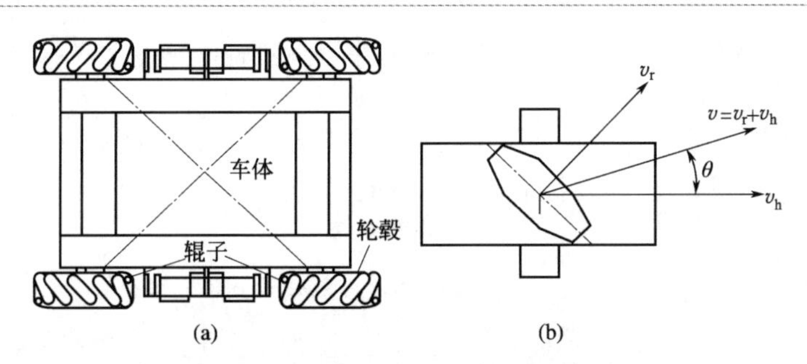

图 2-33　麦卡纳姆车轮及其速度合成

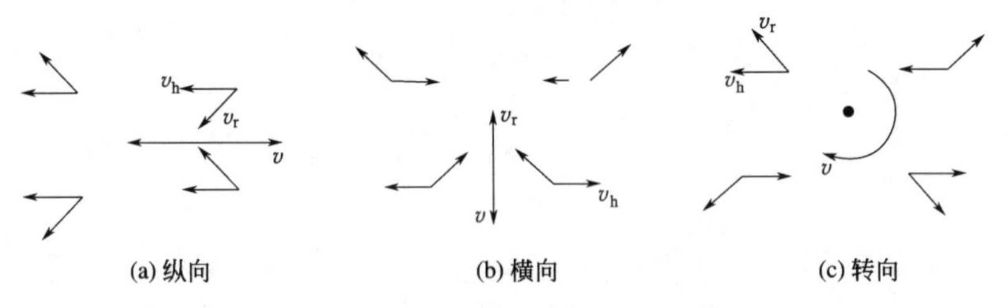

图 2-34　麦卡纳姆车辆的速度配置和移动方式

2.6.2 履带式移动机构

履带式移动机构为无限轨道方式，其最大特征是将圆环状的无限轨道履带卷绕在多个车轮上，使车轮不直接与路面接触。利用履带可以缓冲路面状态，因此该机构可以在各种路面条件下行走。

履带式移动机构与轮式移动机构相比，有如下特点。

① 支承面积大，接地压力小。适合于松软或泥泞场地进行作业，下陷度小，滚动阻力小，通过性能较好。

② 越野机动性好，爬坡、越沟等性能均优于轮式移动机构。

③ 履带支承面上有履齿，不易打滑，牵引附着性能好，有利于发挥较大的牵引力。

④ 结构复杂，重量大，运动惯性大，减振性能差，零件易损坏。

常见的履带传动机构有拖拉机、坦克等，这里介绍几种特殊的履带结构。

（1）卡特彼勒（Caterpillar）高架链轮履带机构

高架链轮履带机构是美国卡特彼勒公司开发的一种非等边三角形构型的履带机构，将驱动轮高置，并采用半刚性悬挂或弹件悬挂装置，如图 2-35 所示。

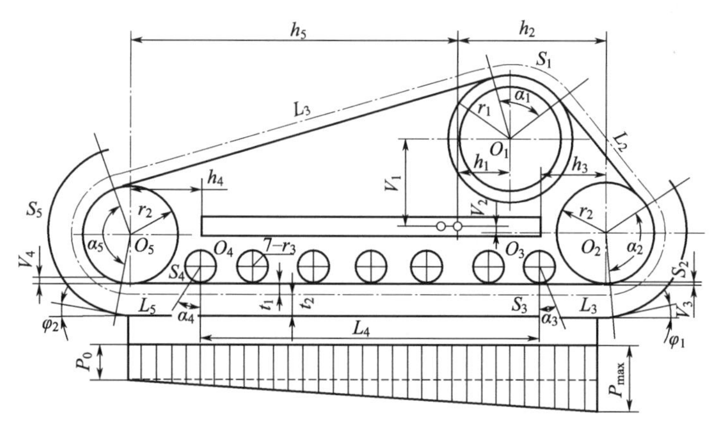

图 2-35 高架链轮履带机构示意图

与传统的履带行走机构相比，高架链轮弹性悬挂行走机构具有以下特点。

① 将驱动轮高置，隔离了外部传来的载荷，使所有载荷都由悬挂的

摆动机构和枢轴吸收而不直接传给驱动链轮。驱动链轮只承受扭转载荷，而且使其远离地面环境，减少由于杂物带入而引起的链轮齿与链节间的磨损。

② 弹性悬挂行走机构能够保持更多的履带接触地面，使载荷均布。同样机重情况下可以选用尺寸较小的零件。

③ 弹性悬挂行走机构具有承载能力大、行走平稳、噪声小、离地间隙大和附着性好等优点，使机器在不牺牲稳定性的前提下，具有更高的机动灵活性，减少了由于履带打滑而导致的功率损失。

④ 行走机构各零部件检修容易。

（2）形状可变履带机构

形状可变履带机构指履带的构型可以根据需要进行变化的机构。图 2-36 是一种形状可变履带的外形。它由两条形状可变的履带组成，分别由两个主电机驱动。当两履带速度相同时，实现前进或后退移动；当两履带速度不同时，整个机器实现转向运动。当主臂杆绕履带架上的轴旋转时，带动行星轮转动，从而实现履带的不同构型，以适应不同的移动环境。

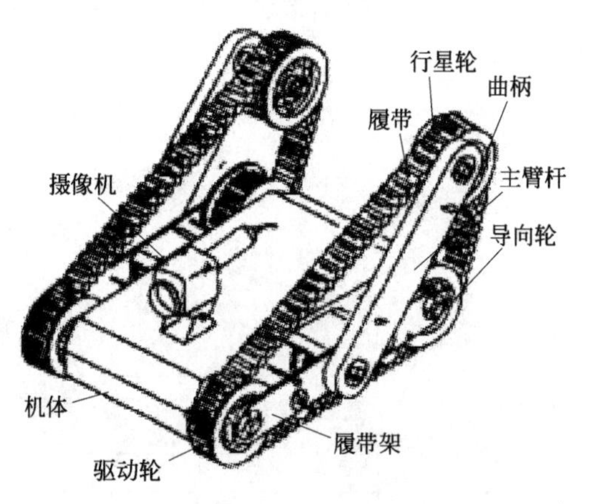

图 2-36 形状可变履带移动机构

（3）位置可变履带机构

位置可变履带机构指履带相对于机体的位置可以发生改变的履带机构。这种位置的改变可以是一个自由度的，也可以是两个自由度的。图 2-37 所示为一种二自由度的变位履带移动机构。各履带能够绕机体的水平轴线和垂直轴线偏转，从而改变移动机构的整体构型。这种变位履带移动机构集履带机构与全方位轮式机构的优点于一身，当履带沿一个自由度变位时，用于爬越阶梯和跨越沟渠；当沿另一个自由度变位时，可实现车轮的全方位行走方式。

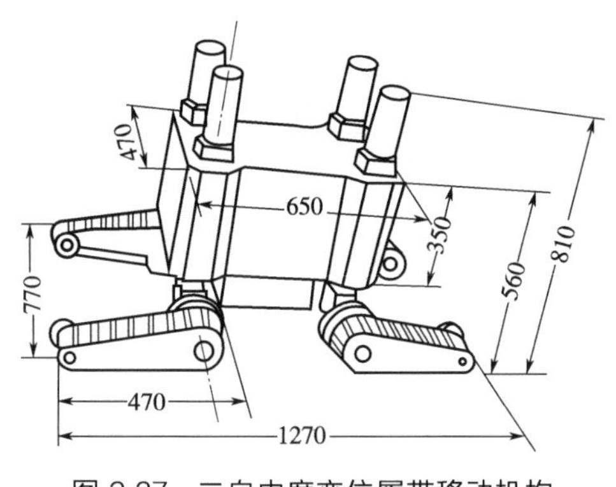

图 2-37 二自由度变位履带移动机构

2.6.3 腿足式移动机构

履带式移动机构虽可以在高低不平的地面上运动，但是它的适应性不强，行走时晃动较大，在软地面上行驶时效率低。根据调查，地球上近一半的地面不适合于传统的轮式或履带式车辆行走。但是一般的多足动物却能在这些地方行动自如，显然腿足式移动机构在这样的环境下有独特的优势。

① 腿足式移动机构对崎岖路面具有很好的适应能力，腿足式运动方式的立足点是离散的点，可以在可能到达的地面上选择最优的支撑点，而轮式和履带式移动机构必须面临最坏的地形上的几乎所有的点。

② 腿足式移动机构运动方式还具有主动隔振能力，尽管地面高低不平，机身的运动仍然可以相当平稳。

③ 腿足式移动机构在不平地面和松软地面上的运动速度较高，能耗较少。

现有的腿足式移动机器人的足数分别为单足、双足、三足和四足、六足、八足甚至更多。足的数目多，适合于重载和慢速运动。实际应用中，由于双足和四足具有相对好的适应性和灵活性，也最接近人类和动物，所以用得最多。图 2-38 是日本开发的仿人机器人 ASIMO，图 2-39 所示为机器狗。

图 2-38 仿人机器人 ASIMO

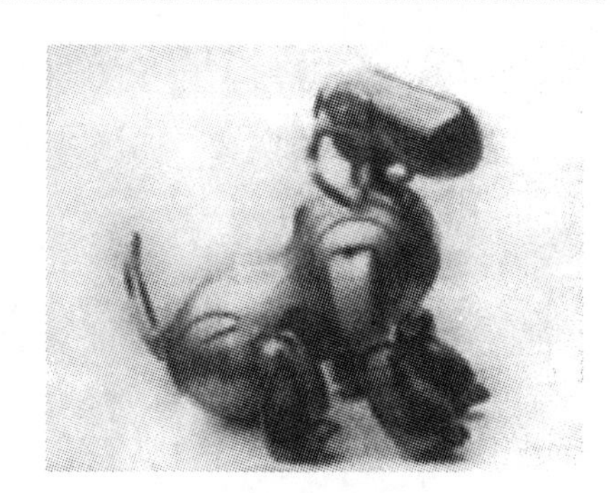

图 2-39 机器狗

2.6.4 其他形式的移动机构

为了特殊的目的，还研发了各种各样的移动机构，例如壁面上吸附式移动机构、蛇形机构等。图 2-40 所示是能在壁面上爬行的机器人，其中图（a）是用吸盘交互地吸附在壁面上来移动，图（b）所示的滚子是磁铁，壁面一定是磁性材料才行。图 2-41 所示是蛇形机器人。

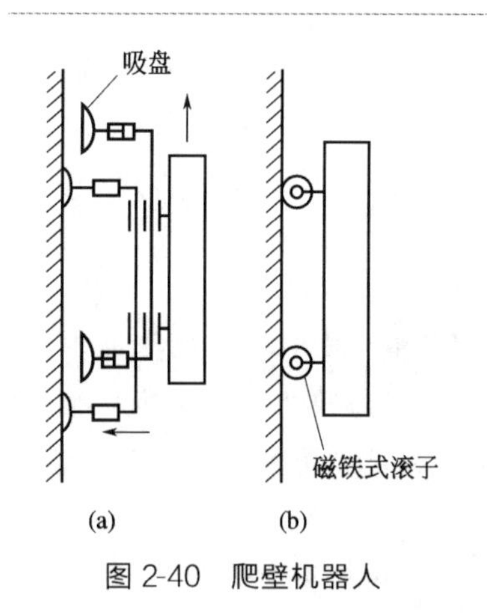

图 2-40 爬壁机器人

图 2-41 蛇形机器人

第3章

特种机器人的传感技术

3.1 概述

机器人传感器可以定义为一种能将机器人目标物特性（或参量）变换为电量输出的装置，机器人通过传感器实现类似于人的知觉作用，故传感器被称为机器人的五官。

机器人作为重要产业，发展方兴未艾，其应用范围日益广泛，要求它能从事越来越复杂的工作，对变化的环境能有更强的适应能力，要求能进行更精确的定位和控制，因而对传感器的应用不仅是十分必要的，而且具有更高的要求。

3.1.1 特种机器人对传感器的要求

（1）基本性能要求

① 精度高、重复性好　机器人传感器的精度直接影响机器人的工作质量。用于检测和控制机器人运动的传感器是控制机器人定位精度的基础。机器人是否能够准确无误地正常工作，往往取决于传感器的测量精度。

② 稳定性好，可靠性高　机器人传感器的稳定性和可靠性是保证机器人能够长期稳定可靠工作的必要条件。机器人经常是在无人照管的条件下代替人来工作的，如果它在工作中出现故障，轻者影响生产的正常进行，重者造成严重事故。

③ 抗干扰能力强　机器人传感器的工作环境比较恶劣，它应当能够承受强电磁干扰、强振动，并能够在一定的高温、高压、高污染环境中正常工作。

④ 质量小、体积小、安装方便可靠　对于安装在机器人操作臂等运动部件上的传感器，质量要小，否则会加大运动部件的惯性，影响机器人的运动性能。对于工作空间受到某种限制的机器人，对体积和安装方向的要求也是必不可少的。

（2）工作任务要求

环境感知能力是移动机器人除了移动之外最基本的一种能力，感知能力的高低直接决定移动机器人的智能性，而感知能力是由感知系统决定的。移动机器人的感知系统相当于人的五官和神经系统，是机器人获取外部环境信息及进行内部反馈控制的工具，它是移动机器人最重要的部分之一。移动机器人的感知系统通常由多种传感器组成，这些传感器处于连接外部环境与移动机器人的接口位置，是机器人获取信息的窗口。机器人用这些传感器采集各种信息，然后采取适当的方法，将多个传感器获取的环境信息加以综合处理，控制机器人进行智能作业。

3.1.2 常用传感器的特性

在选择合适的传感器以适应特定的需要时，必须考虑传感器多方面的不同特点。这些特点决定了传感器的性能，是否经济，应用是否简便以及应用范围等。在某些情况下，为实现同样的目标，可以选择不同类型的传感器。通常在选择传感器前应该考虑以下一些因素。

（1）成本

传感器的成本是需要考虑的重要因素，尤其在一台机器需要使用多个传感器时更是如此。然而成本必须与其他设计要求相平衡，例如可靠性、传感器数据的重要性、精度和寿命等。

（2）尺寸

根据传感器的应用场合，尺寸大小有时可能是最重要的。例如，关节位移传感器必须与关节的设计相适应，并能与机器人中的其他部件一起移动，但关节周围可利用的空间可能会受到限制。另外，体积庞大的传感器可能会限制关节的运动范围。因此，确保给关节传感器留下足够大的空间非常重要。

（3）重量

由于机器人是运动装置，所以传感器的重量很重要，传感器过重会增加操作臂的惯量，同时还会减少总的有效载荷。

（4）输出的类型（数字式或模拟式）

根据不同的应用，传感器的输出可以是数字量也可以是模拟量，它们可以直接使用，也可能需对其进行转换后才能使用。例如，电位器的输出是模拟量，而编码器的输出则是数字量。如果编码器连同微处理器一起使用，其输出可直接传输至处理器的输入端，而电位器的输出则必须利用模数转换器（ADC）转变成数字信号。哪种输出类型比较合适必须结合其他要求进行综合考虑。

（5）接口

传感器必须能与其他设备相连接，如微处理器和控制器。倘若传感器与其他设备的接口不匹配或两者之间需要其他的电路，那么需要解决传感器与设备间的接口问题。

(6) 分辨率

分辨率是传感器在测量范围内所能分辨的最小值。在绕线式电位器中，它等同于一圈的电阻值。在一个 n 位的数字设备中，分辨率＝满量程/(2^n)。例如，四位绝对式编码器在测量位置时，最多能有 $2^4=16$ 个不同等级。因此，分辨率是 360°/16＝22.5°。

(7) 灵敏度

灵敏度是输出响应变化与输入变化的比。高灵敏度传感器的输出会由于输入波动（包括噪声）而产生较大的波动。

(8) 线性度

线性度反映了输入变量与输出变量间的关系。这意味着具有线性输出的传感器在其量程范围内，任意相同的输入变化将会产生相同的输出变化。几乎所有器件在本质上都具有一些非线性，只是非线性的程度不同。在一定的工作范围内，有些器件可以认为是线性的，而其他一些器件可通过一定的前提条件来线性化。如果输出不是线性的，但已知非线性度，则可以通过对其适当建模、添加测量方程或额外的电子线路来克服非线性度。例如，如果位移传感器的输出按角度的正弦变化，那么在应用这类传感器时，设计者可按角度的正弦来对输出进行刻度划分，这可以通过应用程序，或能根据角度的正弦来对信号进行分度的简单电路来实现。

(9) 量程

量程是传感器能够产生的最大与最小输出之间的差值，或传感器正常工作时最大和最小输入之间的差值。

(10) 响应时间

响应时间是传感器的输出达到总变化的某个百分比时所需要的时间，它通常用占总变化的百分比来表示，例如 95%。响应时间也定义为当输入变化时，观察输出发生变化所用的时间。例如，简易水银温度计的响应时间长，而根据热辐射测温的数字温度计的响应时间短。

(11) 频率响应

假如在一台性能很好的收音机上接上小而廉价的扬声器，虽然扬声器能够复原声音，但是音质会很差，而同时带有低音及高音的高品质扬声器系统在复原同样的信号时，会具有很好的音质。这是因为高品质扬声器系统的频率响应与小而廉价的扬声器大不相同。因为小扬声器的自然频率较高，所以它仅能复原较高频率的声音。而至少含有两个喇叭的扬声器系统可在高、低音两个喇叭中对声音信号进行还原，这两个喇叭一个自然频率高，另一个自然频率低，两个频率响应融合在一起使扬声器系统复原出非常好的声音信号（实际上，信号在接入扬声器前均进行过滤）。只要施加很小的激励，所有的系统就都能在其自然频率附近产生共振。随着激振频率的降低或升高，响应会减弱。频率响应带宽指定了一个范围，在此范围内系统响应输入的性能相对较高。频率响应的带宽越大，系统响应不同输入的能力也越强。考虑传感器的频率响应和确定传感器是否在所有运行条件下均具有足够快的响应速度是非常重要的。

（12）可靠性

可靠性是系统正常运行次数与总运行次数之比，对于要求连续工作的情况，在考虑费用以及其他要求的同时，必须选择可靠且能长期持续工作的传感器。

（13）精度

精度定义为传感器的输出值与期望值的接近程度。对于给定输入，传感器有一个期望输出，而精度则与传感器的输出和该期望值的接近程度有关。

（14）重复精度

对同样的输入，如果对传感器的输出进行多次测量，那么每次输出都可能不一样。重复精度反映了传感器多次输出之间的变化程度。通常，如果进行足够次数的测量，那么就可以确定一个范围，它能包括所有在标称值周围的测量结果，那么这个范围就定义为重复精度。通常重复精度比精度更重要，在多数情况下，不准确度是由系统误差导致的，因为它们可以预测和测量，所以可以进行修正和补偿。重复性误差通常是随机的，不容易补偿。

3.1.3 机器人传感器的分类

机器人根据所完成任务的不同，配置的传感器类型和规格也不尽相同，一般分为内部传感器和外部传感器。随着科学技术的发展，目前传感器技术也在不断发展，出现了智能传感器，并且无线传感网络技术也得到了飞速发展。

所谓内部传感器，就是测量机器人自身状态的功能元件，具体检测的对象有关节的线位移、角位移等几何量，速度、角速度、加速度等运动量，还有倾斜角、方位角等物理量，即主要用来采集来自机器人内部的信息。表 3-1 列出了机器人内部传感器的基本形式。

而所谓的外部传感器则主要用来采集机器人和外部环境以及工作对象之间相互作用的信息，使机器人和环境能发生交互作用，从而使机器人对环境有自校正和自适应能力。机器人外部传感器通常包括力觉、触觉、视觉、听觉、嗅觉和接近觉等传感器。表 3-2 列出了这些传感器的检测内容和应用。

内部传感器和外部传感器是根据传感器在系统中的作用来划分的，某些传感器既可当作内部传感器使用，又可以当作外部传感器使用。譬如力传感器，用于末端执行器或手臂的自重补偿中，是内部传感器；在测量操作对象或障碍物的反作用力时，它是外部传感器。

表 3-1 机器人内部传感器的基本分类

内部传感器	基本种类
位置传感器	电位器、旋转变压器、码盘
速度传感器	测速发电机、码盘
加速度传感器	应变式、伺服式、压电式、电动式
倾斜角传感器	液体式、垂直振子式
力(力矩)传感器	应变式、压电式

表 3-2 机器人外部传感器的基本分类

传感器	检测内容	检测器件	应用
力觉	把握力 荷重 分布压力 力矩 多元力 滑动	应变计、半导体感压元件 弹簧变位测量计 导电橡胶、感压高分子材料 压阻元件、电机电流计 应变计、半导体感压元件 光学旋转检测器、光纤	把握力控制 张力控制、指压力控制 姿势、形状判别 协调控制 装配力控制 滑动判定、力控制
触觉	接触	限制开关	动作顺序控制
视觉	平面位置 形状 距离 缺陷	ITV 摄像机、位置传感器 线图像传感器 测距器 面图像传感器	位置决定、控制 物体识别、判别 移动控制 检查、异常检测
听觉	声音 超声波	麦克风 超声波传感器	语言控制(人机接口) 移动控制
嗅觉	气体成分	气体传感器、射线传感器	化学成分探测
接近觉	接近 间隔 倾斜	光电开关、LED、激光、红外 光电晶体管、光电二极管 电磁线圈、超声波传感器	动作顺序控制 障碍物躲避 轨迹移动控制、探索

3.2 力觉传感器

力觉是指对机器人的指、肢和关节等运动中所受力的感知，主要包括腕力觉、关节力觉和支座力觉等。根据被测对象的负载，可以把力觉传感器分为测力传感器（单轴力传感器）、力矩表（单轴力矩传感器）、手指传感器（检测机器人手指作用力的超小型单轴力传感器）和六轴力觉传感器等。

（1）十字腕力传感器

图 3-1 所示为挠性十字梁式腕力传感器，用铝材切成十字框架，各悬梁外端插入圆形手腕框架的内侧孔中，悬梁端部与腕框架的接合部装有尼龙球，目的是使悬梁易于伸缩。此外，为了增加其灵敏性，在与梁相接处的腕框架上还切出窄缝。十字形悬梁实际上是一个整体，其中央固定在手腕轴向。

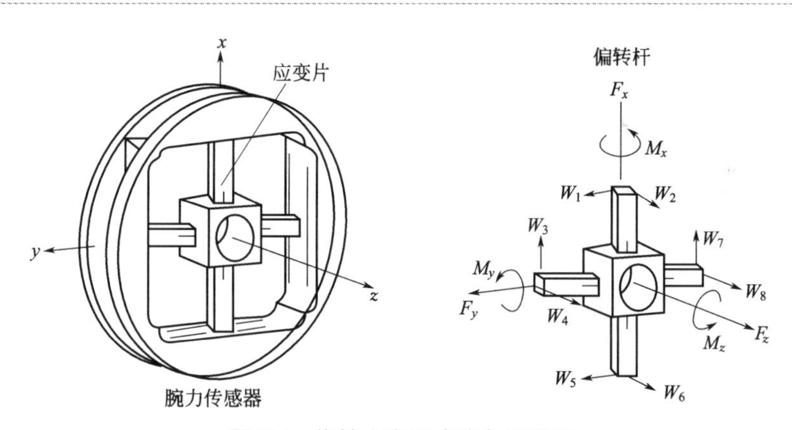

图 3-1 挠性十字梁式腕力传感器

在每根梁的上下左右侧面选取测量敏感点，通过粘贴应变片的方法获取电信号。相对面上的两片应变片构成一组半桥，通过测量一个半桥的输出，即可检测一个参数。整个手腕通过应变片可检测出 8 个参数：$W_1 \sim W_8$。利用这些参数，根据式(3-1) 可计算出该传感器受到 x、y、z 方向的力 F_x、F_y、F_z 以及 x、y、z 方向的转矩 M_x、M_y、M_z。其中，K_{mn} 的值一般是通过试验给出。

$$\begin{bmatrix} F_x \\ F_y \\ F_z \\ M_x \\ M_y \\ M_z \end{bmatrix} = \begin{bmatrix} 0 & 0 & K_{13} & 0 & 0 & 0 & K_{17} & 0 \\ K_{21} & 0 & 0 & 0 & K_{25} & 0 & 0 & 0 \\ 0 & K_{32} & 0 & K_{34} & 0 & K_{36} & 0 & K_{38} \\ 0 & 0 & 0 & K_{44} & 0 & 0 & 0 & K_{48} \\ 0 & K_{52} & 0 & 0 & 0 & K_{56} & 0 & 0 \\ K_{61} & 0 & K_{63} & 0 & K_{65} & 0 & K_{67} & 0 \end{bmatrix} \begin{bmatrix} W_1 \\ W_2 \\ W_3 \\ W_4 \\ W_5 \\ W_6 \\ W_7 \\ W_8 \end{bmatrix} \tag{3-1}$$

(2) 筒式腕力传感器

图 3-2 所示为一种筒式 6 自由度腕力传感器，主体为铝圆筒，外侧有 8 根梁支撑，其中 4 根为水平梁，4 根为垂直梁。水平梁的应变片贴于上、下两侧，设各应变片所受到的应变量分别为 Q_x^+、Q_y^+、Q_x^-、Q_y^-；而垂直梁的应变片贴于左右两侧，设各应变片所受到的应变量分别为 P_x^+、P_y^+、P_x^-、P_y^-。那么，施加于传感器上的 6 维力，即 x、y、z 方向的力 F_x、F_y、F_z 以及 x、y、z 方向的转矩 M_x、M_y、M_z 可以用下列关系式计算，即

$$\left.\begin{aligned} F_x &= K_1(P_y^+ + P_y^-) \\ F_y &= K_2(P_x^+ + P_x^-) \\ F_z &= K_3(Q_x^+ + Q_x^- + Q_y^+ + Q_y^-) \\ M_x &= K_4(Q_y^+ - Q_y^-) \\ M_y &= K_5(-Q_x^+ - Q_x^-) \\ M_z &= K_6(P_x^+ - P_x^- - P_y^+ + P_y^-) \end{aligned}\right\} \tag{3-2}$$

式中，$K_1 \sim K_6$ 为比例系数，与各根梁所贴应变片的应变灵敏度有关，应变量由贴在每根梁两侧的应变片构成的半桥电路测量。

这种结构形式的特点是传感器在工作时，各个梁均以弯曲应变为主而设计，所以具有一定程度的规格化，合理的结构设计可使各梁灵敏度均匀并得到有效提高，缺点是结构比较复杂。

6 维力传感器是机器人最重要的外部传感器之一，该传感器能同时获取包括 3 个力和 3 个力矩在内的全部信息，因而被广泛用于力/位置控制、轴孔配合、轮廓跟踪及双机器人协调等先进机器人控制之中，已成

为保障机器人操作安全与完善作业能力方面不可缺少的重要工具。

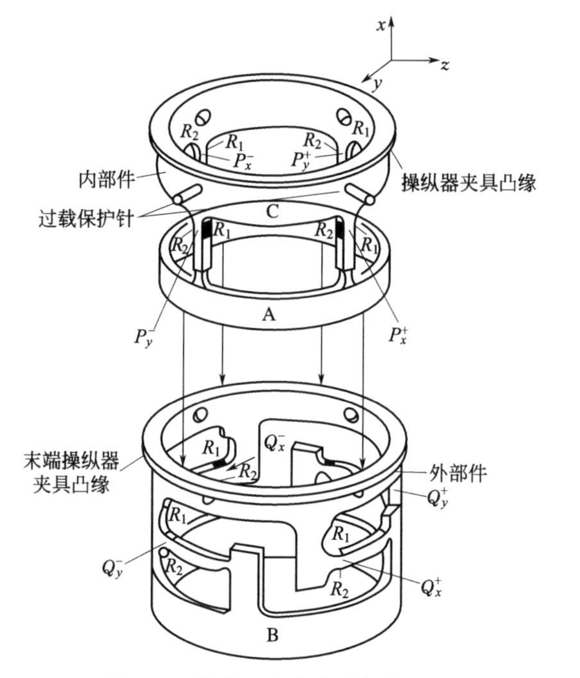

图 3-2 筒式 6 自由度腕力传感器

3.3 触觉传感器

人的触觉包括接触觉、压觉、冷热觉、痛觉等，这些感知能力对于人类是非常重要的，是其他感知能力（如视觉）所不能完全替代的。机器人触觉传感器可以实现接触觉、压觉和滑觉等功能，测量手爪与被抓握物体之间是否接触，接触位置以及接触力的大小等。触觉传感器包括单个敏感元构成的传感器和由多个敏感元组成的触觉传感器阵列。机器人末端操作器与外界环境接触时，微小的位移就能产生较大的接触力，这一特点对于需要消除微小位置误差的作业是必不可少的，如精密装配等需要进行精确控制的场合。视觉借助光的作用完成，当光照受限制时，仅靠触觉也能完成一些简单的识别功能。更为重要的是，触觉还能感知物体的表面特征和物理性能，如柔软性、硬度、弹性、粗糙度、材质等。

最简单也是最早使用的触觉传感器是微动开关。它工作范围宽，不受电、磁干扰，简单、易用、成本低。单个微动开关通常工作在开、关状态，可以二位方式表示是否接触。如果仅仅需要检测是否与对象物体接触，这种二位微动开关能满足要求。但是如果需要检测对象物体的形状时，就需要在接触面上高密度地安装敏感元件，微动开关虽然可以很小，但是与高度灵敏的触觉传感器的要求相比，这种开关式的微动开关还是太大了，无法实现高密度安装。

导电合成橡胶是一种常用的触觉传感器敏感元件，它是在硅橡胶中添加导电颗粒或半导体材料（如银或碳）构成的导电材料。这种材料价格低廉、使用方便、有柔性，可用于机器人多指灵巧手的手指表面。导电合成橡胶有多种工业等级，多种这类导电橡胶变压时其体电阻的变化很小，但是接触面积和反向接触电阻都随外力大小而发生较大变化。利用这一原理制作的触觉传感器可实现在 1cm^2 面积内有 256 个触觉敏感单元，敏感范围达到 1～100g。

图 3-3 所示是一种采用 D-截面导电橡胶的压阻触觉传感器，用相互垂直的两层导电橡胶实现行、列交叉定位。当增加正压力时，D-截面导电橡胶发生变形，接触面积增大，接触电阻减小，从而实现触觉传感。

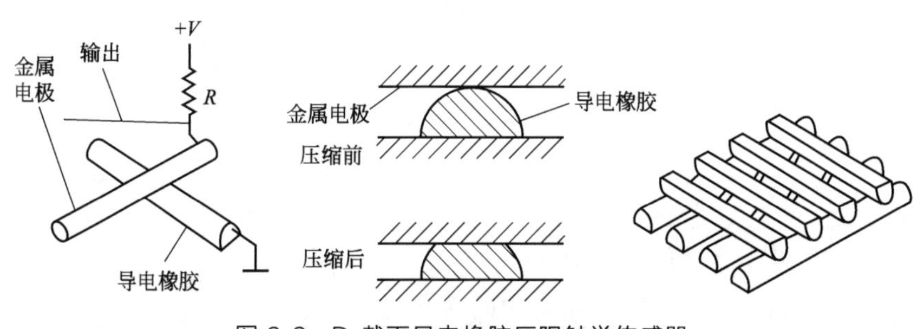

图 3-3　D-截面导电橡胶压阻触觉传感器

另一类常用的触觉敏感元件是半导体应变计。金属和半导体的压阻元件都已用于触觉传感器阵列。其中金属箔应变计用得最多，特别是它们跟变形元件粘贴在一起可将外力变换成应变从而进行测量的应变计使用最广。利用半导体技术可在硅等半导体上制作应变元件，甚至信号调节电路亦可制作在同一硅片上。硅触觉传感器有线性度好，滞后和蠕变小，以及可将多路调制、线性化和温度补偿电路制作在硅片内等优点；缺点是传感器容易发生过载。另外硅集成电路的平面导电性也限制了它在机器人灵巧手指尖形状传感器中的应用。

某些晶体具有压电效应，也可作为一类触觉敏感元件，但是晶体一般有脆性，难于直接制作触觉或其他传感器。1969 年发现的 PVF_2（聚偏二氟乙烯）等聚合物有良好的压电性，特别是柔性好，因此是理想的触觉传感器材料。当然制作机器人触觉传感器的方法和依据还有很多，如通过光学的、磁的、电容的、超声的、化学的等原理，都可能开发出机器人触觉传感器。

（1）压电传感器

常用的压电晶体是石英晶体，它受到压力后会产生一定的电信号。石英晶体输出的电信号强弱是由它所受到的压力值决定的，通过检测这些电信号的强弱，能够检测出被测物体所受到的力。压电式力传感器不但可以测量物体受到的压力，也可以测量拉力。在测量拉力时，需要给压电晶体一定的预紧力。由于压电晶体不能承受过大的应变，所以它的测量范围较小。在机器人应用中，一般不会出现过大的力，因此，采用压电式力传感器比较适合。压电式传感器安装时，与传感器表面接触的零件应具有良好的平行度和较低的表面粗糙度值，其硬度也应低于传感器接触表面的硬度，保证预紧力垂直于传感器表面，使石英晶体上产生均匀的分布压力。图 3-4 所示为一种三分力压电传感器。它由三对石英晶片组成，能够同时测量三个方向的作用力。其中上、下两对晶片利用晶体的剪切效应，分别测量 x 方向和 y 方向的作用力；中间一对晶片利用晶体的纵向压电效应，测量 z 方向的作用力。

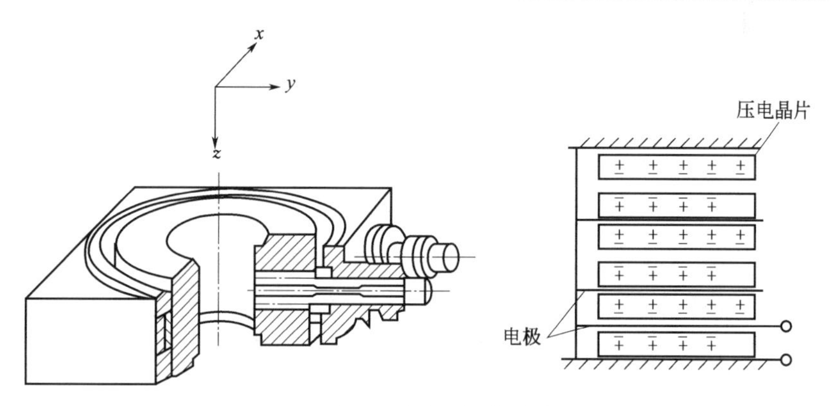

图 3-4　三分力压电传感器

（2）光纤压觉传感器

图 3-5 所示光纤压觉传感器单元基于全内反射破坏原理，是实现光强度调制的高灵敏度光纤传感器。发送光纤与接收光纤由一个直角棱

镜连接，棱镜斜面与位移膜片之间气隙约 0.3μm。在膜片的下表面镀有光吸收层，膜片受压力向下移动时，棱镜斜面与光吸收层间的气隙发生改变，从而引起棱镜界面内全（内）反射的局部破坏，使部分光离开上界面进入吸收层并被吸收，因而接收光纤中的光强相应发生变化。光吸收层可选用玻璃材料或可塑性好的有机硅橡胶，采用镀膜方法制作。

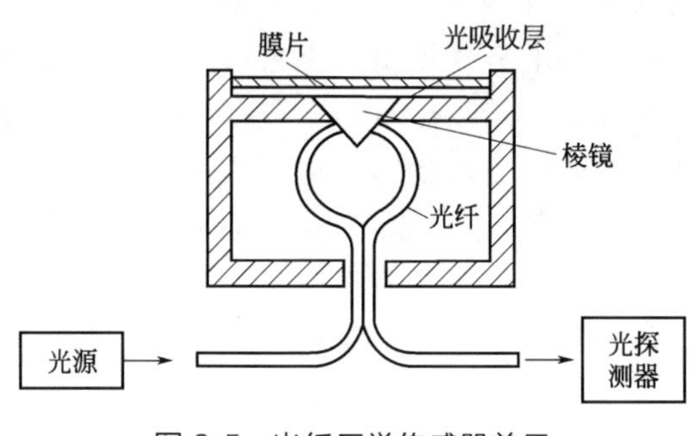

图 3-5 光纤压觉传感器单元

当膜片受压时，便产生弯曲变形，对于周边固定的膜片，在小挠度时（$W \leqslant 0.5t$），膜片中心挠度按式(3-3) 计算，即

$$W=\frac{3(1-\mu^2)a^4 p}{16Et^3} \tag{3-3}$$

式中，W 为膜片中心挠度；E 为弹性模量；t 为膜片厚度；μ 为泊松比；p 为压力；a 为膜片有效半径。

式(3-3) 表明，在小载荷条件下，膜片中心位移与所受压力成正比。

(3) 滑觉传感器

机器人在抓取未知属性的物体时，其自身应能确定最佳握紧力的给定值。当握紧力不够时，要检测被握紧物体的滑动，利用该检测信号，在不损害物体的前提下，考虑最可靠的夹持方法，实现此功能的传感器称为滑觉传感器。

滑觉传感器有滚动式和球式，还有一种通过振动检测滑觉的传感器。物体在传感器表面上滑动时，和滚轮或环相接触，把滑动变成转动。图 3-6 所示为贝尔格莱德大学研制的球式滑觉传感器，由一个金属球和触针组成。金属球表面分成多个相间排列的导电和绝缘格子，触针头部细小，每次只能触及一个方格。当工件滑动时，金属球也随之转动，在触针上输出脉冲信号，脉冲信号的频率反映了滑移速度，而脉冲信号的个数对应滑移距离。

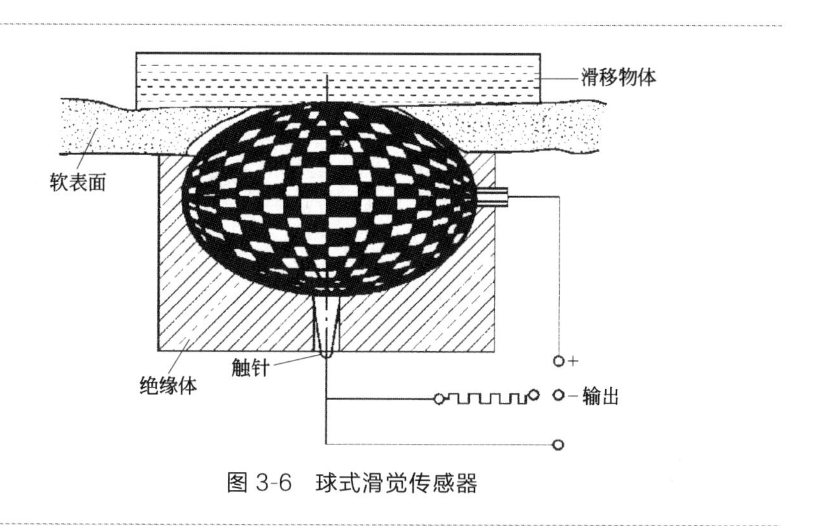

图 3-6 球式滑觉传感器

图 3-7 所示为振动式滑觉传感器，钢球指针伸出传感器与物体接触。当工件运动时，指针振动，线圈输出信号。使用橡胶和油作为阻尼器，可降低传感器对机械手本身振动的敏感。

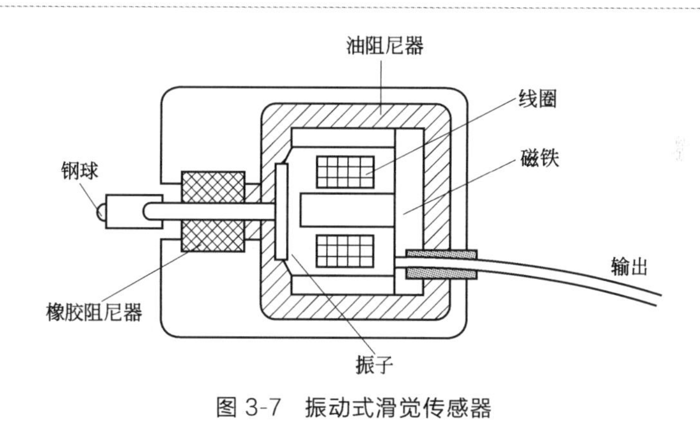

图 3-7 振动式滑觉传感器

3.4 视觉传感器

为了使服务机器人具备自主行动的机能，应使服务机器人具有对外界的认识能力，特别是对作业对象的识别能力。服务机器人从外界得到的信息中，最大的信息是视觉信息，视觉传感器是一种不与对象接触就能进行检测的遥控传感器。虽然对外界进行的是二维图像处理，但是如果进行适当的信息处理，也可以识别出 3D 信息。

(1) 光电转换器件

人工视觉系统中，相当于眼睛视觉细胞的光电转换器件有光电二极管、光电三极管和 CCD 图像传感器等。过去使用的管球形光电转换器件，由于工作电压高、耗电量多、体积大，随着半导体技术的发展，它们逐渐被固态器件所取代。

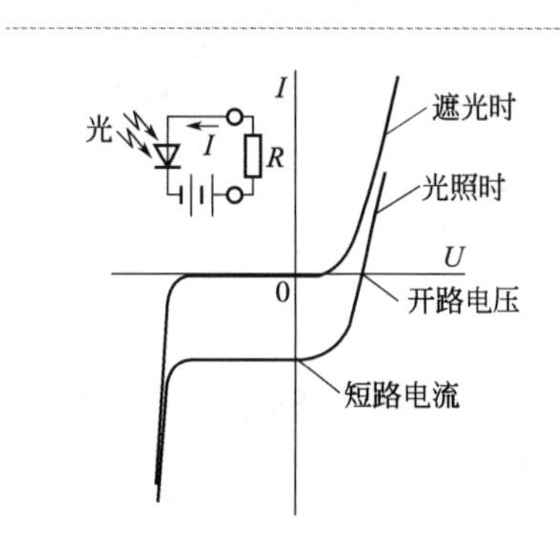

图 3-8 光电二极管的伏安特性

① 光电二极管 半导体 PN 结受光照射时，若光子能量大于半导体材料的禁带宽度，则吸收光子，形成电子空穴对，产生电位差，输出与入射光量相应的电流或电压。光电二极管是利用光生伏特效应的光传感器，图 3-8 表示它的伏安特性。光电二极管使用时，一般加反向偏置电压，不加偏压也能使用。零偏置时，PN 结电容变大，频率响应下降，但线性度好。如果加反向偏压，没有载流子的耗尽层增大，响应特性提高。根据电路结构，光检出的响应时间可在 1ns 以下。

为了用激光雷达提高测量距离的分辨率，需要响应特性好的光电转换元件。雪崩光电二极管（APD）是利用在强电场的作用下载流子运动加速，与原子相撞产生电子雪崩的放大原理而研制的。它是检测微弱光的光传感器，其响应特性好。光电二极管作为位置检测元件，可以连续检测光束的入射位置，也可用于二维平面上的光点位置检测。它的电极不是导体，而是均匀的电阻膜。

② 光电三极管 PNP 或 NPN 型光电三极管的集电极 C 和基极 B 之间构成光电二极管。受光照射时，反向偏置的基极和集电极之间产生电流，放大的电流流过集电极和发射极。因为光电三极管具有放大功能，所以产生的光电流是光电二极管的 100～1000 倍，响应时间为微秒数量级。

③ CCD 图像传感器 CCD 是电荷耦合器件的简称，是通过势阱进行存储、传输电荷的元件。CCD 图像传感器采用 MOS 结构，内部无 PN

结，如图 3-9 所示，P 型硅衬底上有一层 SiO_2 绝缘层，其上排列着多个金属电极。在电极上加正电压，电极下面产生势阱，势阱的深度随电压而变化。如果依次改变加在电极上的电压，势阱则随着电压的变化而发生移动，于是注入势阱中的电荷发生转移。根据电极的配置和驱动电压相位的变化，有二相时钟驱动和三相时钟驱动的传输方式。

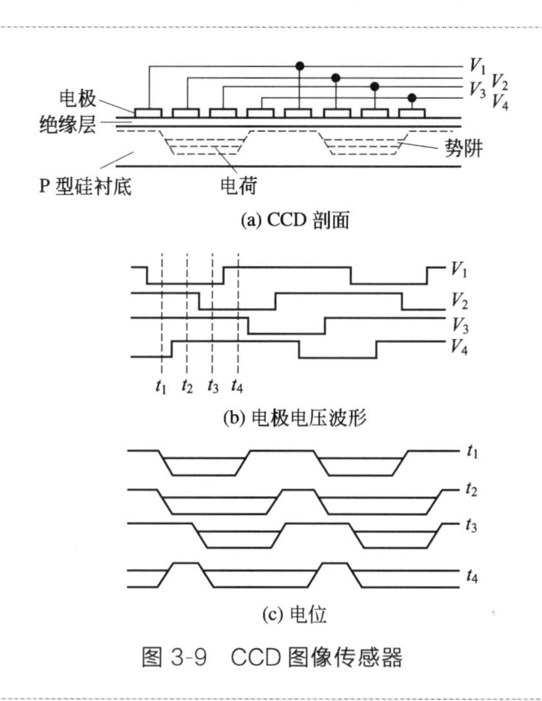

图 3-9 CCD 图像传感器

CCD 图像传感器在一硅衬底上配置光敏元件和电荷转移器件。通过电荷的依次转移，将多个像素的信息分时、顺序地取出来。这种传感器有一维的线型图像传感器和二维的面型图像传感器。二维面型图像传感器需要进行水平与垂直两个方向扫描，有帧转移方式和行间转移方式，其原理如图 3-10 所示。

④ MOS 图像传感器　光电二极管和 MOS 场效应管成对地排列在硅衬底上，构成 MOS 图像传感器。通过选择水平扫描线和垂直扫描线来确定像素的位置，使两个扫描线的交点上的场效应管导通，然后从与之成对的光电二极管取出像素信息。扫描是分时按顺序进行的。

⑤ 工业电视摄像机　由二维面型图像传感器和扫描电路等外围电路组成。只要接上电源，摄像机就能输出被摄图像的标准电视信号。大多数摄像机镜头可以通过 C 透镜接头的 1/2in（1in＝2.54cm）的螺纹来更换。为了实现透镜的自动聚焦，多数摄影透镜带有自动光圈的驱动端子。

现在市场上出售的摄像机中，有的带有外部同步信号输入端子，用于控制垂直扫描或水平垂直扫描；有的可以改变 CCD 的电荷积累时间，以缩短曝光时间。彩色摄像机中，多数是在图像传感器上镶嵌配置红（R）、绿（G）、蓝（B）色滤色器以提取颜色信号的单板式摄像机。光源不同而需调整色彩时，方法很简单，通过手动切换即可。

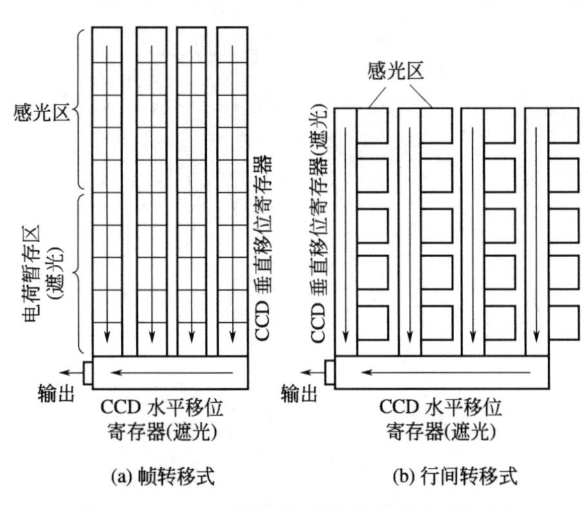

图 3-10 CCD 图像传感器的信号扫描原理

（2）二维视觉传感器

视觉传感器分为二维视觉和三维视觉传感器两大类。二维视觉传感器是获取景物图形信息的传感器。处理方法有二值图像处理、灰度图像处理和彩色图像处理，它们都是以输入的二维图像为识别对象的。图像由摄像机获取，如果物体在传送带上以一定速度通过固定位置，也可用一维线型传感器获取二维图像的输入信号。

对于操作对象限定、工作环境可调的生产线，一般使用廉价的、处理时间短的二值图像视觉系统。图像处理中，首先要区分作为物体像的图和作为背景像的底两大部分。图和底的区分还是容易处理的。图形识别中，需使用图的面积、周长、中心位置等数据。为了减小图像处理的工作量，必须注意以下几点。

① 照明方向　环境中不仅有照明光源，还有其他光。因此要使物体的亮度、光照方向的变化尽量小，就要注意物体表面的反射光、物体的阴影等。

② 背景的反差　黑色物体放在白色背景中，图和底的反差大，容易

区分。有时把光源放在物体背后，让光线穿过漫射面照射物体，获取轮廓图像。

③ 视觉传感器的位置　改变视觉传感器和物体间的距离，成像大小也相应地发生变化。获取立体图像时若改变观察方向，则改变了图像的形状。垂直方向观察物体，可得到稳定的图像。

④ 物体的放置　物体若重叠放置，进行图像处理较为困难。将各个物体分开放置，可缩短图像处理的时间。

（3）三维视觉传感器

三维视觉传感器可以获取景物的立体信息或空间信息。立体图像可以根据物体表面的倾斜方向、凹凸高度分布的数据获取，也可根据从观察点到物体的距离分布情况，即距离图像得到。空间信息则靠距离图像获得。

① 单眼观测法　人看一张照片就可以了解景物的景深、物体的凹凸状态。可见，物体表面的状态（纹理分析）、反光强度分布、轮廓形状、影子等都是一张图像中存在的立体信息的线索。因此，目前研究的课题之一是如何根据一系列假设，利用知识库进行图像处理，以便用一个电视摄像机充当立体视觉传感器。

② 莫尔条纹法　利用条纹状的光照到物体表面，然后在另一个位置上透过同样形状的遮光条纹进行摄像。物体上的条纹像和遮光像产生偏移，形成等高线图形，即莫尔条纹。根据莫尔条纹的形状得到物体表面凹凸的信息。根据条纹数可测得距离，但有时很难确定条纹数。

③ 主动立体视觉法　光束照在目标物体表面上，在与基线相隔一定距离的位置上摄取物体的图像，从中检测出光点的位置，然后根据三角测量原理求出光点的距离。这种获得立体信息的方法就是主动立体视觉法。

④ 被动立体视觉法　该方法就像人的两只眼睛一样，从不同视线获取的两幅图像中，找到同一个物点的像的位置，利用三角测量原理得到距离图像。这种方法虽然原理简单，但是在两幅图像中检出同一物点的对应点是非常困难的。被动视觉采用自然测量，如双目视觉就属于被动视觉。

⑤ 激光雷达　用激光代替雷达电波，在视野范围内扫描，通过测量反射光的返回时间得到距离图像。它又可分为两种方法：一种发射脉冲光束，用光电倍增管接收反射光，直接测量光的返回时间；另一种发射调幅激光，测量反射光调制波形相位的滞后。为了提高距离分辨率，必须提高反射光检测的时间分辨率，因此需要尖端电子技术。

3.5 听觉传感器

（1）语音的发声机理

语音（或声音）的音调、音色、响度构成了语音的三要素。音调主要与声波的频率有关，为对数关系，音色与声波的频谱结构和模拟波形有关系，响度与声波信号的振幅正相关。

语音的物理本质是声波，声波是纵波，是一种振动波。声源发出振动后，声源周围的传播介质发生物理振动，声波随着传播介质的振动进行扩散。

声音是由物体振动产生的声波，通过气体、固体或液体传播，并被声音感知器官所感知的波动现象。人类的语音是由人的发声器官在大脑控制下的生理运动产生的。人的发声器官由三大部分组成：

① 肺和气管产生声源：肺产生压缩空气，通过气管传送到声音生成系统；气管连接着肺和喉，是肺与声道联系的通道。

② 喉和声带组成声门：喉是控制声带运动的复杂系统；声带的声学功能主要是产生激励。

③ 咽腔、口腔、鼻腔组成声道：口腔和鼻腔是发声时的共鸣器，口腔中的器官协同动作，使空气流通过时形成不同的阻碍，进而产生不同的振动，从而发出不同的声音。

空气由肺部排入喉部，通过声带进入声道，最后由鼻辐射出声波，最终形成了语音。图 3-11 给出了声道剖面示意图。

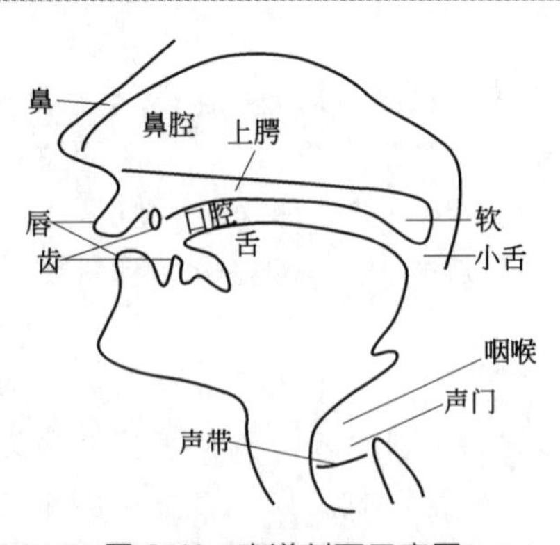

图 3-11 声道剖面示意图

(2) 听觉传感器及语音识别

听觉传感器，即声敏传感器，是一种将声波的机械振动转换成电信号的器件或装置。声敏传感器有许多种类，按照测量原理可分为压电效应、电致伸缩效应、电磁效应、静电效应和磁致伸缩等。常见的听觉传感器为电容式驻极体话筒，为一种压电式传感器。该传感器内置一个对声音敏感的电容式驻极体话筒，声波使传感器内的驻极体薄膜振动，导致电容的变化，从而产生与之对应变化的微小电压。电压信号经过模数转换，转换为计算机可识别的数字信号。最终，听觉传感器将声音的机械振动信号转换为计算机能够识别与计算的数字信号。

听觉传感器通过感知声波的振动信息，获取语音的音调、音色和响度信息。语音的感知主要是感知语音的音调和响度信息。为了保证服务机器人能够安全工作，常常需要安装听觉传感器，因为视觉传感器不能在360°的全部范围内进行监视，听觉传感器则可以进行全范围的监视。人用语言指挥工业机器人比用键盘指挥工业机器人更方便，因此需要听觉传感器对人发出的各种声音进行检测，然后通过语音识别系统识别出命令并执行命令。

① 听觉传感器　其功能是将声信号转换为电信号，通常也称传声器。常用的听觉传感器有动圈式传声器、电容式传声器。

a. 动圈式传声器。如图3-12所示为动圈式传声器的结构原理。传声器的振膜非常轻、薄，可随声音振动。动圈同振膜粘在一起，可随振膜的振动而运动。动圈浮在磁隙的磁场中，当动圈在磁场中运动时，动圈中可产生感应电动势。此电动势与振膜和频率相对应，因而动圈输出的电信号与声音的强弱、频率的高低相对应。通过此过程，这种传声器就将声音转换成了音频电信号输出。

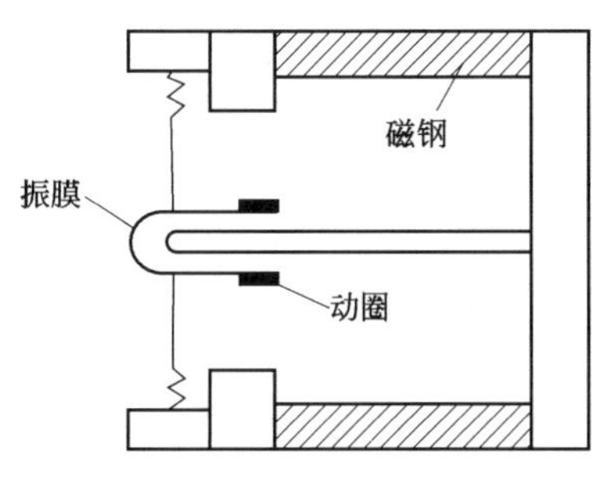

图3-12　动圈式传声器的结构原理

b. 电容式传声器。如图3-13所示为电容式传声器的结构原理，由固定电极和振膜构成一个电容，经过电阻 R_L 将一个极化电压加到电容的固定电极上。当声音传入时，振膜发生振动，此时振膜与固定电极间电容量也随声音而发生变化，此电容的阻抗也随之变化；与其串联的负载电阻 R_L 的阻值是固定的，电容的阻抗变化就表现为 a 点电位的变化。经过耦合电容 C 将 a 点电阻变化的信号输入前置放大器 A，经放大后输出音频信号。

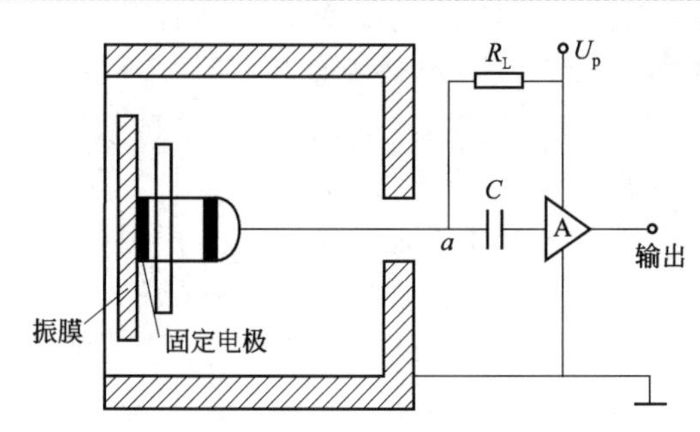

图 3-13　电容式传声器的结构原理

② 语音识别芯片　语音识别技术就是让机器人把传感器采集的语音信号通过识别和理解过程，转变为相应的文本或命令的高级技术。计算机语音识别过程与人对语音识别处理过程基本上是一致的。目前，主流的语音识别技术是基于统计模式识别的基本理论，一个完整的语音识别系统可大致分为三个部分。

a. 声学特征提取。其目的是从语音波形中提取随时间变化的语音特征序列。声学特征的提取与选择是语音识别的一个重要环节。声学特征的提取是一个信息大幅度压缩的过程，目的是使模式划分器能更好地划分。由于语音信号的时变特性，特征提取必须在一小段语音信号上进行，即进行短时分析。

b. 识别算法。声学模型是识别系统的底层模型，也是语音识别系统中最关键的一部分。声学模型通常由获取的语音特征通过训练建立，目的是为每一个发音建立发音模板。在识别时，将未知的语音特征同声学模型（模式）进行匹配与比较，计算未知语音的特征矢量序列和每个发音模板之间的距离。声学模型的设计和语言发音的特点密切相关。声学模型单元大小（字发音模型、半音节模型或音素模型）对语音训练数据量大小、系统识别率以及灵活性有较大影响。

c. 语义理解。计算机对识别结果进行语法、语义分析，明白语言的意义，以便作出相应反应，通常是通过语言模型来实现。

(3) 麦克风阵列

通常人们所见到的麦克风能够识别声音的强弱，它也称为声音/听觉传感器。麦克风阵列是一组位于空间不同位置的全向麦克风，按照一定的规则布置形成的阵列，对空间传播的声音信号进行空间采集的一种听觉传感器。麦克风阵列采集的语音信息既包含语音的音调、响度信息，还包含语音的空间位置信息。根据声源和麦克风阵列之间的距离的远近，可将麦克风阵列分为近场模型和远场模型；根据麦克风阵列的拓扑结构，可将麦克风阵列分为线性阵列、平面阵列和立体阵列等。

① 近场模型和远场模型　两者的划分没有绝对的标准，一般认为声源距离麦克风阵列中心参考点的距离大于信号波长为远场；反之，为近场。

如图 3-14 所示，如果声源到麦克风阵列中心的距离大于 r，则为远场模型，否则为近场模型。S 为麦克风阵列物理中心点，即麦克风阵列参考点。

声源到麦克风阵列中心的距离：

$$r=2d^2/\lambda_{\min} \qquad (3\text{-}4)$$

式中，d 为均匀线性阵列相邻麦克风之间的距离，m；$\lambda_{\min}$ 为声源最高频率语音的波长，m。

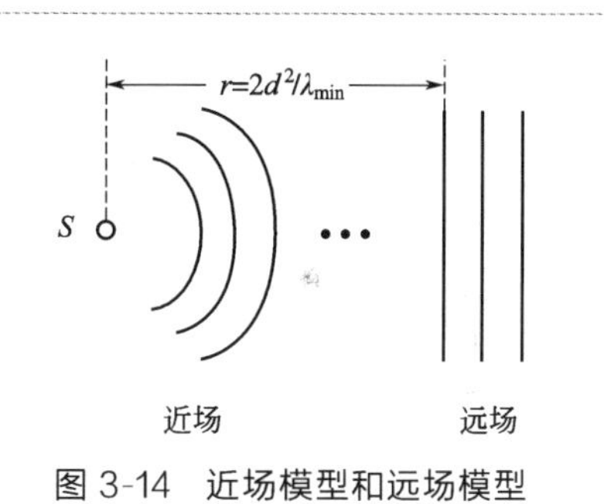

图 3-14　近场模型和远场模型

近场模型将声波看成球面波，考虑麦克风阵元接收信号间的幅度差；远场模型将声波看成平面波，忽略各个阵元接收信号间的振幅差。远场模型是对实际模型的简化，认为各接收信号之间是时延关系。

② 麦克风阵列拓扑结构　根据麦克风阵列的维数，可分为一维、二维和三维麦克风阵列。

一维麦克风阵列，即线性麦克风阵列，其阵元中心位于同一条直线上。根据相邻阵元间距是否相同，又可分为均匀线性阵列和嵌套线性阵列。线性麦克风阵列只能获得语音信号空间位置信息的水平方位角信息。

二维麦克风阵列，即平面麦克风阵列，其阵元中心分布在一个平面上。根据阵列的几何形状，可分为等边三角阵列、T 形阵列、均匀圆阵、均匀方阵、同轴圆阵、矩形面阵等。二维麦克风阵列可以得到语音信号空间位置信息的水平方位角和垂直方位角信息。

三维麦克风阵列，即立体麦克风阵列，其阵元中心分布在立体空间中。根据麦克风阵列的空间形状，三维麦克风阵列可分为四面体阵、正方体阵、长方体阵、球形阵等。三维麦克风阵列可以得到语音信号空间位置的水平方位角、垂直方位角、声源与麦克风阵列参考点距离信息。

3.6 嗅觉传感器

嗅觉传感器主要采用气体传感器、射线传感器等，多用于检测空气中的化学成分、浓度等。在放射线、高温煤气、可燃性气体以及其他有毒气体的恶劣环境下，开发检测放射线、可燃气体及有毒气体的传感器是很重要的，对人们了解环境污染、预防火灾和毒气泄漏报警具有重大的意义。

气体传感器是一种把气体（多数为空气）中的特定成分检测出来，并将它转换为电信号的器件，以便提供有关待测气体的存在及浓度大小的信息。

气体传感器最早用于可燃性气体泄漏报警，用于防灾，保证生产安全；之后逐渐推广应用，用于有毒气体的检测、容器或管道的检漏，环境监测（防止公害），锅炉及汽车的燃烧检测与控制（可以节省燃料，并且可以减少有害气体的排放），工业过程的检测与自动控制（测量分析生产过程中某一种气体的含量或浓度）。近年来，在医疗、空气净化，家用燃气灶和热水器等方面，气体传感器得到了普遍应用。

气体传感器的性能必须满足下列条件：

① 能够检测易爆炸气体的允许浓度，有害气体的允许浓度和其他基准设定浓度，并能及时给出报警、显示与控制信号。

② 对被测气体以外的共存气体或物质不敏感。

③ 性能长期稳定性、重复性好。

④ 动态特性好、响应迅速。

⑤ 使用、维护方便，价格便宜等。

（1）表面控制型气体传感器

这类器件表面电阻的变化，取决于表面原来吸附气体与半导体材料之间的电子交换。通常器件工作在空气中，空气中的氧气和二氧化氮等电子兼容性大的气体，接受来自半导体材料的电子而吸附负电荷，其结果表现为N型半导体材料的表面空间电荷区域的传导电子减少，使表面电导率减小，从而使器件处于高阻状态。一旦器件与被测气体接触，就会与吸附的氧气反应，将被氧束缚的几个电子释放出来，使敏感膜表面电导增加，使器件电阻减小。这种类型的传感器多数是以可燃性气体为检测对象，但如果吸附能力强，即使是非可燃性气体也能作为检测对象。其具有检测灵敏度高、响应速度快、实用价值大等优点。

（2）接触燃烧式气体传感器

一般将在空气中达到一定浓度、触及火种可引起燃烧的气体称为可燃性气体，如甲烷、乙炔、甲醇、乙醇、乙醚、一氧化碳及氢气等均为可燃性气体。

接触燃烧式气体传感器通常将铂等金属线圈埋设在氧化催化剂中。使用时对金属线圈通以电流，使之保持在300～600℃的高温状态，同时将元件接入电桥电路中的一个桥臂，调节桥路使其平衡。一旦有可燃性气体与传感器表面接触，燃烧热量进一步使金属丝升温，造成器件阻值增大，从而破坏电桥的平衡，其输出的不平衡电流或电压与可燃气体浓度成比例，检测出这种电流和电压就可测得可燃气体的浓度。

接触燃烧式气体传感器的优点是对气体选择性好，线性好，受温度、湿度影响小，响应快；其缺点是对低浓度可燃气体灵敏度低，敏感元件受到催化剂侵害后其特性锐减，金属丝易断。

（3）烟雾传感器

烟雾是比气体分子大得多的微粒悬浮在气体中形成的，和一般的气体成分的分析不同，必须利用微粒的特点检测。这类传感器多用于火灾报警器，也是以烟雾的有无决定输出信号的传感器，不能定量地连续测量。

① 散射式　在发光管和光敏元件之间设置遮光屏，无烟雾时光敏元件接收不到光信号，有烟雾时借助微粒的散射光使光敏元件发出电信号，其原理见图3-15。这种传感器的灵敏度与烟雾种类无关。

② 离子式　用放射性同位素镅Am241放射出微量的α射线，使附近空气电离，当平行平板电极间有直流电压时，产生离子电流。有烟雾时，微粒将离子吸附，而且离子本身也吸收α射线，导致离子电流减小。

若有一个密封装有纯净空气的离子室作为参比元件，将两者的离子电流比较，就可以排除外界干扰，得到可靠的检测结果。这种方法的灵敏度与烟雾种类有关。工作原理可参看图3-16。

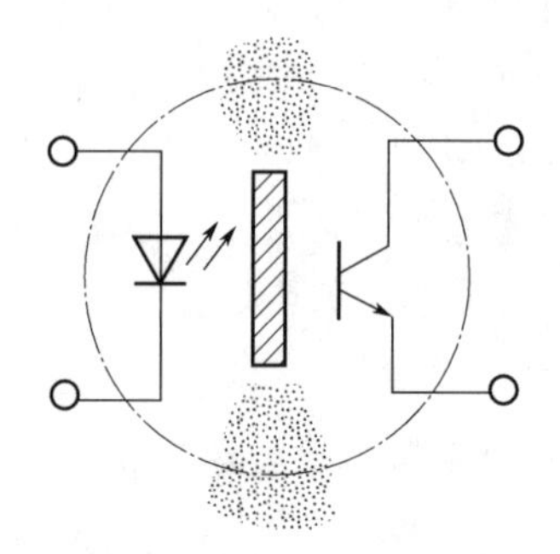

图 3-15 散射式烟雾传感器工作原理

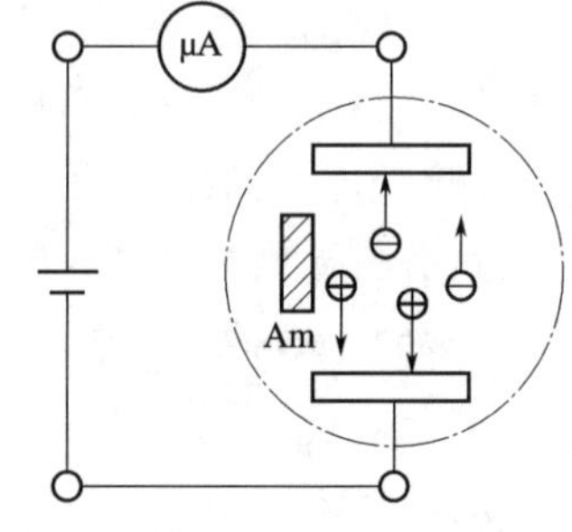

图 3-16 离子式烟雾传感器工作原理

3.7 接近度传感器

接近度传感器（接近传感器）是机器人用以探测自身与周围物体之间相对位置和距离的传感器。它的使用对机器人工作过程中适时地进行轨迹规划与防止事故发生具有重要意义。它主要有以下 3 个方面的作用。

① 在接触对象物前得到必要的信息，为后面动作做准备。

② 发现障碍物时，改变路径或停止，以免发生碰撞。

③ 得到对象物体表面形状的信息。

根据感知范围（或距离），接近度传感器大致可分为 3 类：感知近距离物体（毫米级）的有磁力式（感应式）、气压式、电容式等；感知中距离（大约 30cm 以内）物体的有红外光电式；感知远距离（30cm 以外）物体的有超声式和激光式。视觉传感器也可作为接近度传感器。

（1）磁力式接近传感器

图 3-17 所示为磁力式接近传感器结构原理。它由励磁线圈 C_0 和检测线圈 C_1 及 C_2 组成，C_1、C_2 的圈数相同，接成差动式。当未接近物体时由于构造上的对称性，输出为零，当接近物体（金属）时，由于金属产生涡流而使磁通发生变化，从而使检测线圈输出产生变化。这种传感器不大受光、热、物体表面特征影响，可小型化与轻量化，但只能探测金属对象。

日本日立公司将其用于弧焊机器人上，用以跟踪焊缝。在 200℃以下探测距离 0～8mm，误差只有 4%。

（2）气压式接近传感器

图 3-18 为气压式接近传感器的基本原理与特性图。它是根据喷嘴-挡

板作用原理设计的。气压源 p_V 经过节流孔进入背压腔，又经喷嘴射出，气流碰到被测物体后形成背压输出 p_A。合理地选择 p_V 值（恒压源）、喷嘴尺寸及节流孔大小，便可得出输出 p_A 与距离 x 之间的对应关系，一般不是线性的，但可以做到局部近似线性输出。这种传感器具有较强防火、防磁、防辐射能力，但要求气源保持一定程度的净化。

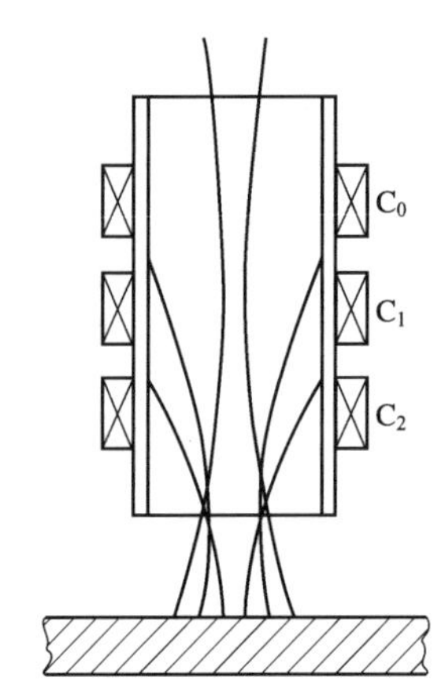

图 3-17　磁力式接近传感器结构原理

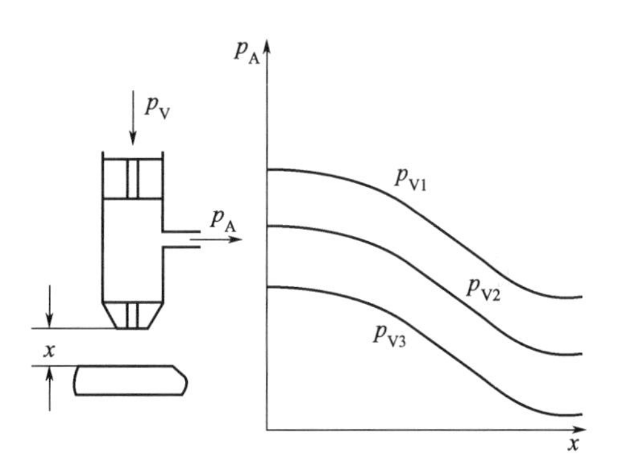

图 3-18　气压式接近传感器基本原理与特性

（3）红外式接近传感器

红外传感器是一种比较有效的接近传感器，传感器发出的光的波长大约在几百纳米范围内，是短波长的电磁波。它是一种辐射能转换器，主要用于将接收到的红外辐射能转换为便于测量或观察的电能、热能等其他形式的能量。红外传感器按探测机理可分为热探测器和光子探测器两大类。红外传感器具有不受电磁波的干扰、非噪声源、可实现非接触性测量等特点。另外，红外线（指中、远红外线）不受周围可见光的影响，故在昼夜都可进行测量。

同声呐传感器相似，红外传感器工作处于发射/接收状态。这种传感器由同一发射源发射红外线，并用两个光检测器测量反射回来的光量。由于这些仪器测量光的差异，它们受环境的影响非常大，物体的颜色、方向、周围的光线都能导致测量误差。但由于发射光线是光而不是声音，可以在相当短的时间内获得较多的红外线传感器测量值，测距范围较近。

现介绍基于三角测量原理的红外传感器测距。即红外发射器按照一定的角度发射红外光束，当遇到物体以后，光束会反射回来，如图 3-19 所示。反射回来的红外光线被 CCD 检测器检测到以后，会获得一个偏移

值 L，利用三角关系，在知道了发射角度 α，偏移距 L，中心距 X，以及滤镜的焦距 f 以后，传感器到物体的距离 D 就可以通过几何关系计算出来了。

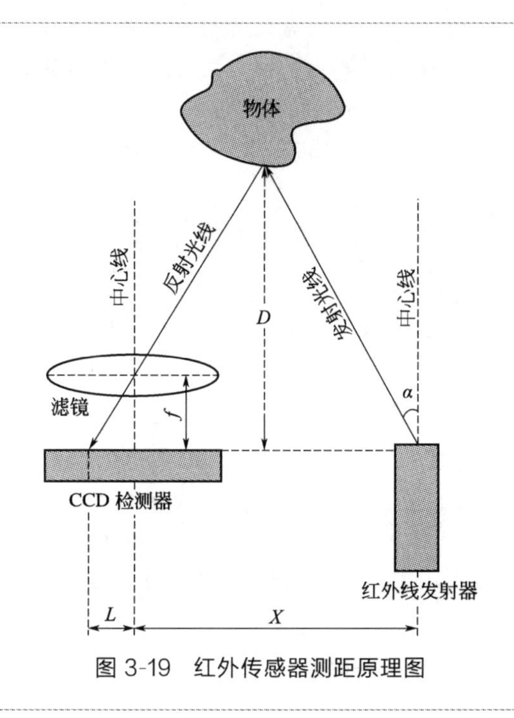

图 3-19 红外传感器测距原理图

可以看到，当 D 的距离足够近时，L 值会相当大，超过 CCD 的探测范围，这时，虽然物体很近，但是传感器反而看不到了。当物体距离 D 很大时，L 值就会很小。这时 CCD 检测器能否分辨出这个很小的 L 值成为关键，也就是说 CCD 的分辨率决定能不能获得足够精确的 L 值。要检测越是远的物体，CCD 的分辨率要求就越高。

红外传感器的输出是非线性的。从图 3-20 中可以看到，当被探测物体的距离小于 10cm 时，输出电压急剧下降，也就是说从电压读数来看，物体的距离应该是越来越远了。但是实际上并不是这样，如果机器人本来正在慢慢地靠近障碍物，突然探测不到障碍物，一般来说，控制程序会让机器人以全速移动，结果就是机器人撞到障碍物。解决这个问题的方法是需要改变一下传感器的安装位置，使它到机器人的外围的距离大于最小探测距离，如图 3-21 所示。

受器件特性的影响，红外传感器抗干扰性差，即容易受各种热源和环境光线影响。探测物体的颜色、表面光滑程度不同，反射回的红外线强弱就会有所不同。另外由于传感器功率因素的影响，其探测距离一般在 10～500cm 之间。

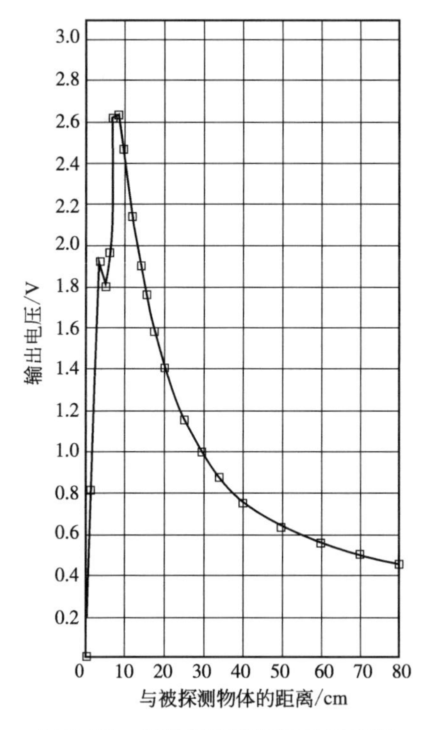

图 3-20 红外传感器非线性输出图

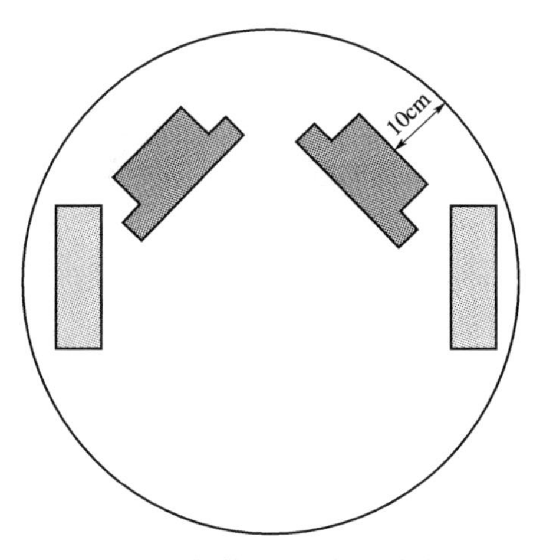

图 3-21 红外传感器的安装位置

(4) 超声波距离传感器

超声式接近传感器用于机器人对周围物体的存在与距离的探测。尤其对移动式机器人，安装这种传感器可随时探测前进道路上是否出现障碍物，以免发生碰撞。

超声波是人耳听不见的一种机械波，其频率在 20kHz 以上，波长较短，绕射小，能够作为射线定向传播。超声波传感器由超声波发生器和接收器组成。超声波发生器有压电式、电磁式及磁致伸缩式等。在检测技术中最常用的是压电式。压电式超声波传感器，就是利用了压电材料的压电效应，如石英、电气石等。逆压电效应将高频电振动转换为高频机械振动，以产生超声波，可作为“发射”探头。利用正压电效应则将接收的超声振动转换为电信号，可作为“接收”探头。

由于用途不同，压电式超声传感器有多种结构形式。图 3-22 所示为其中一种，即所谓双探头（一个探头发射，另一个探头接收)。带有晶片座的压电晶片装入金属壳体内，压电晶片两面镀有银层，作为电极板，底面接地，上面接有引出线。阻尼块或称吸收块的作用是降低压电晶片的机械品质因素，吸收声能量，防止电脉冲振荡停止时，压电晶片因惯性作用而继续振动。阻尼块的声阻抗等于压电晶片声阻抗时，效果最好。

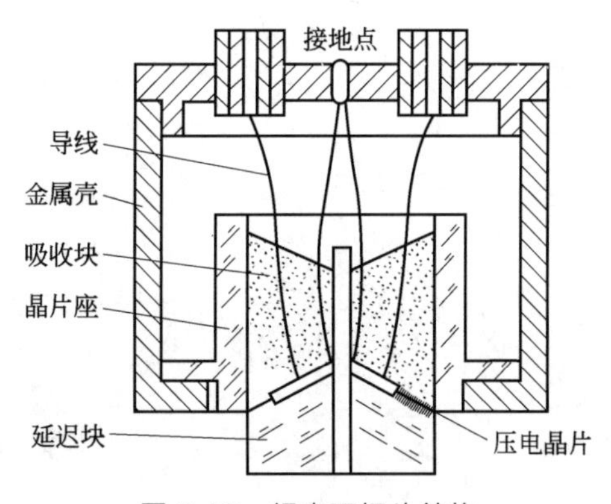

图 3-22 超声双探头结构

超声波距离传感器的检测方式有脉冲回波式（见图 3-23）以及 FM-CW 式（频率调制、连续波，见图 3-24）两种。

在脉冲回波式中，先将超声波用脉冲调制后发射，根据被测物体反射回来的回波延迟时间 Δt，可以计算出被测物体的距离 L。设空气中的声速为 v，如果空气温度为 T，则声速为 $v=331.5+0.607T$，被测物体与传感器间的距离为

$$L = v\Delta t/2 \tag{3-5}$$

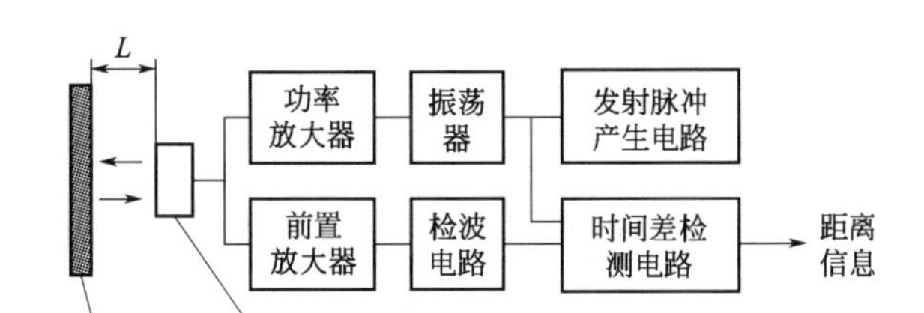

图 3-23 脉冲回波式的检测原理

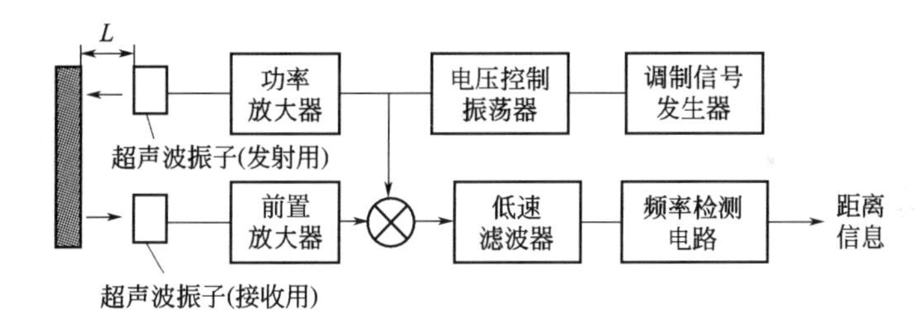

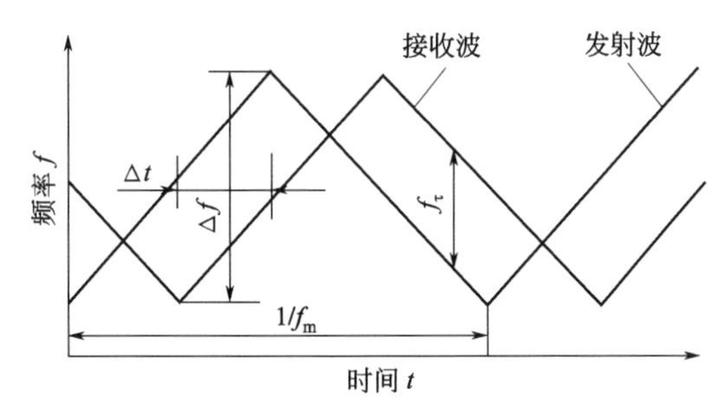

图 3-24 FM-CW 式的测距原理

f_τ—发射波与接收波的频率差； f_m—发射波的频率

FM-CW 方式是采用连续波对超声波信号进行调制。将由被测物体反射延迟 Δt 时间后得到的接收波信号与发射波信号相乘，仅取出其中的低频信号，就可以得到与距离 L 成正比的差频 f_τ 信号。假设调制信号的频率为 f_m，调制频率的带宽为 Δf，被测物体与传感器间的距离为

$$L=\frac{f_\tau v}{4f_m\Delta f} \tag{3-6}$$

超声波传感器已经成为移动机器人的标准配置，在比较理想的情况下，超声波传感器的测量精度根据以上的测距原理可以得到比较满意的结果，但是，在真实的环境中，超声波传感器数据的精确度和可靠性会随着距离的增加和环境模型的复杂性上升而下降，总的来说超声波传感器的可靠性很低，测距的结果存在很大的不确定性，主要表现在以下四点。

① 超声波传感器测量距离的误差　除了传感器本身的测量精度问题外，还受外界条件变化的影响。如声波在空气中的传播速度受温度影响很大，同时和空气湿度也有一定的关系。

② 超声波传感器散射角　超声波传感器发射的声波有一个散射角，超声波传感器可以感知障碍物在散射角所在的扇形区域范围内，但是不能确定障碍物的准确位置。

③ 串扰　机器人通常都装备多个超声波传感器，此时可能会发生串扰问题，即一个传感器发出的探测波束被另外一个传感器当成自己的探测波束接收到。这种情况通常发生在比较拥挤的环境中，对此只能通过几个不同位置多次反复测量验证，同时合理安排各个超声波传感器工作的顺序。

④ 声波在物体表面的反射　声波信号在环境中不理想的反射是实际环境中超声波传感器遇到的最大问题。当光、声波、电磁波等碰到反射物体时，任何测量到的反射都是只保留原始信号的一部分，剩下的部分能量或被介质物体吸收，或被散射，或穿透物体。有时超声波传感器甚至接收不到反射信号。

(5) 激光测距传感器

激光传感器是利用激光技术进行测量的传感器。它由激光器、激光检测器和测量电路组成。其中，激光器是产生激光的一个装置。激光器的种类很多，按激光器的工作物质可分为固体激光器、气体激光器、液体激光器及半导体激光器。激光传感器是新型测量器件，它的优点是能实现无接触远距离测量，速度快、精度高、量程大、抗光电干扰能力强等。

激光传感器能够测量很多物理量，比如长度、速度、距离等。激光测距传感器种类很多，下面介绍几种常用激光测距方法的原理，有脉冲式激光测距、相位式激光测距、三角法激光测距。

脉冲激光测距传感器的原理是：由脉冲激光器发出持续时间极短的脉冲激光，经过待测距离后射到被测目标，有一部分能量会被反射回来，被反射回来的脉冲激光称为回波。回波返回测距仪，由光电探测器接收。根据主波信号和回波信号之间的间隔，即激光脉冲从激光器到被测目标之间的往返时差，就可以算出待测目标的距离。

图3-25给出了脉冲激光传感器测距的原理图。工作时，先由激光二极管对准目标发射激光脉冲。经过目标反射后激光向各方向散射。部分散射光返回到传感器接收器，被光学系统接收后成像到雪崩光电二极管上。雪崩光电二极管是一种内部具有放大功能的光学传感器，因此它能检测极其微弱的光信号，并将其转化为相应的电信号。

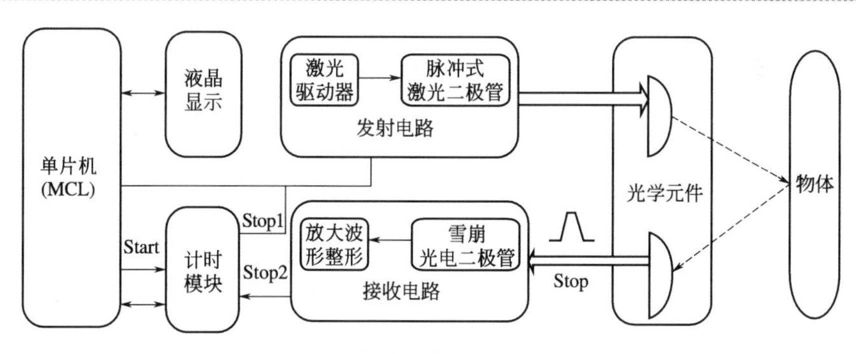

图3-25 脉冲激光传感器测距原理

如果从光脉冲发出到返回被接收所经历的时间为 t，光的传播速度为 c，则可以得到激光传感器到被测物体之间距离 L。

$$L=ct/2 \tag{3-7}$$

相位激光测距传感器原理是：对发射的激光进行光强调制，利用激光空间传播时调制信号的相位变化量，根据调制波的波长，计算出该相位延迟所代表的距离，如图3-26所示。即用相位延迟测量的间接方法代替直接测量激光往返所需的时间，实现距离的测量，见公式(3-8)。这种方法精度可达到毫米级。

$$d=\frac{\theta}{4\pi}\lambda=\frac{\theta}{4\pi}\times\frac{c}{f} \tag{3-8}$$

式中，d 为待测的距离；λ 为激光束的波长；θ 为相移；c 为激光的光速；f 为激光的频率。

三角法激光测距传感器是由激光器发出的光线，经过会聚透镜聚焦后入射到被测物体表面上，接收透镜接收来自入射光点处的散射光，并将其成像在光电位置探测器敏感面上。因为光源与基线之间的角度 β 和光源与检测器之间的距离 B 是已知的，故可根据图 3-27 所示的几何关系求得 $D=B\tan\beta$。三角法激光测距的分辨率很高，可以达到微米数量级。

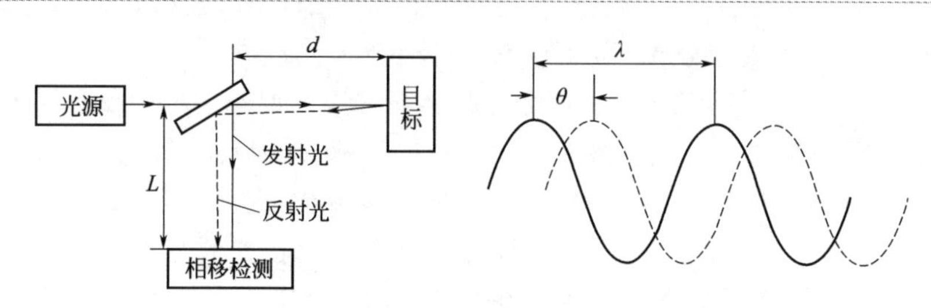

图 3-26 相位测距法

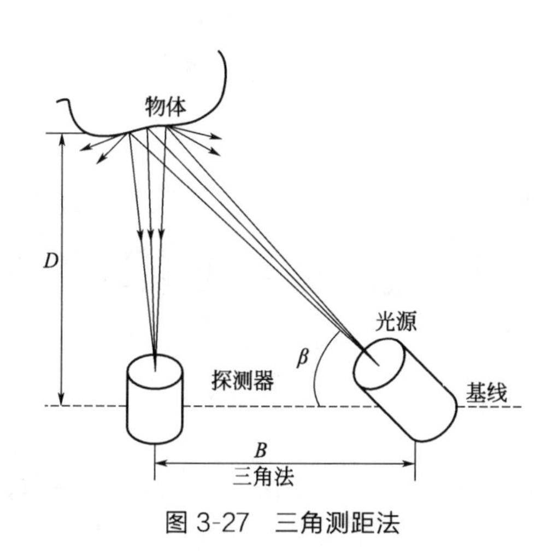

图 3-27 三角测距法

3.8 智能传感器

3.8.1 智能传感器概述

智能传感器（intelligent sensor 或 smart sensor）最初是由美国宇航局开发出来的产品。宇宙飞船上需要大量的传感器不断向地面发送温度、位置、速度和姿态等数据信息，用一台大型计算机很难同时处理如此庞杂的数据，为了不丢失数据，并降低成本，必须有能实现传感器与计算机一体化的灵巧传感器。智能传感器是指具有信息检测、信息处理、信息记忆、逻辑思维和判断功能的传感器。它不仅具有传统传感器的各种功能，而且还具有数据处理、故障诊断、非线性处理、自校正、自调整以及人机通信等多种功能。它是微电子技术、微型电子计算机技术与检测技术相结合的产物。

早期的智能传感器是将传感器的输出信号经处理和转化后由接口送到微处理器部分进行运算处理。20 世纪 80 年代智能传感器主要以微处理器为核心，把传感器信号调理电路、微电子计算机存储器及接口电路集成到一块芯片上，使传感器具有一定的人工智能。20 世纪 90 年代智能化测量技术有了进一步的提高，使传感器实现了微型化、结构一体化、阵列式、数字式，使用方便和操作简单，具有自诊断功能、记忆与信息处理功能、数据存储功能、多参量测量功能、联网通信功能、逻辑思维以及判断功能。

智能化传感器是传感器技术未来发展的主要方向。在今后的发展中，智能化传感器无疑将会进一步扩展到化学、电磁、光学和核物理等研究领域。

(1) 智能传感器的定义

智能传感器是当今世界正在迅速发展的高新技术，至今还没有形成规范化的定义。早期，人们简单、机械地强调在工艺上将传感器与微处理器两者紧密结合，认为“传感器的敏感元件及其信号调理电路与微处理器集成在一块芯片上就是智能传感器”。

目前，英国人将智能传感器称为“intelligent sensor”；美国人则习惯于把智能传感器称为“smart sensor”，直译就是“灵巧的、聪明的传感器”。

所谓智能传感器，就是带微处理器、兼有信息检测和信息处理等功能的传感器。智能传感器的最大特点就是将传感器检测信息的功能与微处理器的信息处理功能有机地融合在一起。从一定意义上讲，它具有类似于人类智能的作用。需要指出，这里讲的“带微处理器”包含两种情况：一种是将传感器与微处理器集成在一个芯片上构成所谓的“单片智能传感器”；另一种是指传感器能够配微处理器。显然，后者的定义范围更宽，但二者均属于智能传感器的范畴。

(2) 智能传感器的构成

智能传感器是由传感器和微处理器相结合而构成的，它充分利用微处理器的计算和存储能力，对传感器的数据进行处理，并对它的内部行为进行调节。智能传感器视其传感元件的不同具有不同的名称和用途，而且其硬件的组合方式也不尽相同，但其结构模块大致相似，一般由以下几个部分组成：一个或多个敏感器件，微处理器或微控制器，非易失性可擦写存储器，双向数据通信的接口，模拟量输入输出接口（可选，如 A/D 转换、D/A 转换），高效的电源模块。

微处理器是智能传感器的核心，它不但可以对传感器测量数据进行计算、存储、数据处理，还可以通过反馈回路对传感器进行调节。由于微处理器充分发挥各种软件的功能，可以完成硬件难以完成的任务，从而能有效地降低制造难度，提高传感器性能，降低成本。图 3-28 为典型的智能传感器结构组成示意图。

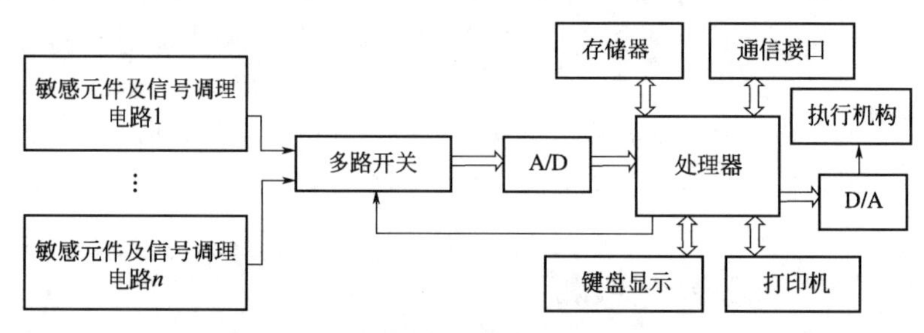

图 3-28 典型智能传感器结构组成示意图

智能传感器的信号感知器件往往有主传感器和辅助传感器两种。以智能压力传感器为例，主传感器是压力传感器，测量被测压力参数，辅助传感器是温度传感器和环境压力传感器。温度传感器检测主传感器工作时，由于环境温度变化或被测介质温度变化而使其压力敏感元件温度发生变化，以便根据其温度变化修正和补偿由于温度变化对测量带来的误差。环境压力传感器则测量工作环境大气压变化，以修正其影响。微处理器硬件系统对传感器输出的微弱信号进行放大、处理、存储和与计算机通信。

(3) 智能传感器的关键技术

不论智能传感器是分离式的结构形式还是集成式的结构形式，其智能化核心为微处理器，许多特有功能都是在最少硬件基础上依靠强大的软件优势来实现的，而各种软件则与其实现原理及算法直接相关。

① 间接传感　是指利用一些容易测得的过程参数或物理参数，通过寻找这些过程参数或物理参数与难以直接检测的目标被测变量的关系，建立传感数学模型，采用各种计算方法，用软件实现待测变量的测量。智能传感器间接传感核心在于建立传感模型。模型可以通过有关的物理、

化学、生物学方面的原理方程建立，也可以用模型辨识的方法建立，不同方法在应用中各有其优缺点。

a. 基于工艺机理的建模方法。该建模方法建立在对工艺机理深刻认识的基础上，通过列写宏观或微观的质量平衡、能量平衡、动量平衡、相平衡方程以及反应动力学方程等来确定难测的主导变量和易测的辅助变量之间的数学关系。基于机理建立的模型可解释性强、外推性能好，是较理想的间接传感模型。机理建模具有如下几个特点：同对象的机理模型无论在结构上还是在参数上都千差万别，模型具有专用性；机理建模过程中，从反映本征动力学和各种设备模型的确立、实际装置传热传质效果的表征到大量参数（从实验室设备到实际装置）的估计，每一步均较复杂；机理模型一般由代数方程组、微分方程组或偏微分方程组组成，当模型结构庞大时，求解计算量大。

b. 基于数据驱动的建模方法。对于机理尚不清楚的对象，可以采用基于数据驱动的建模方法建立软测量模型。该方法从历史输入输出数据中提取有用信息，构建主导变量与辅助变量之间的数学关系。由于无需了解太多的过程知识，基于数据驱动的建模方法是一种重要的间接传感建模方法。根据对象是否存在非线性，建模方法又可以分为线性回归建模方法、人工神经网络建模方法和模糊建模方法等。线性回归建模方法是通过收集大量辅助变量的测量数据和主导变量的分析数据，运用统计方法将这些数据中隐含的对象信息进行提取，从而建立主导变量和辅助变量之间的数学模型。

人工神经网络建模方法则根据对象的输入输出数据直接建模，将过程中易测的辅助变量作为神经网络的输入，将主导变量作为神经网络的输出，通过网络学习来解决主导变量的间接传感建模问题。该方法无需具备对象的先验知识，广泛应用于机理尚不清楚且非线性严重的系统建模中。

模糊建模是人们处理复杂系统建模的另一个有效工具，在间接传感建模中也得到应用，但用得最多的还是将模糊技术与神经网络相结合的模糊神经网络模型。

c. 混合建模方法。基于机理建模和基于数据驱动建模这两种方法的局限性引发了混合建模思想，对于存在简化机理模型的过程，可以将简化机理模型和基于数据驱动的模型结合起来，互为补充。简化机理模型提供的先验知识，可以为基于数据驱动的模型节省训练样本；基于数据驱动的模型又能补偿简化机理模型的特性。虽然混合建模方法具有很好的应用前景，但其前提条件是必须存在简化机理模型。

需要说明的是，间接传感模型性能的好坏受辅助变量的选择、传感数据变换、传感数据的预处理、主辅变量之间的时序匹配等多种因素制约。

② 线性化校正　理想传感器的输入物理量与转换信号呈现线性关系，线性度越高，则传感器的精度越高。但实际上大多数传感器的特性曲线都存在一定的非线性误差。

智能传感器能实现传感器输入-输出的线性化。突出优点在于不受限于前端传感器、调理电路至A/D转换的输入-输出特性的非线性程度，仅要求输入x-输出u特性重复性好。智能传感器线性化校正原理框图如图3-29所示。其中，传感器、调理电路至A/D转换器的输入x-输出u特性如图3-30(a)所示，微处理器对输入按图3-30(b)进行反非线性变换，使其输入x与输出y为线性或近似线性关系，如图3-30(c)所示。

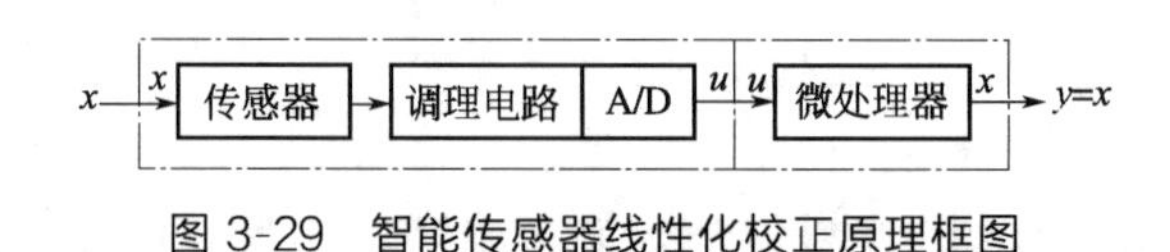

图3-29　智能传感器线性化校正原理框图

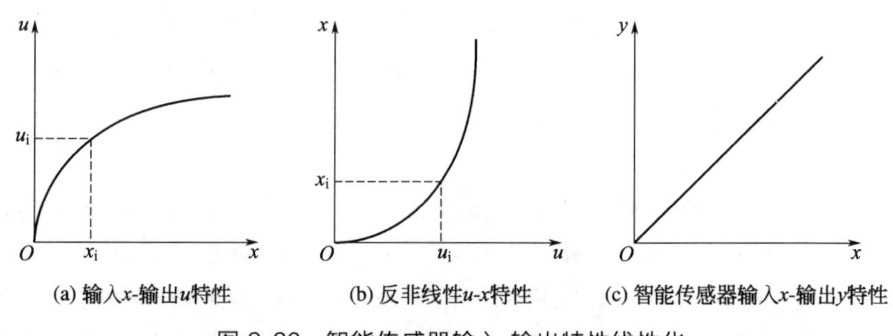

(a) 输入x-输出u特性　(b) 反非线性u-x特性　(c) 智能传感器输入x-输出y特性

图3-30　智能传感器输入-输出特性线性化

目前非线性自动校正方法主要有查表法、曲线拟合法和神经网络法三种。其中，查表法是一种分段线性插值方法。根据准确度要求对非线性曲线进行分段，用若干折线逼近非线性曲线。神经网络法利用神经网络来求解反非线性特性拟合多项式的待定系数。曲线拟合法通常采用n次多项式来逼近反非线性曲线，多项式方程的各个系数由最小二乘法确定。曲线拟合法的缺点在于当有噪声存在时，利用最小二乘法原则确定待定系数时可能会遇到病态的情况而无法求解。

③ 自诊断　智能传感器自诊断技术俗称“自检”，要求对智能传感器自身各部分，包括软件资源和硬件资源进行检测，以验证传感器能否

正常工作，并提示相关信息。

传感器故障诊断是智能传感器自检的核心内容之一，自诊断程序应判断传感器是否有故障，并实现故障定位、判别故障类型，以便后续操作中采取相应的对策。对传感器进行故障诊断主要以传感器的输出为基础，一般有硬件冗余诊断法、基于数学模型的诊断法和基于信号处理的诊断法等。

a. 硬件冗余诊断法。对容易失效的传感器进行冗余备份，一般采用两个、三个或者四个相同传感器来测量同一个被测量（见图 3-31），通过冗余传感器的输出量进行相互比较以验证整个系统输出的一致性。一般情况下，该方法采用两个冗余传感器可以诊断有无传感器故障，采用三个或者三个以上冗余传感器可以分离发生故障的传感器。

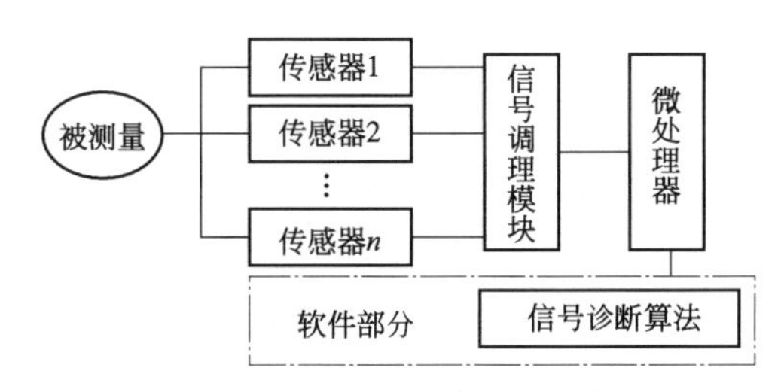

图 3-31 硬件冗余诊断法示意图

b. 基于数学模型的诊断法。通过各测量结果之间或者测量结果序列内部的某种关联，建立适当的数学模型来表征测量系统的特性，通过比较模型输出与实际输出之间的差异来判断是否有传感器故障。

c. 基于信号处理的诊断法。直接对检测到的各种信号进行加工、交换以提取故障特征，回避了基于模型方法需要抽取对象数学模型的难点。基于信号处理的诊断方法虽然可靠，但也有局限性，如某些状态发散导致输出量发散的情况，该方法不适用；另外，阈值选择不当，也会造成该方法的误报或者漏报。

d. 基于人工智能的故障诊断法。

• 基于专家系统的诊断方法在故障诊断专家系统的知识库中，储存了某个对象的故障征兆、故障模式、故障成因、处理意见等内容，专家系统在推理机构的指导下，根据用户的信息，运用知识进行推理判断，将观察到的现象与潜在的原因进行比较，形成故障判据。

• 基于神经网络的诊断方法可利用神经网络强大的自学习功能、并行处理能力和良好的容错能力，神经网络模型由诊断对象的故障诊断事例集经训练而成，避免了解析冗余中实时建模的需求。

④ 动态特性校正　在利用传感器对瞬变信号实施动态测量时，传感器由于机械惯性、热惯性、电磁储能元件及电路充放电等多种原因，使得动态测量结果与真值之间存在较大的动态误差，即输出量随时间的变化曲线与被测量的变化曲线相差较大。因此，需要对传感器进行动态校正。

在智能传感器中，对传感器进行动态校正的方法大多是用一个附加的校正环节与传感器相连（见图 3-32），使合成的总传递函数达到理想或近乎理想（满足准确度要求）状态。主要方法如下。

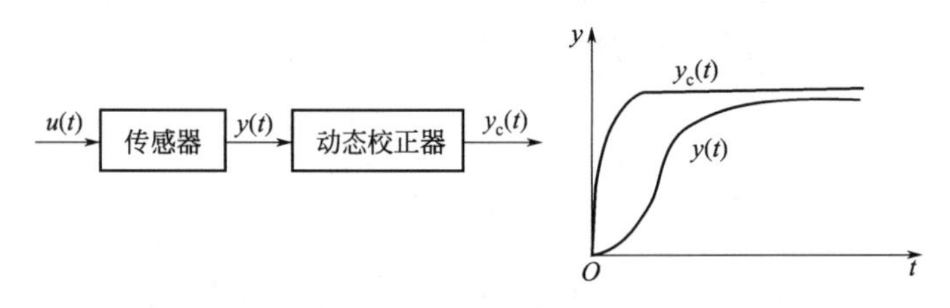

图 3-32　动态校正原理示意图

a. 用低阶微分方程表示传感器动态特性。使补偿环节传递函数的零点与传感器传递函数的极点相同，通过零极点抵消的方法实现动态补偿。该方法要求确定传感器的数学模型。由于确定数学模型时的简化和假设，这种动态补偿器的效果受到限制。

b. 按传感器的实际特性建立补偿环节。根据传感器对输入信号响应的实测参数以及参考模型输出，通过系统辨识的方法设计动态补偿环节。由于实际测量系统不可避免地存在各种噪声，辨识得到的传感器动态补偿环节存在一定误差。

对传感器特性采取中间补偿和软件校正的核心是要正确描述传感器观测到的数据信息和观测方式、输入输出模型，然后再确定其校正环节。

⑤ 自校准与自适应量程

a. 自校准。自校准在一定程度上相当于每次测量前的重新定标，以消除传感器的系统漂移。自校准可以采用硬件自校准、软件自校准和软硬件结合的方法。

智能传感器的自校准过程通常分为以下三个步骤：校零——输入信号的零点标准值，进行零点校准；校准——输入信号标准值；测量——对输入信号进行测量。

b. 自适应量程。智能传感器的自适应量程，要综合考虑被测量的数值范围，以及对测量准确度、分辨率的要求等诸因素来确定增益（含衰减）挡数的设定和确定切换挡的原则，这些都依具体问题而定。

⑥ 电磁兼容性　是指传感器在电磁环境中的适应性，即能保持其固有性能，完成规定功能的能力。它要求传感器与在同一时空环境的其他电子设备相互兼容，既不受电磁干扰的影响，也不会对其他电子设备产生影响。电磁兼容性作为智能传感器的性能指标，受到越来越多的重视。

智能传感器的电磁干扰包括传感器自身的电磁干扰（元器件噪声、寄生耦合、地线干扰等）和来自传感器外部的电磁干扰（宇宙射线和雷电、外界电气电子设备干扰等）。一般来说，抑制传感器电磁干扰可以从减少噪声信号能量、破坏干扰路径、提高自身抗干扰能力几个方面考虑。

a. 电磁屏蔽。屏蔽是抑制干扰耦合的有效途径。当芯片工作在高频时，电磁兼容问题十分突出。较好的办法是，在芯片设计中就将敏感部分用屏蔽层加以屏蔽，并使芯片的屏蔽层与电路的屏蔽相连。在传感器内，凡是受电磁场干扰的地方，都可以用屏蔽的办法来削弱干扰，以确保传感器正常工作。对于不同的干扰场要采取不同的屏蔽方法，如电屏蔽、磁屏蔽、电磁屏蔽，并将屏蔽体良好接地。

b. 元器件选用。采用降额原则并选用高精密元器件，以降低元器件本身的热噪声，减小传感器的内部干扰。

c. 接地。接地是消除传导干扰耦合的重要措施。在信号频率低于1MHz时，屏蔽层应一点接地。因为多点接地时，屏蔽层对地形成回路，若各接地点电位不完全相等，就有感应电压存在，容易发生感性耦合，使屏蔽层中产生噪声电流，并经分布电容和分布电感耦合到信号回路。

d. 滤波。滤波是抑制传导干扰的主要手段之一。由于干扰信号具有不同于有用信号的频谱，滤波器能有效抑制干扰信号。提高电磁兼容性的滤波方法，可分为硬件滤波和软件滤波。π型滤波是许多标准上推荐的硬件滤波方法。软件滤波依靠数字滤波器，是智能传感器所独有的提高抗电磁干扰能力的手段。

e. 合理设计电路板。传感器所处空间往往较小，多属于近场区辐射。设计时应尽量减少闭合回路所包围的面积，减少寄生耦合干扰与辐射发射。在高频情况下，印制电路板与元器件的分布电容与电感不可忽视。

3.8.2 智能传感器的功能与特点

（1）智能传感器的功能

智能传感器主要有以下功能。

① 具有自动调零、自校准、自标定功能。智能传感器不仅能自动检

测各种被测参数，还能进行自动调零、自动调平衡、自动校准，某些智能传感器还能自动完成标定工作。

② 具有逻辑判断和信息处理功能，能对被测量进行信号调理或信号处理（对信号进行预处理、线性化，或对温度、静压力等参数进行自动补偿等）。例如，在带有温度补偿和静压力补偿的智能差压传感器中，当被测量的介质温度和静压力发生变化时，智能传感器的补偿软件能自动依照一定的补偿算法进行补偿，以提高测量精度。

③ 具有自诊断功能。智能传感器通过自检软件，能对传感器和系统的工作状态进行定期或不定期的检测，诊断出故障的原因和位置并做出必要的响应，发出故障报警信号，或在计算机屏幕上显示出操作提示。

④ 具有组态功能，使用灵活。在智能传感器系统中可设置多种模块化的硬件和软件，用户可通过微处理器发出指令，改变智能传感器的硬件模块和软件模块的组合状态，完成不同的测量功能。

⑤ 具有数据存储和记忆功能，能随时存取检测数据。

⑥ 具有双向通信功能，能通过各种标准总线接口、无线协议等直接与微型计算机及其他传感器、执行器通信。

(2) 智能传感器的特点

与传统传感器相比，智能传感器主要有以下特点。

① 高精度　智能传感器有多项功能来保证它的高精度，如通过自动校零去除零点，与标准参考基准实时对比以自动进行整体系统标定，自动进行整体系统的非线性等系统误差的校正，通过对采集的大量数据进行统计处理以消除偶然误差的影响等，从而保证了智能传感器的测量精度及分辨力都得到大幅度提高。

② 宽量程　智能传感器的测量范围很宽，并具有很强的过载能力。

③ 高信噪比与高分辨力　由于智能传感器具有数据存储、记忆与信息处理功能，通过软件进行数字滤波、相关分析等处理，可以去除输入数据中的噪声，将有用信号提取出来；通过数据融合、神经网络技术，可以消除多参数状态下交叉灵敏度的影响，从而保证在多参数状态下对特定参数测量的分辨能力。

④ 自适应能力强　智能传感器具有判断、分析与处理功能，它能根据系统工作情况决策各部分的供电情况，与高/上位计算机的数据传送速率，使系统工作在最优低功耗状态并优化传送效率。

⑤ 高性价比　智能传感器所具有的上述高性能，不是像传统传感器技术用追求传感器本身的完善、对传感器的各个环节进行精心设计与调试、进行“手工艺品”式的精雕细琢来获得的，而是通过与微处理器、

微型计算机相结合，采用廉价的集成电路工艺和芯片以及强大的软件来实现的，因此其性价比高。

⑥ 超小型化、微型化 随着微电子技术的迅速推广，智能传感器正朝着短、小、轻、薄的方向发展，以满足航空、航天及国防尖端技术领域的需求，同时也为一般工业和民用设备的小型化、便携发展创造了条件。

⑦ 低功耗 降低功耗对智能传感器具有重要意义。这不仅能简化系统电源及散热电路的设计，延长智能传感器的使用寿命，还为进一步提高智能传感器芯片的集成度创造了有利条件。

智能传感器普遍采用大规模或超大规模 CMOS 电路，使传感器的耗电量大为降低，有的可用叠层电池甚至纽扣电池供电。暂时不进行测量时，还可采用待机模式将智能传感器的功耗降至更低。

3.8.3 智能传感器在机器人中的应用

智能传感器技术的应用，让工业机器人变得智能了许多，智能传感器为机器人增加了感觉，为智能机器人高精度智能化的工作提供了基础。下面介绍几种智能机器人中所采用的智能传感器。

(1) 二维视觉智能传感器

二维视觉智能传感器主要是一个摄像头，它可以完成物体运动的检测以及定位等功能，二维视觉智能传感器已经出现了很长时间，许多智能相机可以配合协调工业机器人的行动路线，根据接收到的信息对机器人的行为进行调整。

(2) 三维视觉智能传感器

目前三维视觉智能传感器逐渐兴起，三维视觉系统必须具备两个摄像机在不同角度进行拍摄，这样物体的三维模型可以被检测识别出来。相比于二维视觉系统，三维传感器可以更加直观地展现事物。

(3) 力扭矩智能传感器

力扭矩智能传感器是一种可以让机器人“知道”力的智能传感器，可以对智能机器人手臂上的力进行监控，根据数据分析，对智能机器人接下来行为做出指导。

(4) 碰撞检测智能传感器

对工业智能机器人尤其是协作机器人最大的要求就是安全，要营造一个安全的工作环境，就必须让智能机器人识别什么是不安全的。一个碰撞传感器的使用，可以让机器人理解自己碰到了什么东西，并且发送一个信号暂停或者停止机器人的运动。

(5) 安全智能传感器

与上面的碰撞检测传感器不同，使用安全传感器可以让工业机器人感觉到周围存在的物体，安全传感器的存在，避免机器人与其他物体发生碰撞。

(6) 其他智能传感器

除了这些还有其他许多智能传感器，比如焊接缝隙追踪传感器，要想做好焊接工作，就需要配备一个这样的智能传感器，还有触觉传感器等。

智能传感器为工业机器人带来了各种感觉，这些感觉帮助机器人变得更加智能化，工作精确度更高。

3.9 无线传感器网络技术

随着自动化技术的推动，尤其是现场总线控制系统（fieldbus control system，FCS）发展的要求，目前已发展出了多种通信模式的现场总线网络化智能传感器/变送器。

随着社会的进步与发展，人们在更广泛的领域提出传感器系统的网络化需求，如大型机械的多点远程监测、环境地区的多点监测、危重病人的多点监测与远程会诊、电能的自动实时抄表系统以及远程教学实验等，无线传感器网络的重要性日益凸显。

无线传感器网络（wireless sensor network，WSN）是由大量依据特定的通信协议，可进行相互通信的智能无线传感器节点组成的网络，综合了微型传感器技术、通信技术、嵌入式计算技术、分布式信息处理以及集成电路技术，能够协作地实时监测、感知和采集网络分布区域内的各种环境或监测对象的信息，并对这些信息进行处理和传送，在工业、农业、军事、空间、环境、医疗、家庭及商务等领域具有极其广泛的应用前景。

无线传感器网络的研究起步于20世纪90年代末期引起了学术界、军事界和工业界的极大关注，美国和欧洲相继启动了许多无线传感器网络的研究计划。特别是美国通过国家自然基金委、国防部等多种渠道投入巨资支持传感器网络技术的研究。

在国内，无线传感器网络领域的研究也发展很快，已经在很多研究所和高校广泛展开。其研究的热点、难点包括：设计小型化的节点设备；开发适合传感器节点的嵌入式实时操作系统；无线传感器网络体系结构及各层协议；时间同步机制与算法、传感器节点的自身定位算法和以其为基础的外部目标定位算法等。

特别是进入21世纪后，对无线传感器网络的核心问题有了许多新颖的解决方案，但是，这个领域从总体上来说尚属于起步阶段，目前还有许多问题亟待解决。

3.9.1 无线传感器网络的特点

(1) 系统特点

无线传感器网络是一种分布式传感网络，它的末梢是可以感知和检查外部世界的传感器。无线传感器网络中的传感器通过无线方式通信，因此网络设置灵活，设备位置可以随时更改，还可以与Internet进行有线或无线方式的连接。

无线传感器网络是由大量无处不在、具有无线通信和计算能力的微小传感器节点构成的自组织分布式网络系统，是能根据环境自主完成指定任务的“智能”系统，具有群体智能自主自治系统的行为实现和控制能力，能协作地感知、采集和处理网络覆盖的地理区域中感知对象的信息，并发送给观测者。

(2) 技术特点

无线传感器网络系统中大量的传感器节点随机部署在检测区域或附近，这些传感器节点无须人员值守。节点之间通过自组织方式构成无线网络，以协作的方式感知、采集和处理网络覆盖区域中特定的信息，可以实现对任意地点的信息在任意时间采集、处理和分析。监测的数据沿着其他传感器节点通过多跳中继方式传回汇聚节点，最后借助汇聚链路将整个区域内的数据传送到远程控制中心进行集中处理。用户通过管理节点对传感器网络进行配置和管理，发布监测任务以及收集监测数据。

目前，常见的无线网络包括移动通信网、无线局域网、蓝牙网络、Ad hoc网络等，与这些网络相比，无线传感器网络具有以下技术特点：

① 传感器节点体积小，电源容量有限　节点由于受价格、体积和功耗的限制，其计算能力、程序空间和内存空间比普通的计算机功能要弱很多。这一点决定了在节点操作系统设计中，协议层次不能太复杂。网络节点由电池供电，电池的容量一般不是很大。有些特殊的应用领域决定了在使用过程中，不能给电池充电或更换电池，因此在传感器网络设

计过程中，任何技术和协议的使用都要以节能为前提。

② 计算和存储能力有限　由于无线传感器网络应用的特殊性，要求传感器节点的价格低、功耗小，这必然导致其携带的处理器能力比较弱，存储器容量比较小。因此，如何利用有限的计算和存储资源，完成诸多协同任务，也是无线传感器网络技术面临的挑战之一。事实上，随着低功耗电路和系统设计技术的提高，目前已经开发出很多超低功耗微处理器。同时，一般传感器节点还会配上一些外部存储器，目前的 Flash 存储器是一种可以低电压操作、多次写、无限次读的非易失存储介质。

③ 无中心和自组织　无线传感器网络中没有严格的控制中心，所有节点地位平等，是一个对等式网络。节点可以加入或离开网络，任何节点的故障不会影响整个网络的运行，具有很强的抗毁性。网络的布设和展开无需依赖于任何预设的网络设施，节点通过分层协议和分布式算法协调各自的行为，节点开机后就可以快速、自动地组成一个独立的网络。

④ 网络动态性强　无线传感器网络是一个动态的网络，节点可以随处移动：一个节点可能会因为电池能量耗尽或其他故障，退出网络运行；一个节点也可能由于工作的需要而被添加到网络中。这些都会使网络的拓扑结构随时发生变化，因此网络应该具有动态拓扑组织功能。

⑤ 传感器节点数量大且具有自适应性　无线传感器网络中传感器节点密集，数量巨大。此外，无线传感器网络可以分布在很广泛的地理区域，网络的拓扑结构变化很快，而且网络一旦形成，很少有人为干预，因此无线传感器网络的软、硬件必须具有高健壮性和容错性，相应的通信协议必须具有可重构和自适应性。

⑥ 多跳路由　网络中节点通信距离有限，一般在几百米范围内，节点只能与它的邻居直接通信。如果希望与其射频覆盖范围之外的节点进行通信，则需要通过中间节点进行路由。固定网络的多跳路由使用网关和路由器来实现，而无线传感器网络中的多跳路由是由普通网络节点完成的，没有专门的路由设备。这样每个节点既可以是信息的发起者，也可以是信息的转发者。图 3-33 是一个多跳的示意图。

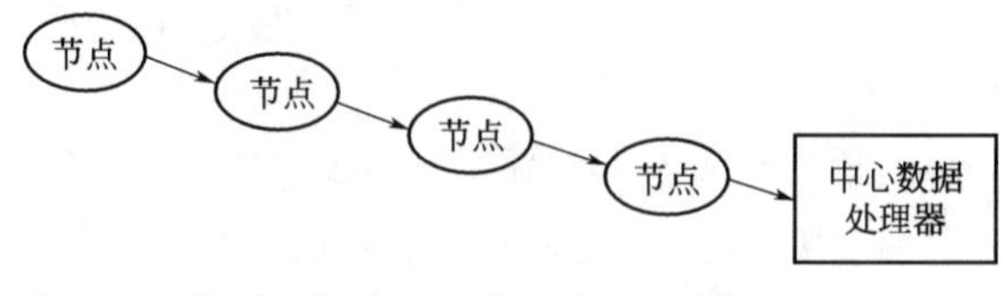

图 3-33　一个多跳的示意图

3.9.2 无线传感器网络体系结构

（1）网络结构

无线传感器网络是由部署在监测区域内大量的微型传感器通过无线通信方式形成的一个多跳的自网络系统。其目的是协作地感知、采集和处理网络覆盖区域中被感知对象的信息，并经过无线网络发送给观察者。传感器、感知对象和观察者构成了无线传感器网络的三个要素。无线传感器网络体系结构如图3-34所示。

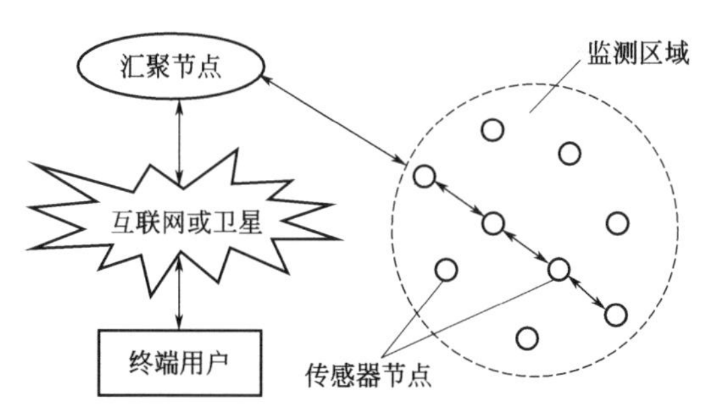

图3-34 无线传感器网络体系结构

无线传感器网络系统通常包括传感器节点（sensor node）、汇聚节点（sink node）和管理节点。大量传感器节点随机部署在监测区域（sensor field）内部或附近，能够通过自组织方式构成网络。传感器节点监测的数据沿着其他传感器节点逐跳地进行传输，在传输过程中监测数据可能被多个节点处理，经过多跳路由后到汇聚节点，最后通过Internet或卫星到达管理节点。用户通过管理节点对传感器网络进行配置和管理，发布监测任务以及收集监测数据。

无线传感器网络节点的组成和功能包括以下4个基本单元。

① 传感单元　由传感器和模/数转换功能模块组成，传感器负责对感知对象的信息进行采集和数据转换。

② 处理单元　由嵌入式系统构成，包括CPU、存储器、嵌入式操作系统等。处理单元负责控制整个节点的操作，存储和处理自身采集的数据以及传感器其他节点发来的数据。

③ 通信单元　由无线通信模块组成，无线通信负责实现传感器节点之间以及传感器节点与用户节点、管理控制节点之间的通信，交互控制消息和收/发业务数据。

④ 电源部分　网络节点大部分由干电池或蓄电池供电，电池的容量一般不大。

此外，可以选择的其他功能单元包括定位系统、运动系统以及发电装置等。

(2) 节点结构

一个典型的传感器网络节点主要由传感器模块、处理器模块、无线通信模块和能量供应模块四部分组成，如图 3-35 所示。传感器模块负责监测区域内信息的采集和数据转换；处理器模块负责控制整个传感器节点的操作、存储和处理本身采集的数据以及其他节点发来的数据；无线通信模块负责与其他传感器网络节点进行无线通信、交换控制信息和收发采集数据；能量供应模块为传感器网络节点提供运行所需要的能量。

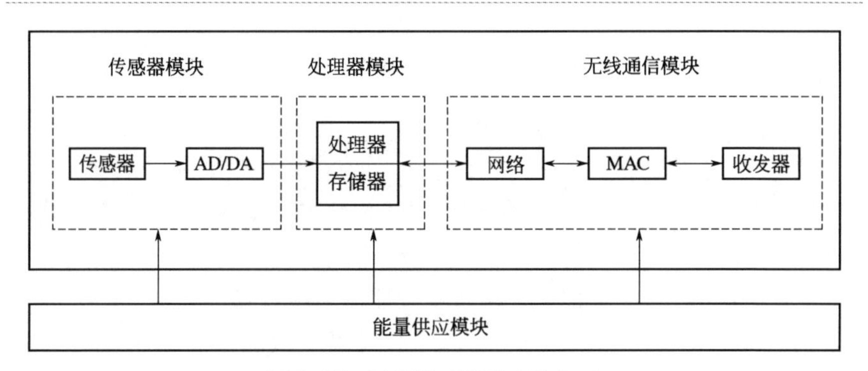

图 3-35　无线传感器节点的构成

(3) 通信体系结构

开放式系统互连（open system interconnect，OSI）网络参考模型共有 7 个层次，从底向上依次是物理层、数据链路层、网络层、传输层、会话层、表示层和应用层。除物理层和应用层外，其余各层都和相邻上下两层进行通信。例如传统的无线网络和现有的互联网，就是采用类似的协议分层设计结构模型，只不过根据功能的优化和合并做了一些简化，将网络层上面的 3 层合并为一个整体的应用层，从而简化了协议栈的设计。因此，互联网是典型的 5 层结构。无线传感器网络协议栈也是 5 层模型，分别对应 OSI 参考模型的物理层、数据链路层、网络层、传输层和应用层，同时无线传感器网络协议体系结构中定义了跨层管理技术和应用支持技术，比如能量管理、拓扑管理等，如图 3-36 所示。

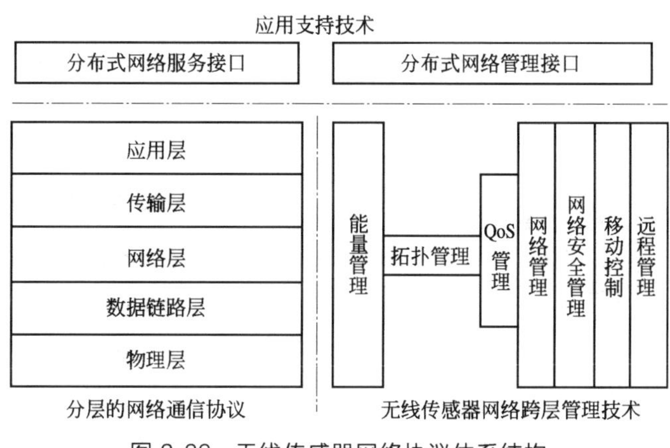

图 3-36 无线传感器网络协议体系结构

物理层负责对收集到的数据进行抽样量化，以及信号的调制、发送与接收，也就是进行比特流的传输。数据链路层考虑到网络环境存在噪声和传感器节点的移动，主要负责数据流的多路技术、数据帧检测、介质访问控制，以及差错控制，减少临近节点广播的冲突，保证可靠的点到点、点到多点通信。网络层维护传输层提供的数据流，主要完成数据的路由转发，实现传感器与传感器、传感器与信息接收中心之间的通信。路由技术负责路由生成和路由选择。如果信息只是在无线传感器内部传递，传输层可以不需要，但是从实际应用来看，无线传感器网络需要和外部的网络进行通信来传递数据，这时需要传输层提供无线传感器网络内部以数据为基础的寻址方式变换为外部网络的寻址方式，也就是完成数据格式的转换功能。应用层由各种传感器网络应用软件系统构成，为用户开发各种传感器网络应用软件提供有效的软件开发环境和软件工具。

3.9.3 无线传感器网络的关键技术

无线传感器网络的基本概念早在几十年前已经被提出。当时，由于传感器、计算机和无线通信等技术的限制，这一概念只是一种想象，还无法成为能够广泛应用的一种网络技术，其应用主要局限于军用系统。近年来，随着微机电系统、无线通信技术和低成本制造技术的进步，使得开发与生产具有感知、处理和通信能力的低成本智能传感器成为可能，从而促进了无线传感器网络及其应用的迅速发展。

（1）微机电系统技术

微机电系统技术是制造微型、低成本、低功耗传感器节点的关键技术，这种技术建立在制造微米级机械部件的微型机械加工技术基础上，通过采用高度集成工序，能够制造出各种机电部件和复杂的微机电系统。微型机械加工技术有不同的种类，如平面加工、批量加工、表面加工等，它们采用不同的加工工序。大部分微型机械加工工序都是在一个 10～100μm 厚，由硅、晶状半导体或石英晶体组成的基片上，完成一系列加工步骤，比如薄膜分解、照相平版印刷、表面蚀刻、氧化、电镀、晶片接合等，不同的加工工序可以有不同的加工步骤。通过将不同的部件集成到一个基片上，可以大大减小传感器节点的尺寸。采用微机电系统技术，可以将传感器节点的许多部件微型化，比如传感器、通信模块和供电单元等，通过批量生产还可以大大降低节点的成本以及功率损耗。

(2) 无线通信技术

无线通信技术是保证无线传感器网络正常运作的关键技术。在过去的数十年中，无线通信技术在传统无线网络领域已经得到广泛的研究，并在各个方面取得了重大进展。在物理层，已经设计出各种不同的调制、同步、天线技术，用于不同的网络环境，以满足不同的应用要求。在链路层、网络层和更高层上，已开发出各种高效的通信协议，以解决各种不同的网络问题，如信道接入控制、路由、服务质量、网络安全等。这些技术和协议为无线传感器网络无线通信方面的设计提供了丰富的技术基础。

目前，大多数传统的无线网络都使用射频（radio frequency，RF）进行通信，包括微波和毫米波，其主要原因是射频通信不要求视距（line of sight）传输，能提供全向连接。然而，射频通信也有一些局限性，比如辐射大、传输效率低等，因此其不是适合微型、能量有限传感器通信的最佳传输媒体。无线光通信（optical radio communication）是另一种可能适合传感器网络通信的传输媒体。与射频通信相比，无线光通信有许多优点。例如，光发射器可以做得非常小；光信号发射能够获得很大的天线增益，从而提高传输效率；光通信具有很强的方向性，使其能够使用空分多址（spatial division multiple access，SDMA），减少通信开销，并且有可能比射频通信中使用的多址方式获得更高的能量效率。但是，光通信要求视距传输，这一点限制了其在许多传感器网络中的应用。

对于传统的无线网络（如蜂窝通信系统、无线局域网、移动自组网等）来说，大部分通信协议的设计都未考虑无线传感器网络的特殊问题，因此不能直接在传感器网络中使用。为了解决无线传感器网络中各种特有的网络问题，在通信协议的设计中，必须充分考虑无线传感器网络的特征。

3.9.4 硬件与软件平台

无线传感器网络的发展很大程度上取决于能否研制和开发出适用于传感器网络的低成本、低功耗的硬件和软件平台。采用微机电系统技术，可以大大减小传感器节点的体积和降低成本。为了降低节点的功耗，在硬件设计中可以采用能量感知技术和低功率电路与系统设计技术。同时，还可以采用动态功率管理（dynamic power management，DPM）技术来高效地管理各种系统资源，进一步降低节点的功耗。例如，当节点负载很小或没有负载需要处理时，可以动态地关闭所有空闲部件或使它们进入低功耗休眠状态，从而大大降低节点的功耗。另外，如果在系统软件的设计中采用能量感知技术，也能够大大提高节点的能量效率。传感器节点的系统软件主要包括操作系统、网络协议和应用协议。在操作系统中，任务调度器负责在一定的时间约束条件下调度系统的各项任务。如果在任务调度过程中采用能量感知技术，将能够有效延长传感器节点的寿命。

目前，许多低功率传感器硬件和软件平台的开发都采用了低功率电路与系统设计技术和功率管理技术，这些平台的出现和商用化进一步促进了无线传感器网络的应用和发展。

（1）硬件平台

传感器节点的硬件平台可以划分为3类：增强型通用个人计算机、专用传感器节点和基于片上系统（system-on-chip，SoC）的传感器节点。

① 增强型通用个人计算机　这类平台包括各种低功耗嵌入式个人计算机（如PCI04）和个人数字助理（personal digital assistant，PDA），它们通常运行市场上已有的操作系统（如Windows CE或Linux），并使用标准的无线通信协议（如IEEE 802.11或Bluetooth）。与专用传感器节点和片上系统传感器节点相比，这些类似个人计算机的平台具有更强的计算能力，从而能够包含更丰富的网络协议、编程语言、中间件、应用编程接口（API）和其他软件。

② 专用传感器节点　这类平台包括Berkeley Motes、UCLA Medusa等系列，这些平台通常使用市场上已有的芯片，具有波形因素小、计算和通信功耗低、传感器接口简单等特点。

③ 基于片上系统的传感器节点　这类平台包括Smart Dust等，它们基于CMOS、MEMS和RF技术，目标是实现超低功耗和小焊垫（foot-print），并具有一定的感知、计算和通信能力。

在上述平台中，Berkeley Motes 因其波形因素小、源码开放和商用化程度高等特点，在传感器网络研究领域得到了广泛使用。

(2) 软件平台

软件平台可以是一个提供各种服务的操作系统，包括文件管理、内存分配、任务调度、外设驱动和联网，也可以是一个为程序员提供组件库的语言平台。典型的传感器软件平台包括 TinyOS、nesC、TinyGALS 等。TinyOS 是在资源受限的硬件平台（如 Berkeley Motes）上支持传感器网络应用的最早期的操作系统之一。这种操作系统由事件驱动，仅使用 178 个字节的内存，但能够支持通信、多任务处理和代码模块化等功能。nesC 是 C 语言的扩展，用以支持 TinyOS 的设计，提供了一组实现 TinyOS 组件和应用的语言构件和限制规定。TinyGALS 是一种用于 TinyOS 的语言，它提供了一种由事件驱动并发执行多个组件线程的方式。与 nesC 不同，TinyGALS 是在系统级而不是在组件级解决并发性问题。

3.9.5 无线传感器网络与 Internet 的互联

在大多数情况下，无线传感器网络都是独立工作的。对于一些重要的应用，将无线传感器网络连接到其他的网络是非常必要的。例如，在灾害监测应用中，将部署在环境恶劣的灾害区域内的传感器网络连接到 Internet 上，传感器网络可以将数据通过卫星链路传送到网关，而网关连接到 Internet 上使得监控人员能够取得灾害区域内的实时数据。解决无线传感器网络与 Internet 互联的两种主要方案是：同构网络和异构网络。

同构网络指在无线传感网和 Internet 之间设置一个或多个独立网关节点，实现无线传感网接入 Internet。除网关节点外，所有节点具有相同的资源。这种结构的主要思路是：利用网关屏蔽传感器网络并向远端 Internet 用户提供实时的信息服务和互操作功能。该网络把与互联网标准 IP 协议的接口置于无线传感器网络外部的网关节点。这样做比较符合无线传感器网络的数据流模式，易于管理，无需对无线传感器网络本身进行大的调整；无需调整传感器网络本身。这种结构的缺点是：大量数据流聚集在靠近网关的节点周围，使网关附近的节点能量消耗过快，网内能耗分布不均匀，从而降低了传感器网络的生存时间。同构网络互联结构如图 3-37 所示。

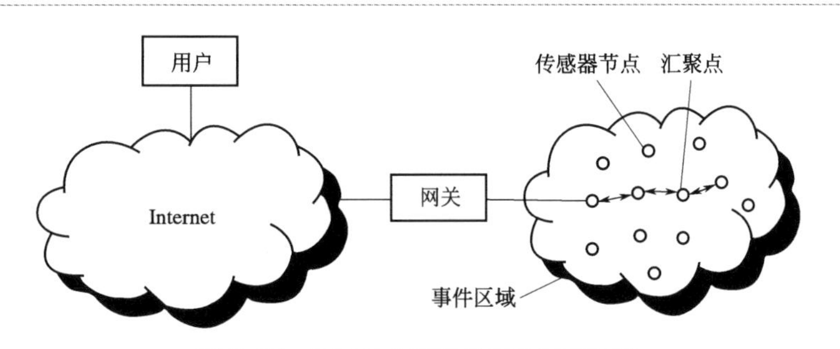

图 3-37 采用单个网关的同构网络互联

如果网络中部分节点拥有比其他大部分节点更强的能力，并被赋予IP地址，这些接口节点可以对Internet端实现TCP/IP协议，对传感器网络端实现特定的传输协议，则这种网络称为异构网络。这种结构的主要思路是，利用特定节点屏蔽传感器网络并向远端Internet用户提供实时的信息服务和互操作功能。为了平衡传感器网络内的负载，可以在这些接口节点之间建立多条管道。异构网络的特点是：部分能量高的节点被赋予IP地址，作为与互联网标准IP协议的接口。这些高能力节点可以完成复杂的任务，承担更多的负荷，难点在于无法对节点的所谓“高能力”有一个明确的定义。图3-38所示为采用接口节点的异构网络互联。

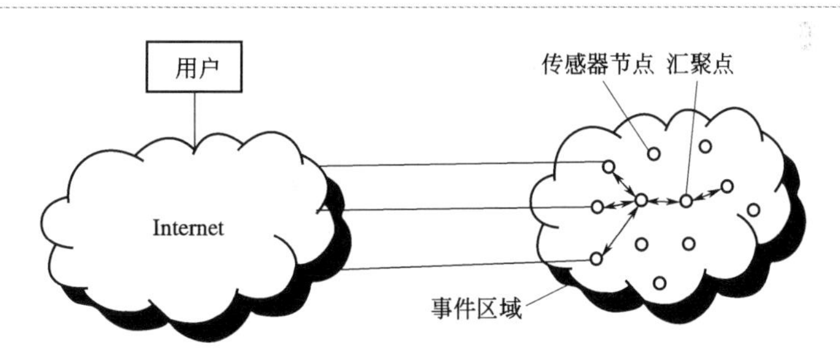

图 3-38 采用接口节点的异构网络互联

与同构网络互联相比，异构网络互联具有更加均匀的能耗分布，并且能更好地在传感器网络内部融合数据流，从而降低信息冗余。但是，异构网络互联需要较大程度地调整传感器网络的路由和传输协议，增加了设计和管理传感器网络的复杂度。

第4章

基于视觉的移动机器人定位技术

4.1 移动机器人视觉系统

4.1.1 机器人视觉的基本概念

“视觉”一词首先是一个生物学概念，除了“光作用于生物的视觉器官”这个狭义概念外，其广义定义还包括了对视觉信号的处理与识别，即利用视觉神经系统和大脑中枢，通过视觉信号感知外界物体的大小、颜色、明暗、方位等抽象信息。视觉是人类获取外界信息的重要方式。据统计，人类靠感觉器官获取的信息中有80%是由视觉获得的。为了使机器人更加智能，适应各种复杂的环境，视觉技术被引入机器人技术中。通过视觉功能，机器人可以实现产品质量检测，目标识别、定位、跟踪，自主导航等功能。

随着科学技术的发展，尤其是计算机科学与技术、自动化技术、模式识别等学科的发展，以及自主机器人、工业自动化等应用领域的现实需求，赋予这些智能机器以人类视觉能力变得尤为重要，并由此形成了一门新的学科——机器视觉。为便于理解，下面对机器视觉中的部分概念简要进行介绍。

① 摄像机标定（camera calibration） 就是对摄像机的内部参数、外部参数进行求取的过程。通常，摄像机的内部参数又称内参数（intrinsic parameter），主要包括光轴中心点的图像坐标，成像平面坐标到图像坐标的放大系数（又称为焦距归一化系数），镜头畸变系数等；摄像机的外部参数又称外参数（extrinsic parameter），是摄像机坐标系在参考坐标系中的表示，即摄像机坐标系与参考坐标系之间的变换矩阵。

② 视觉系统标定（vision system calibration） 对摄像机和机器人之间关系的确定称为视觉系统标定。例如，手眼系统的标定，就是对摄像机坐标系与机器人坐标系之间关系的求取。

③ 平面视觉（planar vision） 只对目标在平面内的信息进行测量的视觉系统，称为平面视觉系统。平面视觉可以测量目标的二维位置信息以及目标的一维姿态。平面视觉一般采用一台摄像机，摄像机的标定比较简单。

④ 立体视觉（stereo vision） 对目标在三维笛卡儿空间内的信息进行测量的视觉系统，称为立体视觉系统。立体视觉可以测量目标的三维

位置信息，以及目标的三维姿态。立体视觉一般采用两台摄像机，需要对摄像机的内外参数进行标定。

⑤ 主动视觉（active vision） 对目标主动照明或者主动改变摄像机参数的视觉系统，称为主动视觉系统。主动视觉可以分为结构光主动视觉和变参数主动视觉。

⑥ 被动视觉（passive vision） 采用自然测量，如双目视觉就属于被动视觉。

⑦ 视觉测量（vision measure） 根据摄像机获得的视觉信息对目标的位置和姿态进行的测量称为视觉测量。

⑧ 视觉控制（vision control） 根据视觉测量获得目标的位置和姿态，将其作为给定或者反馈对机器人的位置和姿态进行的控制，称为视觉控制。简而言之，所谓视觉控制就是根据摄像机获得的视觉信息对机器人进行的控制。视觉信息除通常的位置和姿态之外，还包括对象的颜色、形状、尺寸等。

4.1.2 移动机器人视觉系统的主要应用领域

视觉是人类获取信息最丰富的手段，通常人类大部分的信息来自眼睛，而对于驾驶员来说，超过90%的信息来自视觉。同样，视觉系统是移动机器人系统的重要组成部分之一，视觉传感器也是移动机器人获取周围信息的感知器件。近十年来，随着研究人员开展大量的研究工作，计算机视觉、机器视觉等理论不断发展与完善，移动机器人的视觉系统已经涉及图像采集、压缩编码及传输、图像增强、边缘检测、阈值分割、目标识别、三维重建等，几乎覆盖机器视觉的各个方面。目前，移动机器人视觉系统主要应用于以下三方面。

① 用视觉进行产品的检验，代替人的目检。包括：形状检验，即检查和测量零件的几何尺寸、形状和位置；缺陷检验，即检查零件是否损坏划伤；齐全检验，即检查零件是否齐全。

② 对待装配的零部件逐个进行识别，确定其空间位置和方向，引导机器人的手准确地抓取所需的零件，并放到指定位置，完成分类、搬运和装配任务。

③ 为移动机器人进行导航，利用视觉系统为移动机器人提供它所在环境的外部信息，使机器人能自主地规划它的行进路线，回避障碍物，安全到达目的地并完成指定工作任务。

移动机器人被赋予人类视觉功能，能像人一样通过视觉处理，从而具有从外部环境获取信息的能力，这对于提高机器人的环境适应能力及自主能力，最终达到无需人的参与，部分地替代人的工作是极其重要的。视觉系统包括硬件与软件两方面。前者奠定了系统的基础，而后者通常更是不可或缺，它包含了图像处理的算法及人机交互的接口程序。

4.1.3 移动机器人单目视觉系统

摄像机可以分为模拟摄像机和数码摄像机。模拟摄像机也称为电视摄像机，现在用得较少。数码摄像机即常用的 CCD（charge couple device）摄像机。从移动机器人的视觉技术来看，摄像机可以分为单目、双目、全景三类。摄像机通常由模型来表示，对于单目摄像机，一般采用最简单的针孔模型。

（1）摄像机参考坐标系

为了描述光学成像过程，在计算机视觉系统中涉及以下几种坐标系，如图 4-1 所示。

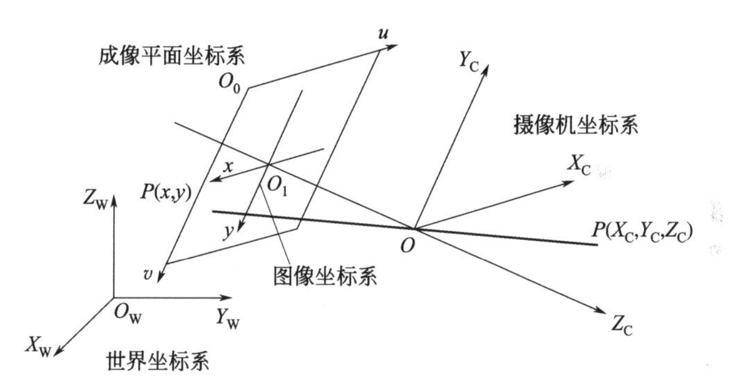

图 4-1　摄像机坐标系

① 图像坐标系（pixel coordinate system）　表示场景中三维点在图像平面上的投影。摄像机采集的数字图像在计算机内可以存储为数组，数组中的每一个元素（像素）的值即是图像点的亮度（灰度）。如图 4-1 所示，在图像上定义直角坐标系 u-v，其坐标原点在 CCD 图像平面的左上角，u 轴平行于 CCD 图像平面水平向右，v 轴垂直于 u 轴垂直向下，每一像素的坐标（u，v）分别是该像素在数组中的列数和行数。故（u，v）是以像素为单位的图像坐标系坐标。

② 成像平面坐标系（retinal coordinate system）　也称为图像物理坐标系。由于图像像素坐标系只是表征像素的位置，而像素并没有实际

的物理意义。因此，需建立具有物理单位（如毫米）的平面坐标系。在 x-y 坐标系中，原点 O_1 定义在摄像机光轴和图像平面的交点处，称为图像的主点（principal point）。即坐标原点在 CCD 图像平面的中心 (u_0, v_0)，X 和 Y 轴分别平行于图像坐标系的坐标轴，坐标用 (x, y) 来表示。该点一般位于图像中心处，但由于摄像机制作的原因，可能会有些偏离。

③ 摄像机坐标系（camera coordinate system） 以摄像机的光心为坐标系原点，X_C 轴和 Y_C 轴平行于成像坐标系的 X、Y 轴，Z_C 轴为摄像机的光轴，和图像平面垂直；光轴与成像平面的交点称为图像主点，坐标系满足右手法则。将场景点表示成以观察者为中心的数据形式，用 (X_C, Y_C, Z_C) 表示。由点 P 与 X_C，Y_C，Z_C 轴组成的直角坐标系称为摄像机坐标系；OO_1 为摄像机焦距。

④ 世界坐标系（world coordinate system） 在环境中还可选择一个参考坐标系来描述摄像机和物体的位置，该坐标系称为世界坐标系，也称为真实坐标系或者客观坐标系。用于表示场景点的绝对坐标，用 (X_W, Y_W, Z_W) 表示。

（2）摄像机模型

① 针孔模型 透视投影是最常用的成像模型，可以用针孔透视（pinhole perspective）或者中心透视（central perspective）投影模型近似表示。针孔模型是各种摄像机模型中最简单的一种，它是摄像机的一个近似的线性模型，它实际上只包含透视投影变换以及刚体变换，并不包括摄像机畸变因素，但其却是其他模型的基础。针孔模型的特点是所有来自场景的光线均通过一个投影中心，它对应于透镜的中心。经过投影中心且垂直于图像平面的直线称为投影轴或光轴。投射投影产生的是一幅颠倒的图像，有时会设想一个和实际成像面到针孔等距的正立的虚拟平面。其中 x-y-z 是固定在摄像机上的直角坐标系，遵循右手法则，其原点位于投影中心，z 轴与投影重合并指向场景，X_C 轴、Y_C 轴与图像平面的坐标轴 x 和 y 平行，X_C-Y_C 平面与图像平面的距离 OO_1 为摄像机的焦距 f。

在图 4-1 描述的图像坐标与物理坐标的关系中，O_0 为图像坐标系的原点，图像像素坐标系中 P 点的坐标为 (u, v)。假设 (u_0, v_0) 代表 O_1 在 u-v 坐标系下的坐标，$\mathrm{d}x$ 和 $\mathrm{d}y$ 分别表示每个像素在横轴 x 和纵轴 y 的物理尺寸，在不考虑畸变的情况下，图像中任意一个像素在图像坐标系和像素坐标系的关系如下：

$$u=\frac{x}{\mathrm{d}x}+u_0$$
$$v=\frac{y}{\mathrm{d}y}+v_0 \tag{4-1}$$

假设物理坐标系中的单位为毫米，则 $\mathrm{d}x$ 的单位为毫米/像素。那么 $x/\mathrm{d}x$ 的单位就是像素，即和 u 的单位一样。为了方便，将上式用矩阵形式表示为：

$$\begin{bmatrix}u\\v\\1\end{bmatrix}=\begin{bmatrix}1/\mathrm{d}x & 0 & u_0\\0 & 1/\mathrm{d}y & v_0\\0 & 0 & 1\end{bmatrix}\begin{bmatrix}x\\y\\1\end{bmatrix} \tag{4-2}$$

世界坐标系是为了描述相机的位置而被引入的，它在三维环境中描述摄像机和物体的位姿关系。该坐标系由 X_{W} 轴、Y_{W} 轴和 Z_{W} 轴组成。任何维的旋转可以表示为坐标向量与合适的方阵的乘积。摄像机坐标系和世界坐标系之间的关系可以用旋转矩阵 $\boldsymbol{R}$ 与平移向量 $\boldsymbol{T}$ 来描述。因此，如果已知空间某点 P 在世界坐标系和摄像机坐标系下的齐次坐标分别为 $(X_{\mathrm{W}},Y_{\mathrm{W}},Z_{\mathrm{W}},1)^{\mathrm{T}}$ 和 $(X_{\mathrm{C}},Y_{\mathrm{C}},Z_{\mathrm{C}},1)^{\mathrm{T}}$，则：

$$\begin{bmatrix}X_{\mathrm{C}}\\Y_{\mathrm{C}}\\Z_{\mathrm{C}}\end{bmatrix}=\boldsymbol{R}\begin{bmatrix}X_{\mathrm{W}}\\Y_{\mathrm{W}}\\Z_{\mathrm{W}}\end{bmatrix}+\boldsymbol{T} \tag{4-3}$$

式中，$\boldsymbol{R}$ 为正交单位旋转矩阵；$\boldsymbol{T}$ 为三维平移矢量。对于空间中任意一点 P，在相机坐标系与图像坐标系的关系可以写成：

$$x=f\,\frac{X_{\mathrm{C}}}{Z_{\mathrm{C}}},y=f\,\frac{Y_{\mathrm{C}}}{Z_{\mathrm{C}}} \tag{4-4}$$

由式(4-2)～式(4-4) 得：

$$Z_{\mathrm{C}}\begin{bmatrix}u\\v\\1\end{bmatrix}=\begin{bmatrix}f/\mathrm{d}x & s & u_0\\0 & f/\mathrm{d}y & v_0\\0 & 0 & 1\end{bmatrix}[\boldsymbol{R}\quad\boldsymbol{T}]\begin{bmatrix}X_{\mathrm{W}}\\Y_{\mathrm{W}}\\Z_{\mathrm{W}}\\1\end{bmatrix}=\begin{bmatrix}k_u & s & u_0\\0 & k_v & v_0\\0 & 0 & 1\end{bmatrix}[\boldsymbol{R}\quad\boldsymbol{T}]\begin{bmatrix}X_{\mathrm{W}}\\Y_{\mathrm{W}}\\Z_{\mathrm{W}}\\1\end{bmatrix}$$
$$=\boldsymbol{K}[\boldsymbol{R}\quad\boldsymbol{T}]\begin{bmatrix}X_{\mathrm{W}}\\Y_{\mathrm{W}}\\Z_{\mathrm{W}}\\1\end{bmatrix}=\boldsymbol{P}\begin{bmatrix}X_{\mathrm{W}}\\Y_{\mathrm{W}}\\Z_{\mathrm{W}}\\1\end{bmatrix} \tag{4-5}$$

式中，$\boldsymbol{P}$ 为 3×4 矩阵，称为投影矩阵；s 称为扭转因子；$k_u=f/$

dx；$k_v = f/dy$；$\boldsymbol{K}$ 完全由 k_u，k_v，s，u_0，v_0 决定，$\boldsymbol{K}$ 只与摄像机内部结构有关，称为摄像机内参数矩阵；$[\boldsymbol{R} \quad \boldsymbol{T}]$ 由摄像机相对世界坐标系的方位决定，称为摄像机外部参数。

② 畸变模型　由于针孔模型只是实际摄像机模型的一个近似，另外还存在各种镜头畸变和变形，所以实际摄像机的成像要复杂得多。在引入不同的变形修正之后，就形成了各种非线性成像模型。

镜头畸变类型主要有 3 种：径向畸变、离心畸变、薄棱镜畸变。径向畸变仅使像点产生径向位置偏差，而离心畸变和薄棱镜畸变会使得像点既产生径向位置偏差，同时也会产生切向位置偏差。

a. 径向畸变：主要是由镜头形状缺陷所造成的，这类畸变是关于摄像机镜头主光轴对称的。正向畸变又称为枕形畸变，负向畸变称为桶形畸变。径向畸变的数学模型为：

$$\Delta_{\mathrm{r}} = k_1 r^3 + k_2 r^5 + k_3 r^7 + \cdots \tag{4-6}$$

式中，$r=\sqrt{u_{\mathrm{d}}^2+v_{\mathrm{d}}^2}$，为像点到图像中心的距离；$k_1, k_2, k_3, \cdots$ 为径向畸变系数。

b. 离心畸变：是由于光学系统的光学中心和几何中心不一致所造成的。这类畸变既包含径向畸变，又包含摄像机镜头的主光轴不对称的切向畸变，其直角坐标的形式为：

$$\begin{cases} \Delta_{\mathrm{ud}} = 2p_1 u_{\mathrm{d}} v_{\mathrm{d}} + p_2 (u_{\mathrm{d}}^2 + 3v_{\mathrm{d}}^2) + \cdots \\ \Delta_{\mathrm{vd}} = p_1 (3u_{\mathrm{d}}^2 + v_{\mathrm{d}}^2) + 2p_2 u_{\mathrm{d}} v_{\mathrm{d}} + \cdots \end{cases} \tag{4-7}$$

式中，p_1，p_2 为切向畸变系数。

c. 薄棱镜畸变：是由于镜头设计缺陷与加工安装误差所造成的，如镜头与摄像机成像面有一个小的倾角等。这类畸变相当于在光学系统中附加了一个薄棱镜，它不仅引起径向位置的偏差，同时也引起切向的位置偏差。其直角坐标形式为：

$$\begin{cases} \Delta_{\mathrm{up}} = s_1 (u_{\mathrm{d}}^2 + v_{\mathrm{d}}^2) + \cdots \\ \Delta_{\mathrm{vp}} = s_2 (u_{\mathrm{d}}^2 + v_{\mathrm{d}}^2) + \cdots \end{cases} \tag{4-8}$$

式中，s_1 和 s_2 为薄棱镜畸变系数。

值得注意的是，目前光学系统的设计、加工以及安装都可以得到很高的精度，尤其是高价位的镜头，所以薄棱镜畸变很微小，通常可以忽略。一般只考虑径向畸变和切向畸变，进而只考虑每种畸变的前两阶的畸变系数就可以了，甚至在精度要求不是太高或者镜头焦距较长的情况下，可以只考虑径向畸变。

4.1.4 移动机器人双目视觉概述

移动机器人的单目视觉在已知对象的形状和性质或服从某些假定时，虽然能够从图像的二维特征推导出三维信息，但在一般情况下，从单一图像中不可能直接得到三维环境信息。

双目视觉测距法是仿照人类利用双目感知距离的一种测距方法。人的双眼从稍有不同的两个角度去观察客观三维世界的景物，由于几何光学的投影，物点在观察者左、右两眼视网膜上的像不是在相同的位置上。这种在两眼视网膜上的位置差就称为双眼视差，它反映了客观景物的深度（或距离）。双目立体相机是由两个固定位置关系的单目相机组成的。首先运用完全相同的两个或多个摄像机对同一景物从不同位置成像获得立体像对，通过各种算法匹配出相应像点，从而计算出视差，然后采用基于三角测量的方法恢复距离。立体视觉测距的难点是如何选择合理的匹配特征和匹配准则，以保证匹配的准确性。

相对于单目相机，双目立体相机模型需要增加两个矩阵来对应两个相机的位置关系，如图 4-2 所示，$\boldsymbol{R}$、$\boldsymbol{T}$ 分别是旋转矩阵和平移矩阵。

$$\boldsymbol{R}=\begin{bmatrix}1 & \cos\theta & \sin\theta\\ \cos\theta & 1 & \sin\theta\\ \sin\theta & \cos\theta & 1\end{bmatrix} \tag{4-9}$$

$$\boldsymbol{T}=[T_x, T_y, T_z] \tag{4-10}$$

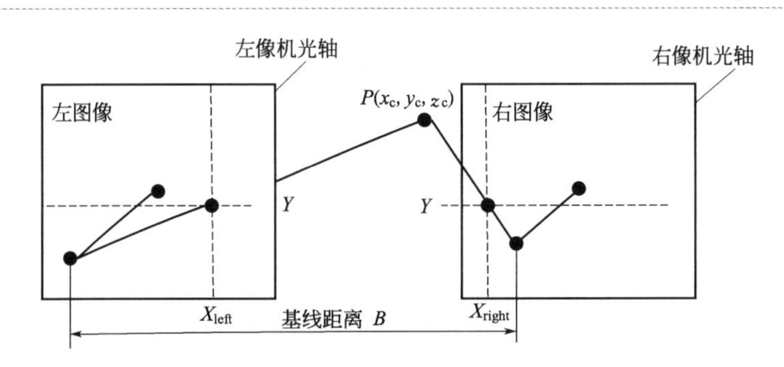

图 4-2　双目立体相机模型

各种场景点的深度恢复可以通过计算视差来实现。注意，由于数字图像的离散特性，视差值是一个整数。在实际应用中，可以使用一些特殊算法使视差计算精度达到子像素级。因此，对于一组给定的摄像机参数，提高场景点深度计算精度的有效途径是增长基线距离 B，即增大场景点对应的视差。然而这种大角度立体方法也带来了一些问题，主要的问题有：

① 随着基线距离的增加，两个摄像机共同的可视范围减小；

② 若场景点对应的视差值增大，则搜索对应点的范围增大，出现多义性的概率就会增大；

③ 由于透视投影引起的变形导致两个摄像机获取的两幅图像不完全相同，这就给确定共轭对带来了困难。

在实际应用中，经常遇到的情况是两个摄像机的光轴不平行，调整它们平行重合的技术即是摄像机的标定。当两条外极线不完全在一条直线上，即垂直视差不为零时，为了简单起见，双目立体算法中的许多算法都假设垂直视差为零。

4.2 摄像机标定方法

摄像机的标定是计算机视觉研究的基础，在三维重建以及目标跟踪定位方面具有重要的应用。摄像机标定方法根据标定实时情况的不同，可以分为离线标定和在线标定；根据标定方式的不同，主要可以归纳为三种：传统标定方法、自标定方法和基于主动视觉的标定方法。

传统标定方法是指用一个结构已知、精度很高的标定块作为空间参照物，通过空间点和图像点之间的对应关系来建立摄像机模型参数的约束，然后通过优化算法来求取这些参数。其基本方法是，在一定的摄像机模型下，基于特定的实验条件如形状、尺寸等已知的定标参照物，经过对其图像进行处理，利用一系列数学变换和计算方法，求取摄像机模型的内部参数和外部参数。该方法大致分为基于单帧图像的基本方法和基于多帧已知对应关系的立体视觉方法。传统方法的典型代表有 DLT 方法（direct linear transformation）、Tsai 的方法、Weng 的迭代法。传统的标定方法又称强标定，计算复杂，需要标定块，不方便，但适用于任何相机模型，精度高。传统标定方法的优点在于可以获得较高的精度，但标定过程费时费力，而且在实际应用中的很多情况下无法使用标定块，如空间机器人、在危险恶劣环境下工作的机器人等。在实际应用中，精度要求很高且摄像机的参数很少变化时，传统标定方法应为首选。

摄像机自标定方法不需要借助于任何外在的特殊标定物或某些三维信息已知的控制点，而是仅仅利用图像对应点的信息，直接通过图像来完成标定任务。正是这种独特的标定思想赋予了摄像机自标定方法巨大的灵活性，同时也使得计算机视觉技术能够面向范围更为广阔的应用。自标定方法又称弱标定，精度不高，属于非线性标定，鲁棒性不强，但仅需建立图像之间的对应关系，灵活方便，无需标定块。众所周知，在许多实际应用中，由于经常需要改变摄像机的参数，而传统的摄像机标定方法在此类情况下由于需要借助于特殊的标定物而变得不再适合。正是因为其应用的广泛性和灵活性，摄像机自标定技术的研究已经成为近年来计算机视觉研究领域的热点方向之一。

基于主动视觉的摄像机标定，是指在“已知摄像机的某些运动信息”条件下标定摄像机的方法。与自标定方法相同，这些方法大多是仅利用图像对应点进行标定的方法，而不需要高精度的标定块。“已知摄像机的某些运动信息”包括定量信息和定性信息：定量信息，如摄像机在平台坐标系下朝某一方向平移某一已知量；定性信息，如摄像机仅做平移运动或仅做旋转运动等。主动视觉标定方法不能应用于摄像机运动未知或无法控制的场合，但通常可以线性求解，鲁棒性较强。

4.2.1 离线标定方法

在多数应用中不需要实时标定，通过离线标定即可。在室内移动机器人导航任务中，因为立体相机的位置是固定的，相机的焦距等各参数也都是固定的，不需要经常标定，在相机不做改动的前提下，相机标定一次即可。鉴于应用环境，为了获得高精度的标定和三维测量结果，此处主要研究离线强标定方法。迄今为止，对于摄像机的强标定问题已提出了多种方法，根据摄像机的模型不同，可以分为三种类型：线性标定法，非线性标定法和两步标定法。

(1) 线性标定

直接线性变换方法（direct linear transformation，DLT）是 Abdel-Aziz 和 Karara 于 1971 年提出的。线性方法通过解线性方程获得转换参数，算法速度快，但是没考虑摄像机镜头的畸变问题，且最终的结果对噪声很敏感。比较适合用于长焦距、畸变小的镜头的标定。由于比较简单，直接线性变换法在线性标定方法中应用较为广泛。

(2) 非线性标定

非线性模型越准确，计算代价越高。由于非线性方法考虑到摄像机镜头的畸变问题，使用大量的未知数和大范围的非线性优化，这使得计算代价随非线性模型的准确性增高而变大。非线性优化法虽然精度较高，但是其算法比较烦琐，速度慢，而且算法的迭代性需要良好的初始估计。

如果迭代过程设计不恰当，尤其在高扭曲的条件下，优化过程可能不稳定，从而造成结果的不稳定甚至错误，因此其有效性不高。

（3）两步标定

两步标定方法中以 Tsai 的两步标定法最具代表性。该方法只考虑径向畸变，计算量适中，精度较高。Weng 提出了一种 CCD 立体视觉的非线性畸变模型，考虑了摄像机畸变的来源，如径向、离心和薄棱镜畸变，并引入旋转矩阵的修正方法，但以矩阵分解求内外参数初始值，难以达到很高的精度。近年来，国内学者也分别提出线性变换两步法。这种两步法只考虑径向畸变，不包含非线性变换，也可以达到较高的精度。Zhang 的平面模板两步法脱离了传统的在高精度标定台上进行标定图像采样的做法，可以手动在任意位置、任意姿态摆放标定板，进行相机内部参数的标定计算。

① Tsai 的两步法原理　Tsai 研究并总结了 1987 年以前的传统标定法，在此基础上对有径向畸变因子的摄像机模型，提出了一种实用的两步标定法。对于中长焦距的镜头，或者畸变率小的高价位镜头，采用 Tsai 两步标定法可以达到较高的标定与测量精度。该算法分为两步进行：第一步，基于图像点坐标只有径向畸变误差，通过建立和求解超定线性方程组，先计算出外部参数；第二步，考虑畸变因素，利用一个三变量的优化搜索算法求解非线性方程组，以确定其他参数。

假定光心的图像坐标（u_0，v_0）已经求出，为模拟安装过程中的误差，在 x 方向引进一个不确定因子 s_x，对于畸变只考虑二阶径向畸变。设

$$\begin{cases} X_{di}=d_u(u_i-u_0) \\ Y_{di}=d_v(v_i-v_0) \end{cases} \tag{4-11}$$

则有：

$$\begin{cases} s_x^{-1}(1+k_1r^2)X_{di}=f\dfrac{r_{11}x_{wi}+r_{12}y_{wi}+r_{13}z_{wi}+t_x}{r_{31}x_{wi}+r_{32}y_{wi}+r_{33}z_{wi}+t_z} \\ (1+k_1r^2)Y_{di}=f\dfrac{r_{21}x_{wi}+r_{22}y_{wi}+r_{23}z_{wi}+t_y}{r_{31}x_{wi}+r_{32}y_{wi}+r_{33}z_{wi}+t_z} \end{cases} \tag{4-12}$$

即 $$X_{di}(r_{21}x_{wi}+r_{22}y_{wi}+r_{23}y_{wi}+t_y)=s_xY_{di}(r_{11}x_{wi}+r_{12}y_{wi}+r_{13}z_{wi}+t_x) \tag{4-13}$$

a. 线性变换确定外部参数。

• 采用多于 7 个标定点。根据最小二乘法，按式(4-14) 计算中间变量 $t_y^{-1}s_xr_{11}$，$t_y^{-1}s_xr_{12}$，$t_y^{-1}s_xr_{13}$，$t_y^{-1}r_{21}$，$t_y^{-1}r_{22}$，$t_y^{-1}r_{23}$，$t_y^{-1}s_xt_x$。

$$[Y_{di}x_{wi} \; Y_{di}y_{wi} \; Y_{di}z_{wi} \; Y_{di} \; -X_{di}x_{wi} \; -X_{di}y_{wi} \; -X_{di}z_{wi}]\begin{bmatrix} t_y^{-1}s_x r_{11} \\ t_y^{-1}s_x r_{12} \\ t_y^{-1}s_x r_{13} \\ t_y^{-1}s_x t_x \\ t_y^{-1}r_{21} \\ t_y^{-1}r_{22} \\ t_y^{-1}r_{23} \end{bmatrix} = X_{di} \tag{4-14}$$

• 求解外部参数 $|t_y|$。

设：$a_1 = t_y^{-1}s_x r_{11}, a_2 = t_y^{-1}s_x r_{12}, a_3 = t_y^{-1}s_x r_{13}, a_4 = t_y^{-1}s_x t_x, a_5 = t_y^{-1}r_{21}, a_6 = t_y^{-1}r_{22}, a_7 = t_y^{-1}r_{23}$，则：

$$|t_y| = (a_5^2 + a_6^2 + a_7^2)^{-1/2} \tag{4-15}$$

• 确定 t_y 符号。

利用任意一个远离图像中心的特征点的图像坐标（u_i，v_i）和世界坐标（x_{wi}, y_{wi}, z_{wi}）做验证。即：首先假设 $t_y > 0$，求出 $r_{11}, r_{12}, r_{13}, r_{21}, r_{22}, r_{23}, t_x$，以及 $x = r_{11}x_{wi} + r_{12}y_{wi} + r_{13}z_{wi} + t_x$ 和 $y = r_{21}x_{wi} + r_{22}y_{wi} + r_{23}z_{wi} + t_y$，如果 X_{di} 与 x 同号，Y_{di} 与 y 同号，则 t_y 为正，否则 t_y 为负。

• 确定 s_x。

$$s_x = (a_1^2 + a_2^2 + a_3^2)^{1/2}|t_y| \tag{4-16}$$

• 计算 R 和 t_x。

$r_{11} = a_1 t_y / s_x, r_{12} = a_2 t_y / s_x, r_{13} = a_3 t_y / s_x, r_{21} = a_5 t_y, r_{22} = a_6 t_y, r_{23} = a_7 t_y, t_x = a_4 t_y / s_x, r_{31} = r_{12}r_{23} - r_{13}r_{22}, r_{32} = r_{13}r_{21} - r_{11}r_{23}, r_{33} = r_{11}r_{22} - r_{12}r_{21}$。

b. 非线性变换计算内部参数。

• 忽略镜头畸变，计算 f 和 t_z 的粗略值（设 $k_1 = 0$）。

$$\begin{bmatrix} y_i & -Y_{di} \\ s_x x_i & -X_{di} \end{bmatrix}\begin{bmatrix} f \\ t_z \end{bmatrix} = \begin{bmatrix} w_i Y_{di} \\ w_i X_{di} \end{bmatrix} \tag{4-17}$$

其中，$x_i = r_{11}x_{wi} + r_{12}y_{wi} + r_{13}z_w + t_x; y_i = r_{21}x_{wi} + r_{22}y_{wi} + r_{23}z_w + t_y; w_i = r_{31}x_{wi} + r_{32}y_{wi} + r_{33}z_w$。对于 n 个标定点采用最小二乘法求解 f 和 t_z 的粗略值。

• 计算精确的 f, t_z, k_1。

利用上面计算得到的 f 和 t_z 作为初始值（最小二乘法），取 k_1 的初始值为 0。

$$\begin{cases} Y_{di}(1+k_1r^2)=\dfrac{fy_i}{w_i+t_z} \\ s_x^{-1}X_{di}(1+k_1r^2)=\dfrac{fx_i}{w_i+t_z} \end{cases} \tag{4-18}$$

对上式作非线性优化，求解 f、t_z、k_1。

优化函数为 $\sum_{i=1}^{n}\left\{\left[Y_{di}(1+k_1r^2)-\dfrac{fy_i}{w_i+t_z}\right]^2+\left[s_x^{-1}X_{di}(1+k_1r^2)-\dfrac{fx_i}{w_i+t_z}\right]^2\right\}$，即 $2n$ 个方程的残差平方和。对于两个摄像机标定，要重复上述过程。

② Zhang 的平面模板两步法原理　由于传统的标定方法需要高精度的标定台，标定过程比较复杂，Zhang 提出了一种介于传统标定法和自标定法之间的方法，该方法避免了传统方法所必需的高精度标定台，操作简单，精度也比自标定方法高。首先，用图像中心附近点求解理想透视模型，准确地估计初值，然后，用全视场标定点求解实际成像模型。其标定原理如下。

首先建立靶标平面与图像平面的映射关系，设靶标上的三维点坐标为 $\boldsymbol{M}=[x,y,z]^{\mathrm{T}}$，其图像平面上点的坐标为 $\boldsymbol{m}=[u,v]^{\mathrm{T}}$，对应的齐次坐标为 $\boldsymbol{M}'=[x,y,z,1]'$，$\boldsymbol{m}'=[u,v,1]^{\mathrm{T}}$ 空间点 M 和图像点 m 对应的关系为：

$$s\boldsymbol{m}'=\boldsymbol{A}[\boldsymbol{R}\quad \boldsymbol{t}]\boldsymbol{M}' \tag{4-19}$$

式中，s 为非零尺度因子；$\boldsymbol{R}$，$\boldsymbol{t}$ 分别为旋转矩阵和平移向量，是摄像机的外部参数；$\boldsymbol{A}$ 为摄像机的内部参数。

$$\boldsymbol{A}=\begin{bmatrix} \alpha & c & u_0 \\ 0 & \beta & v_0 \\ 0 & 0 & 1 \end{bmatrix} \tag{4-20}$$

假设靶标平面位于世界坐标系的 xy 平面上，即 $z=0$，由上式可得：

$$s\begin{bmatrix} u \\ v \\ 1 \end{bmatrix}=\boldsymbol{A}[\boldsymbol{r}_1\quad \boldsymbol{r}_2\quad \boldsymbol{r}_3\quad \boldsymbol{t}]\begin{bmatrix} x \\ y \\ 0 \\ 1 \end{bmatrix}=\boldsymbol{A}[\boldsymbol{r}_1\quad \boldsymbol{r}_2\quad \boldsymbol{t}]\begin{bmatrix} x \\ y \\ 1 \end{bmatrix} \tag{4-21}$$

令

$$\boldsymbol{H}=\boldsymbol{A}[\boldsymbol{r}_1,\boldsymbol{r}_2,\boldsymbol{t}] \tag{4-22}$$

上式可写为

$$s\begin{bmatrix}u\\v\\1\end{bmatrix}=\begin{bmatrix}h_{11}&h_{12}&h_{13}\\h_{21}&h_{22}&h_{23}\\h_{31}&h_{32}&h_{33}\end{bmatrix}\begin{bmatrix}x\\y\\1\end{bmatrix}\tag{4-23}$$

如果已知多个三维点坐标及其对应的图像坐标，则可以用下式求解 $\boldsymbol{H}$ 矩阵：

$$\boldsymbol{LH}=0\tag{4-24}$$

其中：

$$\boldsymbol{L}=\begin{bmatrix}x_1&y_1&1&0&0&0&-u_1x_1&-u_1y_1&-u_1\\0&0&0&x_1&y_1&1&-v_1x_1&-v_1y_1&-v_1\\&&\cdots&&&\cdots&&&\\x_n&y_n&1&0&0&0&-u_nx_n&-u_ny_n&-u_n\\0&0&0&x_n&y_n&1&-v_nx_n&-v_ny_n&-v_n\end{bmatrix}\tag{4-25}$$

$$\boldsymbol{H}=\begin{bmatrix}h_{11}&h_{12}&h_{13}&h_{21}&h_{22}&h_{23}&h_{31}&h_{32}&h_{33}\end{bmatrix}\tag{4-26}$$

使用最小二乘法可求解 $\begin{bmatrix}h_{11}&h_{12}&h_{13}&h_{21}&h_{22}&h_{23}&h_{31}&h_{32}&h_{33}\end{bmatrix}$ 的最优解。$\boldsymbol{L}$ 的各个分量数值较大，系数矩阵实际为病态矩阵，需要进行归一化处理。

$\boldsymbol{H}$ 可写为 $[\boldsymbol{h}_1\quad\boldsymbol{h}_2\quad\boldsymbol{h}_3]=\lambda\boldsymbol{A}[\boldsymbol{r}_1,\boldsymbol{r}_2,\boldsymbol{t}]$，$\boldsymbol{h}_1,\boldsymbol{h}_2,\boldsymbol{h}_3$ 为 $\boldsymbol{H}$ 的列向量，λ 为任意标量，可得：

$$\begin{cases}\boldsymbol{r}_1=\lambda\boldsymbol{A}^{-1}\boldsymbol{h}_1\\\boldsymbol{r}_2=\lambda\boldsymbol{A}^{-1}\boldsymbol{h}_2\end{cases}\tag{4-27}$$

由旋转矩阵的正交性可得：

$$\begin{cases}\boldsymbol{h}_1^{\mathrm{T}}\boldsymbol{A}^{-\mathrm{T}}\boldsymbol{A}^{-1}\boldsymbol{h}_2^{\mathrm{T}}=0\\\boldsymbol{h}_1^{\mathrm{T}}\boldsymbol{A}^{-\mathrm{T}}\boldsymbol{A}^{-1}\boldsymbol{h}_1^{\mathrm{T}}=\boldsymbol{h}_2^{\mathrm{T}}\boldsymbol{A}^{-\mathrm{T}}\boldsymbol{A}^{-1}\boldsymbol{h}_2^{\mathrm{T}}\end{cases}\tag{4-28}$$

令 $\boldsymbol{B}=\boldsymbol{A}^{-\mathrm{T}}\boldsymbol{A}^{-1}=\begin{bmatrix}B_{11}&B_{12}&B_{13}\\B_{21}&B_{22}&B_{23}\\B_{31}&B_{32}&B_{33}\end{bmatrix}$，则：

$$\boldsymbol{B}=\begin{bmatrix}\dfrac{1}{\alpha^2}&-\dfrac{c}{\alpha^2\beta}&\dfrac{cv_0-u_0\beta}{\alpha^2\beta}\\-\dfrac{c}{\alpha^2\beta}&\dfrac{c^2}{\alpha^2\beta^2}+\dfrac{1}{\beta^2}&-\dfrac{c(cv_0-u_0\beta)}{\alpha^2\beta^2}-\dfrac{v_0}{\beta^2}\\\dfrac{cv_0-u_0\beta}{\alpha^2\beta}&-\dfrac{c(cv_0-u_0\beta)}{\alpha^2\beta^2}-\dfrac{v_0}{\beta^2}&\dfrac{c(cv_0-u_0\beta)^2}{\alpha^2\beta^2}+\dfrac{v_0^2}{\beta^2}+1\end{bmatrix}\tag{4-29}$$

由于$\boldsymbol{B}$为对称矩阵，可以定义向量$\boldsymbol{b}=[B_{11} \quad B_{12} \quad B_{22} \quad B_{13} \quad B_{23} \quad B_{33}]^{\mathrm{T}}$，令矩阵$\boldsymbol{H}$的第$i$列向量为$\boldsymbol{h}_i=[h_{i1} \quad h_{i2} \quad h_{i3}]^{\mathrm{T}}$，有：

$$\boldsymbol{h}_i^{\mathrm{T}}\boldsymbol{B}\boldsymbol{h}_j^{\mathrm{T}}=[h_{i1} \quad h_{i2} \quad h_{i3}]\begin{bmatrix}B_{11} & B_{12} & B_{13}\\ B_{21} & B_{22} & B_{23}\\ B_{31} & B_{32} & B_{33}\end{bmatrix}\begin{bmatrix}h_{i1}\\ h_{i2}\\ h_{i3}\end{bmatrix}=\boldsymbol{v}_{ij}^{\mathrm{T}}\boldsymbol{b} \tag{4-30}$$

$$\boldsymbol{v}_{ij}=[h_{i1}h_{j1} \quad h_{i1}h_{j2}+h_{i2}h_{j1} \quad h_{i2}h_{j2} \quad h_{i3}h_{j1}+h_{i1}h_{j3} \quad h_{i3}h_{j2}+h_{i2}h_{j3} \quad h_{i3}h_{j3}]^{\mathrm{T}}$$

上式可改写如下：

$$\boldsymbol{V}\boldsymbol{b}=0 \tag{4-31}$$

$$\boldsymbol{V}=\begin{bmatrix}\boldsymbol{v}_{12}^{\mathrm{T}}\\ (\boldsymbol{v}_{11}-\boldsymbol{v}_{22})^{\mathrm{T}}\end{bmatrix}$$

如果对靶标平面拍摄n幅图像，将这n个方程组迭加起来，如果$n\geqslant 3$，那么$\boldsymbol{b}$在相差一个尺度因子的意义下唯一确定。$\boldsymbol{b}$已知即可求解$\boldsymbol{A}$矩阵各元素：

$$\begin{aligned}
&u_0=(B_{12}B_{13}-B_{11}B_{23})/(B_{11}B_{22}-B_{12}^2)\\
&\lambda=B_{33}-[B_{13}^2+v_0(B_{12}B_{13}-B_{11}B_{23})]/B_{11}\\
&\alpha=\sqrt{\lambda/B_{11}}\\
&\beta=\sqrt{\lambda B_{11}/(B_{11}B_{22}-B_{12}^2)}\\
&c=-B_{12}\alpha^2\beta/\lambda\\
&u_0=cv_0/\alpha-B_{13}\alpha^2/\lambda
\end{aligned} \tag{4-32}$$

$\boldsymbol{A}$已知，从式(4-27)可求解$\boldsymbol{r}_1$，$\boldsymbol{r}_2$，由正交矩阵的性质可得$\boldsymbol{r}_3=\boldsymbol{r}_1\times\boldsymbol{r}_2$，从上也可得出$\boldsymbol{t}=\lambda\boldsymbol{A}^{-1}\boldsymbol{h}_3$。至此，摄像机的内外参数全部求出，这样求出的参数没有考虑镜头畸变，将上面得到的参数作为初值进行优化搜索，可得最优解。

4.2.2 改进的节点提取算法

在利用Zhang的方法中，标定板节点大多数都是利用半自动检测方法，即人为指定棋盘格的数目和大小，软件在指定范围内寻找节点。经过多次实验，这种方法存在着节点寻找不准确的情况，根据这个情况，利用Harris节点检测器结合曲线拟合法，改进了传统算法中的节点提取算法，实现了节点亚像素级的准确定位。

(1) Harris算子

Harris节点提取算子的基本思想与Moravec算法相似，但作了较大的改进，具有较高的稳定性和可靠性，能够在图像旋转、灰度变化以及噪声干扰等情况下准确提取出节点。Harris 算子的运算全部基于对图像的一阶微分。

设图像亮度函数 $f(x,y)$，定义一个局部自相关函数 $E(\mathrm{d}x,\mathrm{d}y)$ 来描述图像上（x,y）点位置在作一微小移动（$\mathrm{d}x,\mathrm{d}y$）后的亮度变化。亮度的变化用（x,y）点周围半径为 w 的方形邻域中，像素亮度变化值的平方与高斯函数的卷积来表示：

$$E(\mathrm{d}x,\mathrm{d}y)=\sum_{i=x-w}^{x+w}\sum_{j=y-w}^{y+w}G(x-i,y-j)[f(i+\mathrm{d}x,j+\mathrm{d}y)-f(i,j)]^2 \tag{4-33}$$

其中 $G(x,\ y)$ 为二维高斯函数。将上式做泰勒级数展开：

$$\begin{aligned}E(\mathrm{d}x,\mathrm{d}y)&=\\ &\sum_{i=x-w}^{x+w}\sum_{j=y-w}^{y+w}G(x-i,y-j)\left[\mathrm{d}x\frac{\partial f(i,j)}{\partial x}+\mathrm{d}y\frac{\partial f(i,j)}{\partial y}+o(\mathrm{d}x^2+\mathrm{d}y^2)\right]^2\\ &\approx A\mathrm{d}x^2+2C\mathrm{d}x\mathrm{d}y+B\mathrm{d}y^2\end{aligned} \tag{4-34}$$

其中：

$$A=G*\left(\frac{\partial f}{\partial x}\right)^2,B=G*\left(\frac{\partial f}{\partial y}\right)^2,C=G*\left(\frac{\partial f}{\partial x}\times\frac{\partial f}{\partial y}\right) \tag{4-35}$$

将实二次型 $E(\mathrm{d}x,\ \mathrm{d}y)$ 写成矩阵形式：

$$E(\mathrm{d}x,\mathrm{d}y)=[\mathrm{d}x,\mathrm{d}y]\boldsymbol{M}\begin{bmatrix}\mathrm{d}x\\ \mathrm{d}y\end{bmatrix} \tag{4-36}$$

$$\boldsymbol{M}=\begin{bmatrix}A & C\\ C & B\end{bmatrix}$$

则矩阵 $\boldsymbol{M}$ 描述了二次曲面 $z=E(\mathrm{d}x,\ \mathrm{d}y)$ 在原点处的形状。设 α，β 为矩阵 $\boldsymbol{M}$ 的特征值，则 α，β 与两个主曲率成比例，且为关于 $\boldsymbol{M}$ 的旋转不变量。如果两个主曲率都很小，则曲面 $z=E(\mathrm{d}x,\ \mathrm{d}y)$ 接近于平面，检测窗口在任何方向的移动都不会导致 E 的太大变化，说明检测窗口区域内的灰度大致相同。如果一个主曲率高而另一个低，则曲面 $z=E(\mathrm{d}x,\ \mathrm{d}y)$ 为屋脊状，只有在屋脊方向（即边缘方向）的移动会导致 E 的较小变化，说明所检测的点为一边缘点。如果两个主曲率都很高，则曲面 $z=E(\mathrm{d}x,\ \mathrm{d}y)$ 为一个向下的尖峰，检测窗口在任何方向的移动都会导致 E 的快速增加，说明所检测的点为一节点。

由特征值的性质：

$$\mathrm{tr}(\boldsymbol{M})=\alpha+\beta=A+B \tag{4-37}$$

$$\det(\boldsymbol{M})=\alpha\beta=AB-C^2 \tag{4-38}$$

Harris算子的节点相应函数（corner response function，CRF）定义为：

$$\mathrm{CRF}=\det(\boldsymbol{M})-k\cdot \mathrm{tr}^2(\boldsymbol{M}) \tag{4-39}$$

其中k为一常量，Harris建议取0.04。节点响应值CRF在节点区域是正值，在边缘区域是负值，在灰度不变的区域则很小。因在图像对比度较高处节点响应值会增大。

实际算法中采取以下策略进一步提高Harris算子的性能。

① Harris算子的缺点是耗时，原因是检测每个点时需进行3次高斯平滑，若将梯度幅值较低的点排除在外，可大大提高效率。算法中首先将图像用Sobel算子作卷积，计算每个像素x和y方向的一阶微分$\partial f/\partial x$和$\partial f/\partial y$，如果梯度幅值较大[$(|\partial f/\partial x|+|\partial f/\partial y|)$大于某一阈值]，则计算$(\partial f/\partial x)^2$,$(\partial f/\partial y)^2$和$[\partial^2 f/(\partial x\partial y)]$，否则将这三项值置0。然后对梯度幅值较大的像素，在其邻域窗口内用二维高斯函数作卷积，窗口的大小根据高斯函数的标准差σ按3σ准则而定。

② 对于受噪声影响较大的图像，会出现在某个节点附近产生多个高响应的情况，简单设定的阈值不能完全消除错误的检测，反而会漏检一些对比度较弱的节点。可采用以下方法确定节点：计算出每个像素的节点响应值CRF后，如果某个像素的CRF在其邻域内是最高的，则被当成节点。邻域大小的设定根据具体图像及需要而定，如果需要检测出图像细节部分的节点，则将邻域设得较小；如果只需要检测较明显的节点，则将邻域扩大。按照此方法可以提高Harris算子的定位性能。

必须指出，Harris算子只能精确到像素级，为进一步提高精确度，采用曲线拟合标定板的边缘，节点值通过直线相交求出，通过这种算法使像素的精度精确到亚像素级别。

（2）曲线拟合法

根据棋盘格标定板的特点，选用拟合法寻找节点的亚像素坐标。每个节点均是四个正方形的共同顶点。利用拟合法，可以将正方形的边缘拟合为一条直线，每个节点为两条直线的交点。

假设给定数据点$(x_i,y_i)$$(i=0,1,\cdots,m)$，$\Phi$为所有次数不超过$n(n\leqslant m)$的多项式构成的函数类，现求一$p_n(x)=\sum_{k=0}^{n}a_k x^k\in\Phi$，使得：

$$I=\sum_{i=0}^{m}[p_n(x_i)-y_i]^2=\sum_{i=0}^{m}\left(\sum_{k=0}^{n}a_k x_i^k-y_i\right)^2=\min \tag{4-40}$$

当拟合函数为多项式时，称为多项式拟合，满足式(4-40) 的 $p_n(x)$ 称为最小二乘拟合多项式。特别地，当 $n=1$ 时，称为线性拟合或直线拟合。

显然 $I=\sum_{i=0}^{m}\left(\sum_{k=0}^{n}a_k x_i^k-y_i\right)^2$ 为 $a_0,a_1,\cdots,a_n$ 的多元函数，因此上述问题即为求 $I=I(a_0,a_1,\cdots,a_n)$的极值问题。由多元函数求极值的必要条件，得

$$\frac{\partial I}{\partial a_j}=2\sum_{i=0}^{m}\left(\sum_{k=0}^{n}a_k x_i^k-y_i\right)x_i^j=0 \qquad j=0,1,\cdots,n \tag{4-41}$$

即

$$\sum_{k=0}^{n}\left(\sum_{i=0}^{m}x_i^{j+k}\right)a_k=\sum_{i=0}^{m}x_i^j y_i \qquad j=0,1,\cdots,n \tag{4-42}$$

式(4-42) 是关于 $a_0,a_1,\cdots,a_n$ 的线性方程组，用矩阵表示为

$$\begin{bmatrix} m+1 & \sum_{i=0}^{m}x_i & \cdots & \sum_{i=0}^{m}x_i^n \\ \sum_{i=0}^{m}x_i & \sum_{i=0}^{m}x_i^2 & \cdots & \sum_{i=0}^{m}x_i^{n+1} \\ \vdots & \vdots & \vdots & \vdots \\ \sum_{i=0}^{m}x_i^n & \sum_{i=0}^{m}x_i^{n+1} & \cdots & \sum_{i=0}^{m}x_i^{2n} \end{bmatrix}\begin{bmatrix} a_0 \\ a_1 \\ \vdots \\ a_n \end{bmatrix}=\begin{bmatrix} \sum_{i=0}^{m}y_i \\ \sum_{i=0}^{m}x_i y_i \\ \vdots \\ \sum_{i=0}^{m}x_i^n y_i \end{bmatrix} \tag{4-43}$$

式(4-42) 或式(4-43) 称为正规方程组或法方程组。

可以证明，式(4-42) 的系数矩阵是一个对称正定矩阵，故存在唯一解。从式(4-42) 中解出 $a_k(k=0,1,\cdots,n)$，从而可得多项式：

$$p_n(x)=\sum_{k=0}^{n}a_k x^k \tag{4-44}$$

可以证明，式(4-44) 中的 $p_n(x)$ 满足式(4-41)，即 $p_n(x)$ 为所求的拟合多项式。我们把 $\sum_{i=0}^{m}[p_n(x_i)-y_i]^2$ 称为最小二乘拟合多项式 $p_n(x)$ 的平方误差，记作 $\|r\|_2^2=\sum_{i=0}^{m}[p_n(x_i)-y_i]^2$，由式(4-44) 可得：

$$\|r\|_2^2=\sum_{i=0}^{m}y_i^2-\sum_{k=0}^{n}a_k\left(\sum_{i=0}^{m}x_i^k y_i\right) \tag{4-45}$$

多项式拟合的一般方法可归纳为以下几步：

① 由已知数据画出函数粗略的图形——散点图，确定拟合多项式的次数 n；

② 列表计算 $\sum_{i=0}^{m} x_i^j (j=0,1,\cdots,2n)$ 和 $\sum_{i=0}^{m} x_i^j y_i (j=0,1,\cdots,2n)$；

③ 写出正规方程组，求出 $a_0, a_1, \cdots, a_n$；

④ 写出拟合多项式 $p_n(x)=\sum_{k=0}^{n} a_k x^k$ 。

4.2.3 实验结果

(1) 相机标定

利用前面提出的改进标定算法对机器人平台所配备的立体视觉系统进行标定，立体相机如图 4-3 所示，为分体式千兆相机。外部参数：基线长度为 7cm，两相机为平行安装；相机镜头焦距为 8mm。

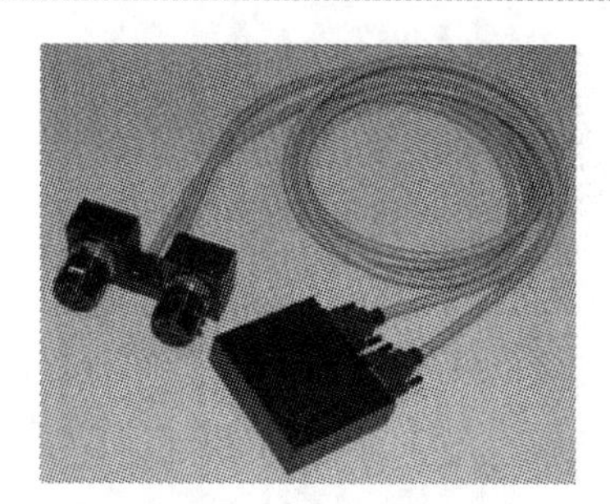

图 4-3 立体相机

平面标定板为棋盘格板，如图 4-4 所示。然后固定双目立体相机，对标定板多角度拍照，利用得到的图片对立体相机进行标定。

图 4-4 平面标定板

首先利用传统标定方法提取节点，效果图如图 4-5 所示，然后利用我们所提出的算法提取节点，效果图如图 4-6 所示。由于网格图过小，改进结果不明显，所以将图像放大 10 倍，如图 4-7、图 4-8 所示，从图中可以看出，改进算法提取节点可以准确寻找到节点。

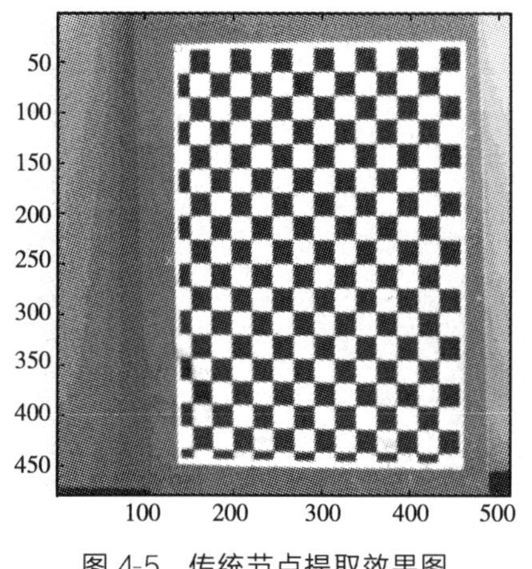

图 4-5　传统节点提取效果图

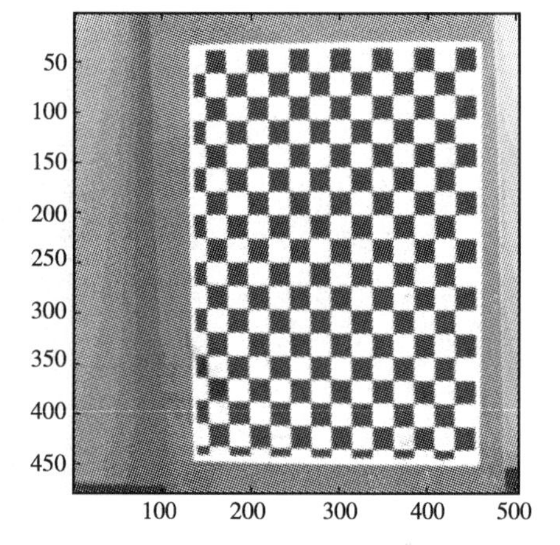

图 4-6　改进节点提取效果图

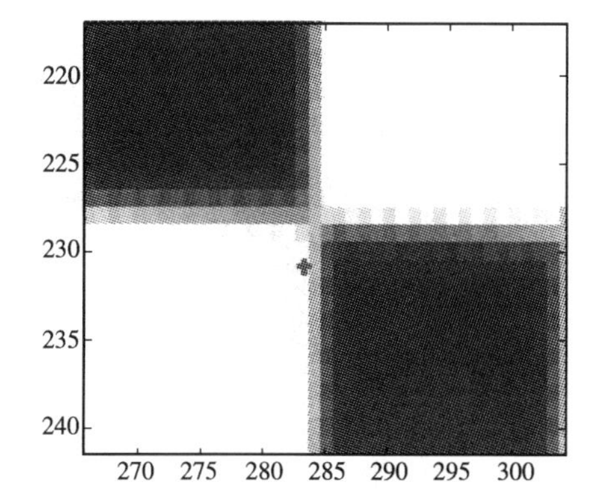

图 4-7　传统节点提取效果图（放大 10 倍）

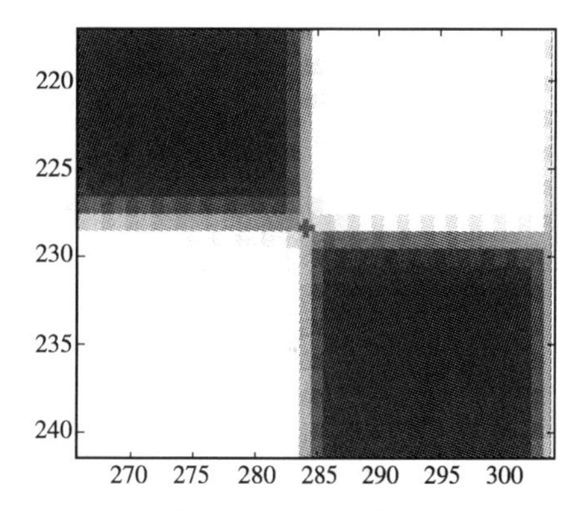

图 4-8　改进节点提取效果图（放大 10 倍）

检验相机标定精确度的一个主要方法是计算像素逆投影误差，分别计算了利用传统节点提取算法的逆投影像素误差（见图 4-9）和利用改进节点提取算法的逆投影像素误差（见图 4-10）。从图上可以看出，传统算法的精度在一个像素以上，而改进的节点提取算法能精确到 0.3 个像素。

（2）测距精度测试

相机的测距精度取决于很多因素，比如镜头焦距，相机校正准确度，与被测物体的距离等。根据不同的用途需要选用不同的相机，针对室内移动机器人导航，选用的镜头是 9mm 焦距镜头，基线长度为 7cm，如图 4-11 所示。

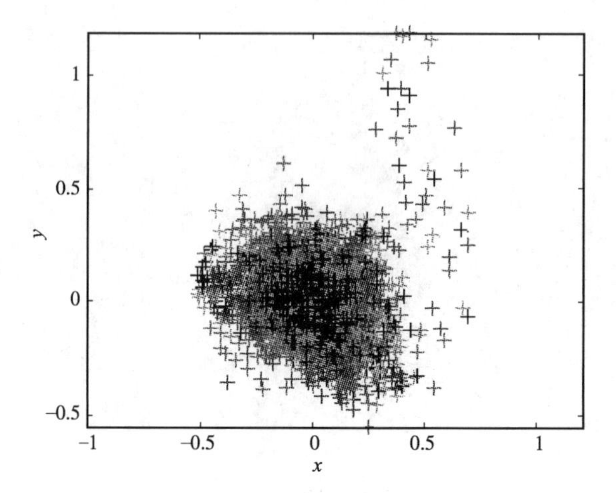

图 4-9 传统法逆投影像素误差

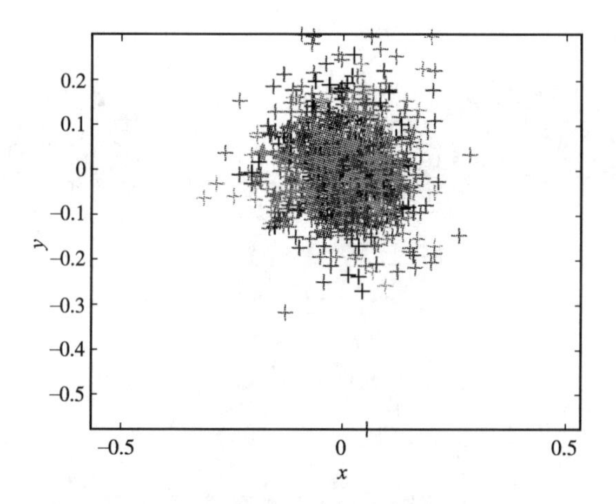

图 4-10 改进法逆投影像素误差

图 4-11 双目立体相机

测试环境为视觉正对目标物，然后逐渐改变距离，测试双目视觉系统的精度，下面表 4-1 就给出了测试结果。

表 4-1 双目立体视觉测距实验 mm

测量值＼次数	1	2	3	4	5	6	7	8	9	10	11
真实值	1200	1500	1800	2100	2400	2700	3000	3300	3600	3900	4200
测量值	1175	1470	1860	2140	2370	2650	3080	3220	3470	3750	4080

图 4-12 给出了相机的误差测试结果，可以看出随着距离的增加误差增大，误差最小的距离区间为 1.2～3.2m。

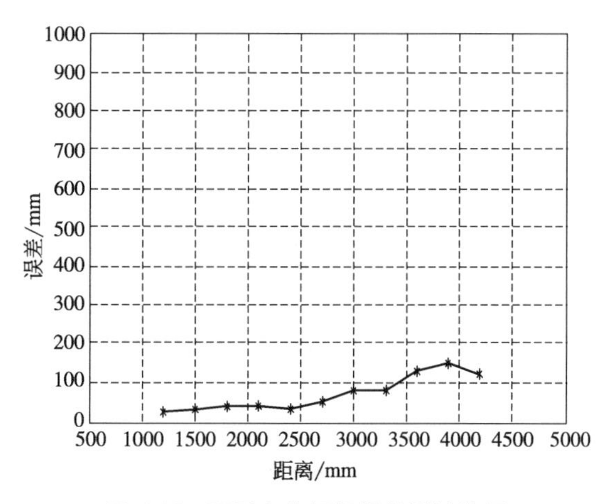

图 4-12 双目立体相机误差测试结果

4.3 路标的设计与识别

为了使移动机器人能够比较稳定地实现自定位，下面提出几种路标的设计及对应的识别方法。

4.3.1 边框的设计与识别

用于室内移动机器人导航的人工路标设计，主要考虑三个方面的要求：可靠性、实时性和美观性。可靠性要求机器人能在当前的视野范围内有效可靠地检测、识别路标并根据路标准确计算机器人位姿；实时性要求路标检测速度快，并且能根据该路标快速计算位姿；美观性是比较容易被忽略的一个方面，在实验研究时可以不用过分强调其重要性，但对于商业化机器人产品来说，是至关重要的问题。

鉴于以上原因，我们设计的路标要能够很容易地在环境中被分辨出来，而且识别算法要具有鲁棒性、快速性。所以设计的路标由两部分组成，第一部分是红色边框，第二部分是可以扩展的路标图案，如图 4-13 所示。

图 4-13 一种路标

在路标实验环境中，立体相机有可能从任何一个角度观测路标，所以要求识别路标的特征量对旋转、缩放免疫，而且要具有射影不变性。我们选用组合识别算法识别路标，其中包括色度、矩形度、交比不变量。

（1）色度

能够稳定地表述颜色信息的第一个参数是色度信息，为了让色度信息不受光线的影响，我们首先将得到的图像由 RGB 空间转换到 HSV 空间。HSV 空间六棱锥如图 4-14 所示。明度 V 沿轴线由棱锥顶点的 0 逐渐递增到顶面时取最大值 1，色饱和度 S 由棱锥上的点至中心轴线的距离决定，而色彩 H 则表示成它与红色的夹角。在图中红色置于 00 处。色饱和度取值范围由轴线上的 0 至外侧边缘上的 1，只有完全饱和原色及其补色有 $S=1$，由三色构成的混合色值不能达到完全饱和。在 $S=0$ 处，色彩 H 无定义，相应的颜色为某层次的灰色。沿中心轴线，灰色由浅变深，形成不同的层次。

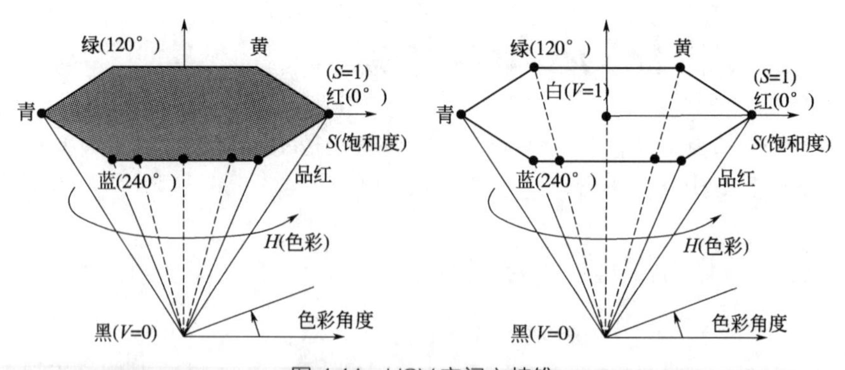

图 4-14 HSV 空间六棱锥

色彩（H）处于六棱锥顶面的色平面上，它们围绕中心轴旋转和变化。色彩明度沿六棱锥中心轴从上至下变化，色彩饱和度（S）沿水平方向变化，越接近六棱锥中心轴的色彩，其饱和度越低。

由 RGB 空间转换到 HSV 空间的变换公式如式(4-46)～式(4-48)所示，其中 R、G、B 表示颜色。

$$H=\begin{cases}\left(6+\dfrac{\mathrm{G}-\mathrm{B}}{\mathrm{MAX}-\mathrm{MIN}}\right)\times 60°,\text{if}\quad \mathrm{R}=\mathrm{MAX}\\ \left(2+\dfrac{\mathrm{B}-\mathrm{R}}{\mathrm{MAX}-\mathrm{MIN}}\right)\times 60°,\text{if}\quad \mathrm{G}=\mathrm{MAX}\\ \left(4+\dfrac{\mathrm{R}-\mathrm{G}}{\mathrm{MAX}-\mathrm{MIN}}\right)\times 60°,\text{if}\quad \mathrm{B}=\mathrm{MAX}\end{cases} \tag{4-46}$$

$$S=\frac{\mathrm{MAX}-\mathrm{MIN}}{\mathrm{MAX}} \tag{4-47}$$

$$V=\mathrm{MAX} \tag{4-48}$$

因为 HSV 空间对颜色的变换非常敏感，而且对于光照的变化抗干扰性比较强，所以将图像变换到 HSV 空间中，设定一定阈值对图像进行分割。

(2) 矩形度

矩形度用物体的面积与其最小外界矩形的面积之比来刻画，反映物体对其外接矩形的充满程度，因为采用的边框为矩形，所以引入矩形度能够迅速定位路标。矩形度的计算公式为：

$$R=A/A_{\mathrm{mer}} \tag{4-49}$$

式中，A 为外围边框所围矩形面积；A_{mer} 为最小外接矩形面积。

(3) 交比不变量

交比不变量为射影几何学中最基本的一个不变量，在共线的四点上，如图 4-15 所示，交比不变量定义见式(4-50)。路标中的交比不变量见图 4-16。

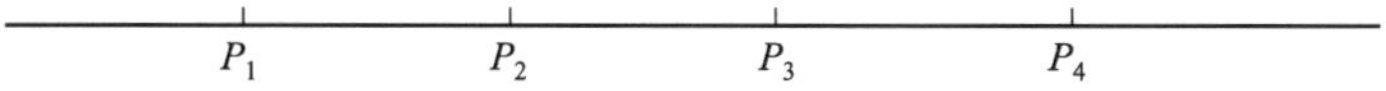

P_1 P_2 P_3 P_4

图 4-15 交比不变量

$$R=(P_1P_2,P_3P_4)=\frac{(P_1P_2P_3)}{(P_1P_2P_4)}=\frac{P_1P_3\cdot P_2P_4}{P_2P_3\cdot P_1P_4} \tag{4-50}$$

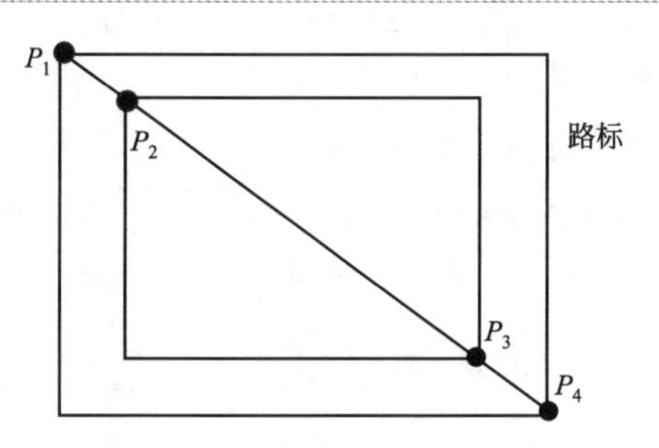

图 4-16 路标中的交比不变量

综上所述，路标的识别采用组合检测算法，检测算法的框图如图 4-17 所示。

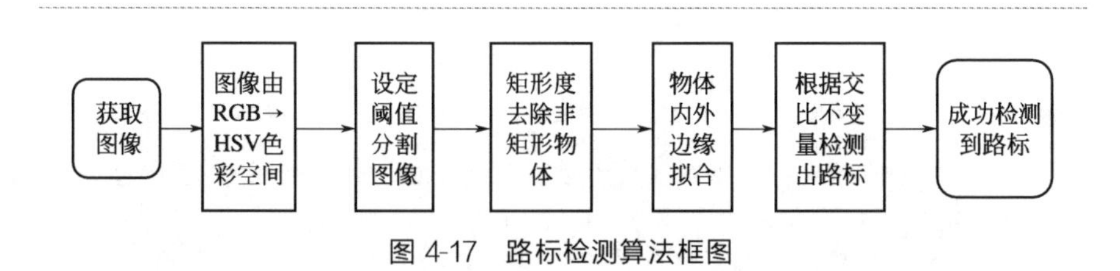

图 4-17 路标检测算法框图

下面给出利用上面所提出的组合算法检测路标的部分结果图（图 4-18）。

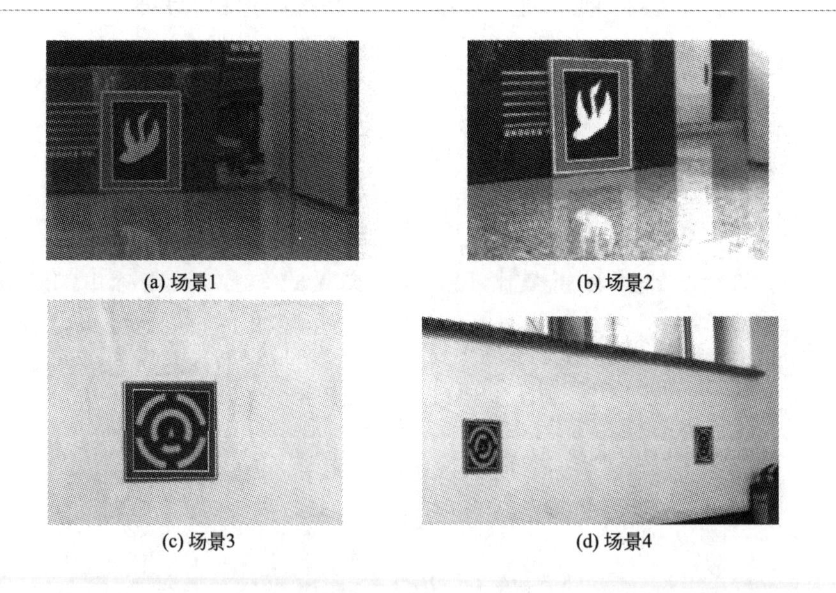

(e) 场景5

(f) 场景6

图 4-18 路标检测结果

根据检测结果可以看出，对于我们所设计的多种路标，无论是在光线充足的情况还是光线比较暗的情况下，路标都能够比较成功地被检测出来，识别成功率在 85%以上。

4.3.2 图案的设计与识别

路标的第二个组成部分为可以扩展的图案，对于图案的设计有以下的要求：可扩展性强；易于检测；与周围环境的重复概率极小；对周围环境的影响小。

基于以上要求，实验先后共设计过三种方案的路标图案。设计的三种人工路标均为平面型人工路标，类似于墙壁上挂的装饰画，具有较好的视觉效果。第一种方案为抽象的动物图案，如图 4-19 所示，可以扩展到几十种图案；第二种方案为两位的阿拉伯数字，总共有 100 种可能，如图 4-20 所示；第三种方案为环形路标图案，总共可以扩展 256 种可能性，如图 4-21 所示。

图 4-19 抽象动物图形路标方案

图 4-20 数字路标方案

图 4-21 环形路标方案

根据路标图案的特点，对应于每种图案选用合适的特征向量，然后通过支持向量机学习算法（SVM）进行训练，得到物体样本库。在实际应用中，只需要将实际拍摄到的图像和样本库中的所有样本进行对比，根据方差最小找到最合适样本。所选用的特征向量要求对图像的旋转、缩放、平移免疫。设计中所选用的几类图像全局特征向量为：图像不变矩、归一化转动惯量、多维直方图、几何模板分量。

（1）图像不变矩

矩特征主要表征了图像区域的几何特征，又称为几何矩，由于其具有旋转、平移、尺度等特性的不变特征，所以又称其为不变矩。其中 Hu 不变矩是很常用的图像不变矩。Hu 不变矩是对规则矩的非线性组合，$p+q$ 阶中心矩为：

$$\mu_{pq}=\sum_{x}\sum_{y}(x-\overline{x})^{p}(y-\overline{y})^{q}F(x,y) \tag{4-51}$$

其中，$F(x,y)$表示二维图像，且：

$$\overline{x}=m_{10}/m_{00},\overline{y}=m_{01}/m_{00} \tag{4-52}$$

$$m_{pq}=\sum_{x}\sum_{y}x^{p}y^{q}F(x,y) \tag{4-53}$$

$p+q$ 阶规格化中心矩为：

$$\eta_{pq}=\mu_{pq}/\mu_{00}^{r} \tag{4-54}$$
$$r=1+(p+q)/2$$
$$p,q=1,2,3,\cdots$$

利用二阶和三阶规格化中心矩可以生成 7 个不变矩组 Φ_1，Φ_2，…，Φ_7。Hu 不变矩不具有仿射不变性，而且其高阶不变矩对噪声比较敏感。

(2) 归一化转动惯量（NMI）

归一化转动惯量具有较好的平移、旋转和缩放不变性。假设图像灰度的重心为 (cx,cy)，图像围绕质心的转动惯量记为 $J_{(cx,cy)}$：

$$J_{(cx,cy)}=\sum_{x=1}^{M}\sum_{y=1}^{N}[(x-cx)^2+(y-cy)^2]f(x,y) \tag{4-55}$$

式中，$f(x,y)$代表二维图像；M，N 分别为图像的宽高大小。

根据图像的质心和转动惯量的定义，可给出图像绕质心的 NMI 为：

$$\text{NMI}=\frac{\sqrt{J_{(cx,cy)}}}{m}=\frac{\sqrt{\sum_{x=1}^{M}\sum_{y=1}^{N}[(x-cx)^2+(y-cy)^2]f(x,y)}}{\sum_{x=1}^{M}\sum_{y=1}^{N}f(x,y)} \tag{4-56}$$

式中，$\sum_{x=1}^{M}\sum_{y=1}^{N}f(x,y)$ 为图像质量，代表图像中所有灰度值之和。

(3) 多维直方图

直方图是表征各种全局特征的一个重要方法。使用直方图作为模式识别的特征时，直方图的维数越高，一般能更有效地描述图像，但是会导致计算量迅速增加。假设一个 16 维的直方图，每维的量化等级为 15，那么直方图中总共含有 15^{16} 个分量。但实际上大多数分量的值为 0，因此，实验采用类似于散列的直方图压缩算法来降低时间复杂度，即所谓混合压缩直方图。使用一维压缩混合直方图可以高效地表示多维直方图。梯度方向、梯度幅值以及颜色分量常作为混合直方图的图像描述算子。将不同的图像描述算子构成压缩混合直方图，可以有效地表示图像的结构以及颜色等信息。

(4) 几何模板分量

对应于第三种路标方案，实验采用一种几何模板分量为特征分量。原理如图 4-22 所示。模板分量值包括 8 个分量，分别是 $P_1 \sim P_8$，分量值取该点周围一定邻域的灰度统计值。特征点通过交比不变定理可以求出，比如 P_5：在边框检测出来的前提下，P_a、P_c 和路标的质心 O 是已知的，已知四点中的三点，那么 P_5 可以根据交比不变定理求出：

$$R=\frac{P_aO \cdot P_5P_7}{P_5O \cdot P_aP_7} \tag{4-57}$$

以此类推，其余七个特征点的位置都可以求出。根据交比不变定理，该模板分量对旋转、平移和缩放均免疫，满足机器人导航所用。

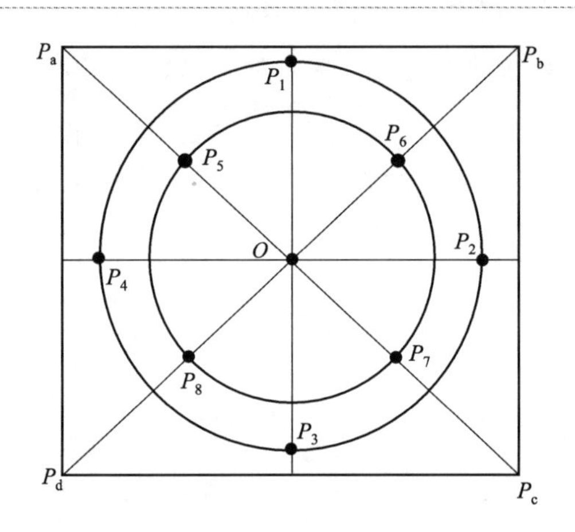

图 4-22 路标几何模板分量

利用上面所给的特征向量，用 SVM 对模板图片进行训练，生成标准的样本库，在实际应用中，将获取的图片提取特征，然后与标准图库中样本进行对比，寻找最合适目标。经过多次实验：第一种路标的识别率在 75%以上，第二种路标的识别率在 80%以上，第三种路标的识别率在 86%以上。

4.4 基于路标的定位系统

基于路标的视觉定位系统的原理是利用立体视觉系统测量出路标在机器人坐标系下的三维坐标，假定路标的全局坐标已知，那么可以根据路标在机器人坐标系下的局部坐标和在全局坐标下的全局坐标计算出机器人在全局坐标系下的全局坐标。

4.4.1 单路标定位系统

根据图 4-23 所示，(X_W, O_W, Y_W) 为全局坐标系，(X_R, O_R, Y_R)

为机器人局部坐标系，L 为路标的俯视图，$(x_{LW}, y_{LW}, \theta_{LW})$ 为路标中心点在全局坐标系下的坐标，θ_W 为路标 X_L 方向与全局坐标系 X_W 方向的夹角，$(x_{LR}, y_{LR}, \theta_{LR})$ 为路标中心点在视觉测量中的局部坐标，那么机器人本体在全局坐标系下的坐标为：

$$\begin{bmatrix} x_R \\ y_R \\ \theta_R \end{bmatrix} = \begin{bmatrix} x_{LW} \\ y_{LW} \\ \theta_{LW} \end{bmatrix} - \begin{bmatrix} \cos\theta_R & -\sin\theta_R & 0 \\ \sin\theta_R & \cos\theta_R & 0 \\ 0 & 0 & 1 \end{bmatrix} \begin{bmatrix} x_{LR} \\ y_{LR} \\ \theta_{LR} \end{bmatrix} \tag{4-58}$$

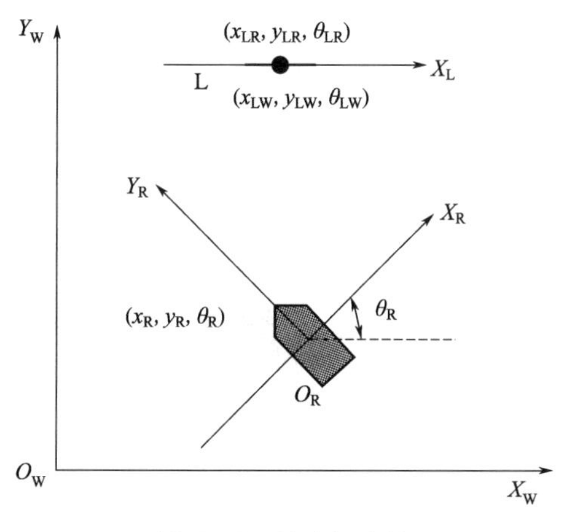

图 4-23　单路标定位

4.4.2　多路标定位系统

视野中出现 2 个路标，分别为 Landmark1 和 Landmark2，推导机器人位置表示公式。路标 1 的中心点的全局坐标和局部坐标为：$(x^1_{LW}, y^1_{LW}, \theta^1_{LW})$，$(x^1_{LR}, y^1_{LR}, \theta^1_{LR})$；路标 2 中心点的全局坐标和局部坐标为：$(x^2_{LW}, y^2_{LW}, \theta^2_{LW})$，$(x^2_{LR}, y^2_{LR}, \theta^2_{LR})$。图 4-24 中的线段 N 是连接两个路标中点的连线。

推导出机器人全局定位的位置为：

$$\theta_{NW} = \arctan\left(\frac{y^2_{LW} - y^1_{LW}}{x^2_{LW} - x^1_{LW}}\right) \tag{4-59}$$

$$\theta_{NR} = \arctan\left(\frac{y^2_{LR} - y^1_{LR}}{x^2_{LR} - x^1_{LR}}\right) \tag{4-60}$$

$$\begin{bmatrix} x_{R} \\ y_{R} \\ \theta_{R} \end{bmatrix} = \begin{bmatrix} x_{LW}^{1} \\ y_{LW}^{1} \\ \theta_{NW} \end{bmatrix} - \begin{bmatrix} \cos\theta_{N} & -\sin\theta_{N} & 0 \\ \sin\theta_{N} & \cos\theta_{N} & 0 \\ 0 & 0 & 1 \end{bmatrix} \begin{bmatrix} x_{LR}^{1} \\ y_{LR}^{1} \\ \theta_{NR} \end{bmatrix} \tag{4-61}$$

式中，θ_{NW} 为两路标中点连线 C_1C_2 与全局坐标系 X 轴的夹角；θ_{NR} 为 C_1C_2 与机器人坐标系 X 轴的夹角。

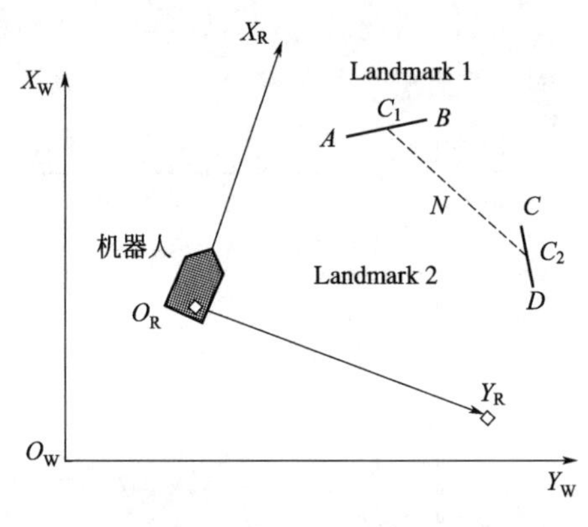

图 4-24 双路标定位

当视野中出现 2 个以上的路标时，每两个路标为一组，可以得到 $M!/M$ 个机器人的位置，然后通过最小方差法得到机器人的最终位置。

4.4.3 误差分析

由于立体视觉系统对目标的感知受到环境噪声和光照的影响，此外考虑相机畸变和分辨率等因素，立体视觉系统对目标的观测存在一定的不确定性。

立体视觉的观测实验证明其观测特性是基于高斯分布的。一个标准的高斯分布函数为：

$$p(X) = \frac{1}{2\pi\sqrt{|\boldsymbol{C}|}} \exp\left[-\frac{1}{2}(X-\hat{X})^{\mathrm{T}}\boldsymbol{C}(X-\hat{X})\right] \tag{4-62}$$

$$\boldsymbol{C} = \begin{bmatrix} \sigma_x^2 & \rho_{\sigma_x\sigma_y} \\ \rho_{\sigma_x\sigma_y} & \sigma_y^2 \end{bmatrix} \tag{4-63}$$

式中，X 为观测目标所处位置的二维坐标值 $(x,y)^{\mathrm{T}}$ 的数学期望；$\boldsymbol{C}$ 为协方差矩阵。

局部坐标系下机器人基于路标位置已知的观测模型如图 4-25 所示，

其中σ_{max}、σ_{min}是该坐标系主轴与短轴上的标准方差，此时两方差的相关系数$\rho=0$，则局部坐标系下的协方差矩阵为：

$$\boldsymbol{C}_{\mathrm{L}}=\begin{bmatrix}\rho_{\max}^{2} & 0 \\ 0 & \rho_{\min}^{2}\end{bmatrix} \tag{4-64}$$

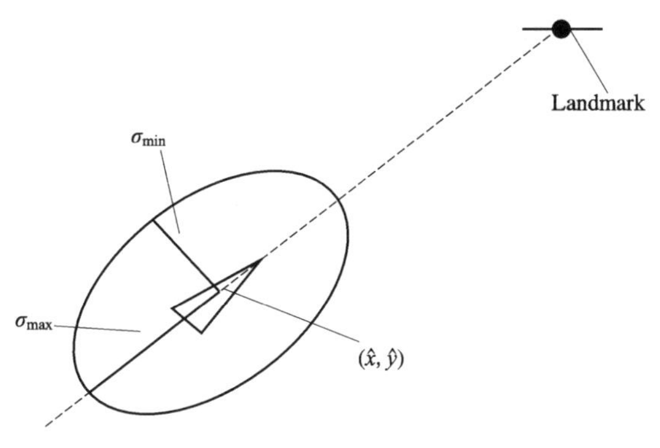

图 4-25　基于路标观测模型的立体视觉

利用多路标对机器人定位可以有效减少误差，提高机器人定位的精度，其原理是针对每个路标的观测协方差矩阵得到以后，可以将所有的协方差矩阵进行融合，有效缩小误差的范围。

$$\boldsymbol{C}'=\boldsymbol{C}_1-\boldsymbol{C}_2[\boldsymbol{C}_1+\boldsymbol{C}_2]^{-1}\boldsymbol{C}_1 \tag{4-65}$$

上式是对双目标立体视觉定位时协方差融合计算的公式，如果有更多的路标被成功检测，可以将所有路标分成 2 个一组进行融合，最后得到所有路标的协方差融合结果。

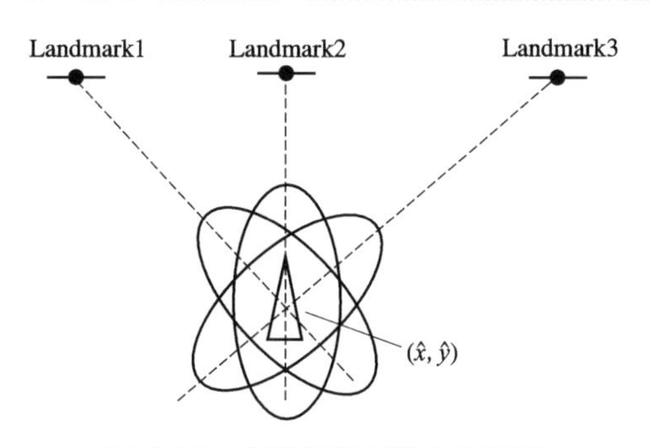

图 4-26　多路标数据融合原理图

从图 4-26 可以看出，多路标的误差范围要小于单路标自定位的误差范围，在视野允许的情况下，理论上看到越多的路标，机器人自定位的误差越小。

4.4.4 实验验证

利用实验来测试移动机器人基于多路标的立体视觉自定位精度。实验场地是边长为 4m 的方形场地，场地内部放置路标，如图 4-27 所示。图中加粗线段即为放置路标的俯视图。路标的预设路线为图中“*”所示，人为设定机器人两种工作模式，一种是基于单路标的进行自定位，一种模式是基于多路标进行自定位。图中标记菱形的曲线即为基于单路标的定位位置，圆形点组成的曲线为机器人基于多路标的定位位置。从实验结果可以看出，多路标定位的精度要明显好于单路标的定位精度。

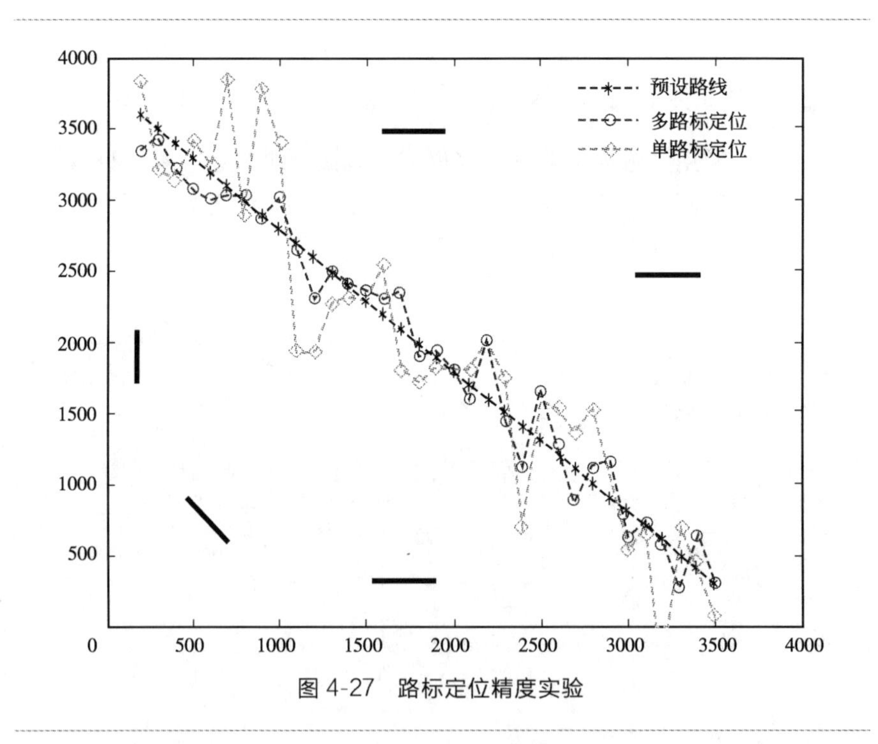

图 4-27 路标定位精度实验

根据实验数据可以看出，利用单路标进行定位最大误差可以达到 500mm，多路标进行定位时路标的最大误差缩减到 100mm 以内，并且误差变化不剧烈，没有累积的误差，也证明多路标定位方法有效地改善了机器人的自定位精度。

4.5 移动机器人定位分析

4.5.1 Monte Carlo 定位算法

移动机器人定位可看成是 Bayesian 评估问题，即通过给定输入数据、观测数据、运动与感知模型，使用预测/更新步骤估计当前时刻机器人隐式位姿状态信度的最优化问题。典型的评估状态一般为 $s=(x,y,\theta)$。其中，(x,y)表示 Cartesian 坐标系机器人的位置；θ 表示机器人的航向角。输入数据 u 通常来自内部传感器里程计；观测数据 z 来自外部传感器如激光雷达、摄像头等，运动模型 $p(s_t|s_{t-1},u_{t-1})$表示 t 时刻系统起始状态为 s_{t-1}，输入 u_{t-1} 到达状态 s_t 的概率。

Monte Carlo 定位作为一种基于贝叶斯滤波原理的概率定位方法，同样是通过从传感信息递归估计位姿状态空间的概率分布来实现的，但概率分布是以加权采样的形式来描述的。常规的 Monte Carlo 定位算法从实现形式上看，有三个递归步骤组成，即预测更新（prediction step）、感知更新（又称 importance sampling）和重要性重采样过程（resampling）。

对于常规的 Monte Carlo 算法，由于只以运动模型 $p(X_k|X_{k-1})$为重要性函数，当出现一些未建模的机器人运动，如碰撞或者绑架问题时，以小采样数目实现的 Monte Carlo 方法就难以解决。对于上述问题，解决的方法有的采用自适应采样数目的方法，有的则在 proposal distribution 中引入额外的随机均匀分布的采样，虽然在一定程度上能够减轻上述问题，但采样选择的随机性会增加定位过程的不可预知性。

考虑整个定位过程，由于预测更新后的采样集为均匀分布，而由感知信息更新后的采样分布的权值（未归一化）则决定了采样集与当前观察信息的匹配程度，若以某种度量方式来检验这个匹配程度，则可以适时地引入重采样过程，并且只以运动模型为重要性函数不能解决各种定位问题，还要引入从感知信息重采样。递归定位过程中感知更新前后采样分布权值变化有以下几种情况。

一是当采样分布与感知信息匹配较好时，感知更新后大部分采样集的权值仍然较高（未归一化），分布较均匀，并且这些采样仍聚集于机器人真实位姿附近，重要性重采样后定位误差越来越小，这就是位姿跟踪过程。

二是当采样分布与感知信息不完全匹配时，有两种情况：第一考虑各种干扰的存在，可能出现少数高权值的采样，采样分布表现出过收敛现象，另一个是使得所有采样的权值分布较均匀，但权值较小，这两种情况对应于初始定位过程或绑架机器人问题，表明当前的采样分布已不再是机器人位姿分布的较好估计。

针对以上分析，实现了一种以感知更新后的采样分布信息为判断依据适时地进行重采样的扩展 Monte Carlo 定位算法，来节省计算资源并提高定位效率。算法中除了常规 Monte Carlo 定位算法的两个递归过程外，又引入了额外的两个检验过程，过收敛检验过程和均匀性检验过程。这两个过程用于判断从运动模型来的采样与感知信息的匹配程度，以引入不同的重采样方法。

（1）过收敛检验过程

这一过程对归一化后的采样权值，利用信息熵和有效采样数目来检验采样分布的过收敛现象。如当进行初始采样更新或者机器人被绑架时，考虑环境模型的相似及感知信息的不确定性，由于采样分布与感知信息不完全匹配，则必会使得采样权值分布出现过收敛（少数采样高权值，大量采样低权值）。当有效采样数目小于给定阈值时，则采样分布过收敛，否则根据信息熵的相对变化大小确定过收敛。过收敛则分别执行从感知信息重采样和重要性重采样过程。

（2）均匀性检验过程

若采样分布未出现过收敛，则根据未归一化的采样分布权值之和来检验采样分布与感知信息的匹配。当权重之和大于给定阈值，表明采样分布与感知信息匹配较好，执行重要性重采样，否则表明与感知信息匹配较差，执行从感知信息重采样。对于阈值的选取，要考虑感知模型以及当前观察到的特征数量等因素。

4.5.2 机器人的实验环境

实验环境选为办公室外的一段走廊，平面投影图如图 4-28 所示。因为主要调试移动机器人的定位功能，所以本着调试方便的原则，未装备移动机器人的外壳等不必要的设备，图 4-29 为服务机器人近距离观察路标。

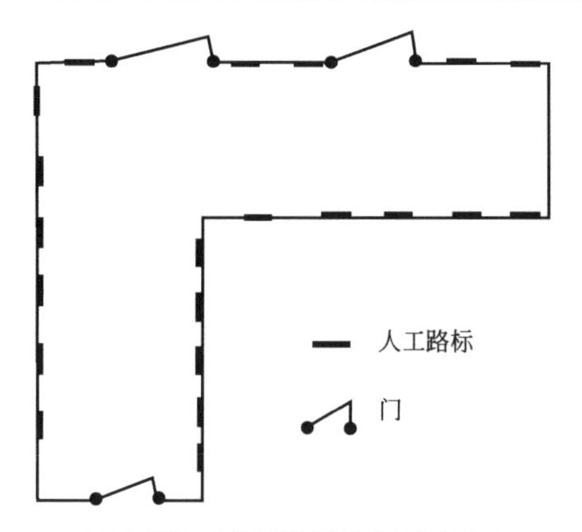

图 4-28 测试环境的平面投影图

图 4-29 服务机器人近距离观察路标

通过配备的立体视觉系统所拍摄的图像如图 4-30 所示。所配备的立体视觉系统的视角为 45°，环境中可以识别的特征为事先设定的路标。

图 4-30 相机拍摄图像

4.5.3 定位误差实验

实验中移动机器人在环境中自主漫游，机器人自定位的精度测试实验以视觉传感器为主，里程计传感器为辅。在环境中等距离摆放路标，图 4-31 中的加粗线段即为路标的俯视图。机器人在预定的环境中漫游，通过检测到的路标对机器人本体进行定位，下面给出整个实验过程。

在实验过程中，采样数目可变，扩展 Monte Carlo 方法（MCL）采用的实验参数为：有效采样数目阈值 $k=10\%$，常量 c 取 0.8，λ 取 0.15～0.25，并随熵的增大而递减，比例系数 k_w 取 50%。而对均匀重采样的 Monte Carlo 方法，由于引入的随机采样会增加采样分布的不确定性，因此相应的参数不同，k 不变，c 取 0.3，λ 取 0.35，k_w 取值 30%。

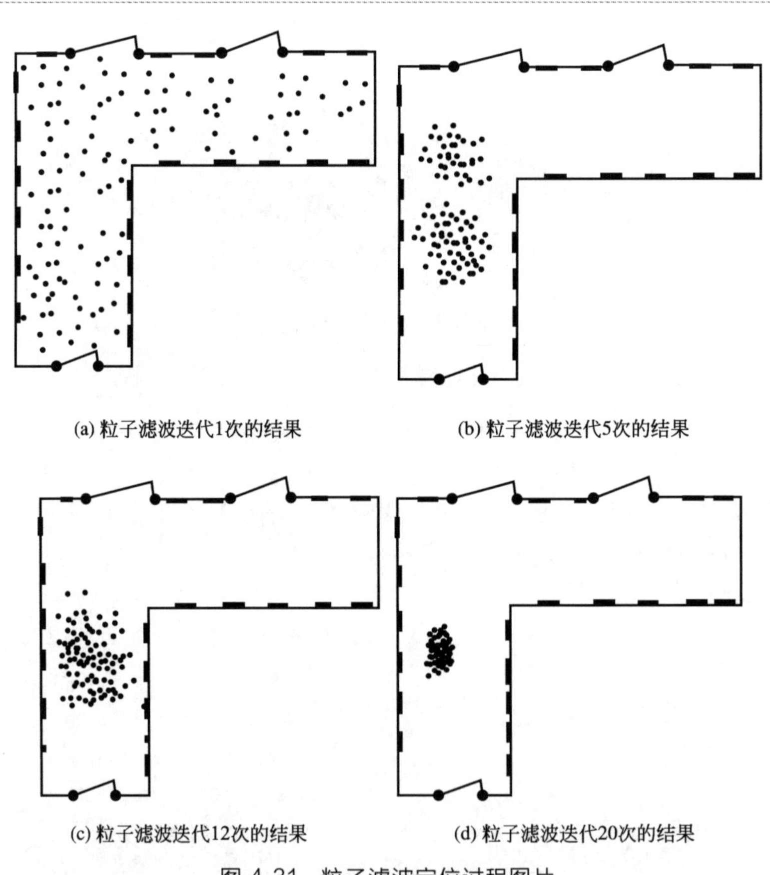

图 4-31 粒子滤波定位过程图片

为了验证扩展 Monte Carlo 方法的定位准确性，通过使均匀重采样的 Monte Carlo 方法和扩展 Monte Carlo 方法，采用相同的感知模型和相同的采样数目。图 4-32 为机器人利用两种定位方法进行定位的误差比较，真实位姿是通过单程计信息获取的，由于环境中地面较光滑且运动距离较短，单程计的信息较为准确。可看出在被绑架后基于重采样的扩展 Monte Carlo 方法无论是定位误差大小还是在收敛速度上都明显优于均匀重采样的 Monte Carlo 方法。

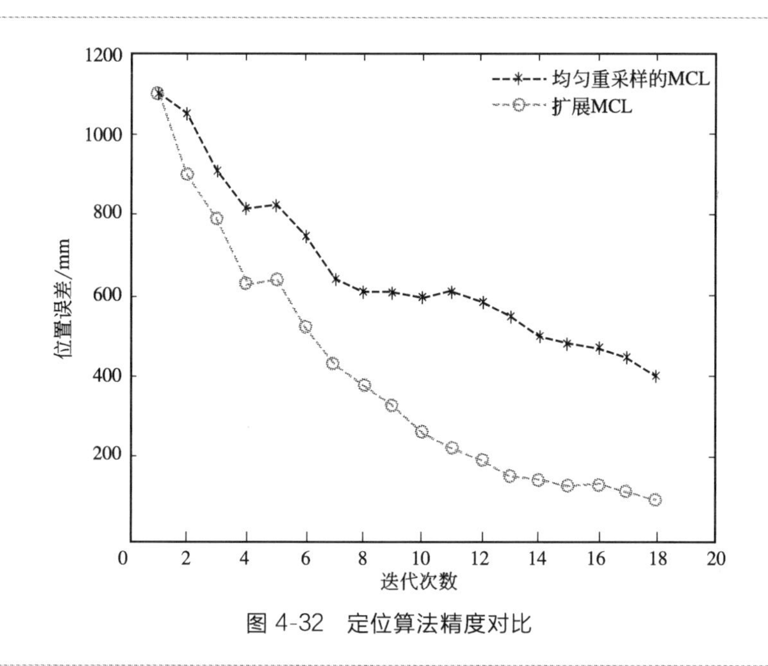

图 4-32 定位算法精度对比

根据定位误差的结果可以看出，虽然定位精度有了不小提高，定位误差在 9mm 左右浮动，但是相对来说误差还是比较大，比如工业机器人视觉系统，定位精度能精确到几个毫米。

误差产生的主要原因有 3 个方面：第一个是应用环境，工业机器人一般都应用在比较固定的场合，相机一般不需要移动，每次获取图像一般都在固定的角度和固定的距离，定位精度非常高。而智能移动机器人的视觉系统安装在机器人本体上，每次观测环境的角度和距离都是随机的，当观测目标的角度较好的情况下，可以得到比较精确的定位结果，当观测角度或距离不理想的情况下，定位误差会相对增大。第二个原因是视觉系统的精度。此处所采用的立体视觉系统采集的图像大小为 752×480，在超出 4m 的距离观测目标的时候，每个像素所代表的实际长度超过 1cm，图像处理时的边缘检测和拟合过程中的像素误差难以避免，因此视觉系统的精度直接影响最后的定位精度。第三个原因是定位算法的有效路标检测环节，目前为了提高视觉系统在定位系统中所占的比重，将视野中可以检测出的路标全部作为有效路标，并全部参与机器人的最终定位的计算，而其中一些角度和距离不理想的路标会带来一些误差。

第5章

基于算法融合的移动机器人路径规划

移动机器人的路径规划问题是移动机器人研究领域的热点问题之一。移动机器人依据某个或某些优化准则（如工作代价最小、行走路线最短、行走时间最短等），在运动空间中找到一条从起始状态到目标状态能避开障碍物的最优路径，就是我们所说的移动机器人路径规划问题。也就是说，路径规划应注意以下三点：明确起始位置及终点；避开障碍物；尽可能做到路径上的优化。

根据路径规划方法适用范围的不同可以分为全局路径规划方法、局部路径规划方法以及混合路径规划方法三种。

全局规划方法是一种适用于有先验地图的路径规划方法，它根据已知的地图信息为机器人规划出一条无碰撞的最优路径。由于对环境信息的依赖程度很大，所以对环境信息的感知程度将决定规划的路径是否精确。全局方法通常可以寻找最优解，但是需要预先知道环境的准确信息，并且计算量很大。

局部路径规划主要是根据机器人当前时刻传感器感知到的信息进行自主避障。在现阶段已有的研究成果中，大多数的导航成果都是局部路径规划方法，它们只需要通过携带的传感器获取当前的环境信息，并且这些信息能够随着环境的变化进行更新。同全局路径规划方法相比，局部路径规划方法在实时性和实用性上更有优势。局部路径规划方法也有缺陷，它没有全局信息，容易产生局部极值点，无法保证机器人能顺利到达目的地。

由于单独的全局规划或者局部规划都不能达到满意的效果，因此就产生了一种将两者优点相结合的混合型算法。该方法是将全局规划的全局信息作为局部规划的先验条件，避免局部规划因为缺少全局信息而产生局部最小点，从而引导机器人最终找到目标点。

一个好的路径规划方法，不仅要满足路径规划的合理性、实时性的要求，而且要满足在某个规则下最优，以及具有适应环境动态改变的能力。

5.1 常用的路径规划方法

目前，常用的移动机器人路径规划方法有人工势场法，A * 算法，神经网络法，模糊推理法，遗传算法和蚁群算法等。

（1）人工势场法

人工势场法是由 Khatib 提出的一种虚拟力法。它的基本思想是将机器人在周围环境中的运动，设计成一种在抽象的人造引力场中的运动，目标点对移动机器人产生“引力”，障碍物对移动机器人产生“斥力”，最后通过求合力来控制移动机器人的运动。人工势场法结构简单，便于底层的实时控制，规划出来的路径一般是比较平滑并且安全的，但是这种方法存在局部极小点和目标不可达等问题。

（2）A＊算法

移动机器人的路径规划问题属于问题求解。解决这类问题通常采用搜索算法。目前最常用的路径搜索算法之一就是A＊算法。A＊算法是一种静态路网中求解最短路径最有效的搜索方法，也是解决许多搜索问题的有效算法。它是一种应用广泛的启发式搜索算法，其原理是通过不断搜索逼近目的地的路径来获得。它以符号和逻辑为基础，在智能体没有单独的行动可以解决问题的时候，将如何找到一个行动序列到达它的目标位作为研究内容。在完全已知的比较简单的地图上，它的速度非常快，能很快找到最短路径（确切说是时间代价最小的路径），而且使用A＊算法可以很方便地控制搜索规模以防止堵塞。经典的A＊算法是在静态环境中求解最短路径的一种极为有效的方法。

（3）神经网络法

人工神经网络法是在对人脑组织结构和运行机制的认识理解基础之上，模拟人思维的一个非线性动力学系统，其特色在于信息的分布式存储、并行协同处理和良好的自组织自学习能力。它能将环境障碍等作为神经网络的输入层信息，经由神经网络并行处理，神经网络输出层输出期望的转向角和速度等，引导机器人避障行驶，直至到达目的地。该方法的缺点是当环境改变后必须重新学习，在环境信息不完整或环境经常改变的情况下难以应用。

（4）模糊推理法

模糊理论是在美国加州大学伯克利分校电气工程系的L. A. Zadeh教授创立的模糊集合理论的数学基础上发展起来的，主要包括模糊集合理论、模糊逻辑、模糊推理和模糊控制等方面的内容。

人类的驾驶过程实质是一种模糊控制行为，路径的弯度大小、位置和方向偏差的大小，都是由人眼得到模糊量，而驾驶员的驾驶经验不可能精确确定，模糊控制正是解决这种问题的有效途径。移动机器人和车辆类似，其运动学模型较为复杂而难以确定，而模糊控制不需要控制系统的精确数学模型。此外，移动机器人是一个典型的时延、非线性不稳定系统，而模糊控制器可以完成输入空间到输出空间的非线性映射。

采用模糊理论进行移动机器人路径规划，将模糊推理本身所具有的鲁棒性与基于生理学上的“感知-动作”行为结合起来，能够快速地推理出障碍物的情况，实时性较好。该方法避开了其他算法中存在的对环境信息依赖性强等缺点，在处理复杂环境下的机器人路径规划方面，显示出突出的优越性和较强的实时性。

（5）遗传算法

遗传算法是一种借鉴生物界自然选择和自然遗传机制的随机化的搜索算法。由于它具有鲁棒性强和全局优化等优点，对于传统搜索方法难以解决的复杂和非线性问题具有良好的适用性。应用遗传算法解决移动机器人动态环境中避障和路径规划问题，可以避免复杂的理论推导，直接获得问题的最优解。但是也存在一些不足，如计算速度不快、提前收敛等问题。

（6）蚁群算法

蚁群算法，是一种用来求复杂问题的优化算法。蚁群算法早期的提出是为了解决旅行商问题，随着人们对于蚁群算法的深入研究，发现蚁群算法在解决二次优化问题中有着广泛的应用前景，因此蚁群算法也从早期的解决 TSP 问题逐步向更多的领域发展。目前利用蚁群算法在解决调度问题、公交车路线规划问题、机器人路径选择问题、网络路由问题，甚至在企业的管理问题、模式识别与图像配准等领域都有着广泛的应用空间。

蚁群算法不仅能够进行智能搜索、全局优化，而且具有鲁棒性、正反馈、分布式计算、容易同其他算法相结合及富于建设性等特点，并且可以根据需要为人工蚁群加入前瞻和回溯等自然蚁群所没有的特性。

虽然蚁群算法有许多优点，但是该算法也存在一些缺陷。与其他方法相比，该算法一般需要较长的搜索时间，虽然计算机计算速度的提高和蚁群算法的本质并行性在一定程度上可以缓解这一问题，但对于大规模优化问题，这是一个很大的障碍。而且该方法容易出现停滞现象，即搜索进行到一定程度后，当所有个体所发现的解趋于一致时，不能对解空间进一步进行搜索，不利于发现更好的解。在蚁群系统中，蚂蚁总是依赖于其他蚂蚁的反馈信息来强化学习，而不去考虑自身的经验积累，这样的盲从行为，容易导致早熟、停滞，从而使算法的收敛速度变慢。基于此，学者们纷纷提出了蚁群系统的改进算法。如有学者提出了一种称为 Ant-Q System 的蚁群算法，及“最大最小蚂蚁系统”等。吴庆洪等从遗传算法中变异算子的作用得到启发，在蚁群算法中采用了逆转变异机制，进而提出一种具有变异特征的蚁群算法。此后不断有学者提出改进的蚁群算法，如具有感觉和知觉特征的蚁群算法、自适应蚁群算法、基于信息素扩散的蚁群算法、基于混合行为的蚁群算法、基于模式学习的小窗口蚁群算法等。

5.2 基于人工势场和A*算法融合的机器人路径规划

5.2.1 人工势场法

人工势场法的引力和斥力分布如图5-1所示。其中，F_{att}为机器人受到目标点的引力，F_{rep}为机器人受到障碍物的斥力。F_{total}为引力和斥力产生的合力，控制机器人朝向目标点运动。

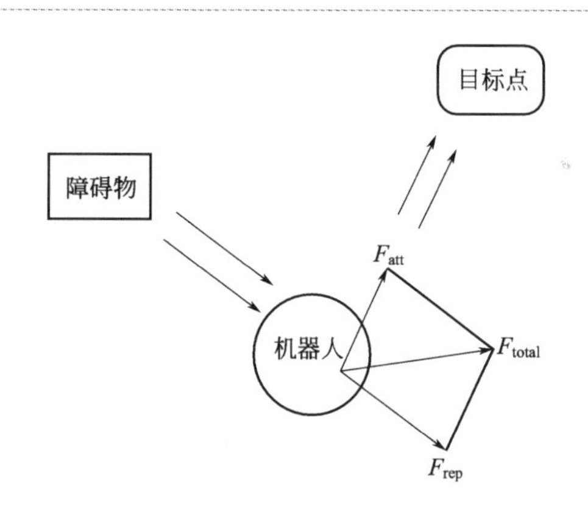

图5-1 基于人工势场法的移动机器人受力示意图

人工势场法的数学描述如下：设机器人的当前位置信息为$R=(x,y)$，目标点的位置信息为$R_{goal}=(x_{goal},y_{goal})$，目标对移动机器人起吸引的作用，而且距离越远，吸引力越大，反之越小。

机器人与目标点之间的引力场定义为：

$$U_{att}=\frac{1}{2}k_{att}\rho(R,R_{goal})^2 \tag{5-1}$$

式中，k_{att}为引力场增益系数；$\rho(R,R_{goal})$为机器人当前位置R和

目标点 R_{goal} 的距离。

由该引力场所生成的对机器人的引力是机器人受到引力势能的负梯度函数：

$$F_{att}(R)=-\nabla U_{att}(R)=-k_{att}\rho(R,R_{goal}) \tag{5-2}$$

式中，引力 $F_{att}(R)$ 方向在机器人与目标点连线上，从机器人指向目标点。该引力随机器人趋近于目标而线性趋近于零，当机器人到达目标点时，该力为零。

斥力场函数见式(5-3)：

$$U_{att}(R)=\begin{cases}\dfrac{1}{2}k_{rep}\left[\dfrac{1}{\rho(R,R_{obs})}-\dfrac{1}{\rho_0}\right]^2 & ,\rho(R,R_{obs})\leqslant\rho_0\\ 0 & ,\rho(R,R_{obs})>\rho_0\end{cases} \tag{5-3}$$

式中，k_{rep} 为正比例系数；$R_{obs}=(x_{obs},y_{obs})$ 为障碍物的位置；$\rho(R,R_{obs})$ 为机器人与障碍物之间的距离；ρ_0 为障碍物的影响距离。

该斥力场所产生的斥力为斥力势能的负梯度：

$$F_{rep}(R)=-\nabla U_{rep}(R)$$
$$=\begin{cases}k_{rep}\left[\dfrac{1}{\rho(R,R_{obs})}-\dfrac{1}{\rho_0}\right]\dfrac{1}{\rho^2(R,R_{obs})}\nabla\rho(R,R_{obs}) & ,\rho(R,R_{obs})\leqslant\rho_0\\ 0 & ,\rho(R,R_{obs})>\rho_0\end{cases} \tag{5-4}$$

机器人所受的合力等于引力和斥力的和，即

$$F_{total}=F_{att}+F_{rep} \tag{5-5}$$

人工势场法结构简单，具有很好的对机器人运动轨迹实时控制的性能，但根据上述原理可知，人工势场法只适合解决局部的避障问题，而在全局地图的某些区域，当机器人受到引力势场函数和斥力势场函数的联合作用时，机器人容易在某个位置产生振荡或者停滞不前，这个位置即所谓的局部极小点。产生局部极小点的概率和障碍物的多少成正比关系，障碍物越多，产生局部极小点的概率也就越大。

5.2.2 A*算法

A*算法作为一种新型的启发式搜索算法，由于其具有搜索迅速且容易实现等优点，许多研究者已经将其应用于解决移动机器人路径规划问题。

A*搜索的基本思想是：如果 C_S 为起点，C_G 为目标点，那么对于环境中的任意点 C_i，假设 $g(C_i)$ 表示从 C_S 到 C_i 的最小路径代价，而

$h(C_i)$ 表示从 C_i 到 C_G 的估计代价，给出从初始点 C_S 经过中间点 C_i 到目标点 C_G 最优路径的估计代价，用一个启发式评估函数 $f(C_i)$ 来表示，即

$$f(C_i)=g(C_i)+h(C_i) \tag{5-6}$$

在动态环境当中，首先 A＊算法根据已知的环境信息规划出一条从初始位置到目标位置的最优路径，然后机器人通过运动控制沿着这条路径行走，当机器人感知到当前的环境信息与已知的环境地图不匹配时，就将当前的环境信息进行建模并更新地图，机器人依照更新后的地图重新规划路径。但如果机器人在一个没有先验地图或者环境信息不断变化的环境中，机器人就要非常频繁地重新规划路径，这种重新规划路径的算法也是一个全局搜索的过程，这样就会加大系统的运算量。如果 A＊算法是采用栅格表示地图的，地图环境表示的精度随着栅格粒度的减小而增加，但是同时算法搜索的范围会按指数增加，如果栅格粒度增大，算法的搜索范围减小了，但是算法的精度以及成功率就会降低。采用改进人工势场的局部路径规划方法对 A＊算法进行优化，可以有效增大 A＊算法的栅格粒度，达到降低 A＊算法运算量的目的。

5.2.3 人工势场和 A＊算法融合

本研究将 A＊算法和人工势场算法相结合，提出了一种能够将全局路径规划方法和局部路径规划方法相融合的路径规划方法。

(1) 路径规划算法融合的描述

如果用 S 表示移动机器人起始点的信息，G 表示机器人目标点的信息，C 表示机器人当前位置的信息，M 表示栅格环境地图的信息，那么本研究所提出的混合路径规划方法可以具体描述为：

① 将机器人当前感知到的和已知的环境信息栅格化，保存到栅格地图 M 中，将机器人的起始点状态赋给当前位置状态，即 $C=S$。

② 移动机器人基于保存的栅格地图 M，规划出一条从当前位置 C 到目标点 G 的全局最优路径，生成子目标节点序列。如果这个序列中没有任何信息，即代表当前没有可行路径，则返回搜索失败。

③ 确定离当前位置最近的子目标节点。

④ 更新系统的目标点，将步骤③中得到的子母标节点作为新的目标点 G_i，并依照局部路径规划方法进行运动控制，直到到达目标点 G_i 所在的位置，转到步骤③。

⑤ 如果机器人自身携带的传感器感知到新的环境和原有地图 M 不匹

配，按照传感器信息更新地图 M，令 $C=S$，跳转到步骤①。

在上述算法中，在全局路径规划模块中实现对子目标节点序列的生成，在局部路径规划模块中实现对移动机器人的控制，并使它不断地朝向子目标节点运动，同时更新子目标节点，最后到达最终的目标点。

下面分别介绍全局路径规划和局部路径规划。

(2) 全局路径规划方法

全局路径规划采用基于栅格地图的 A＊搜索方法进行路径规划。在全局路径规划中，不考虑机器人的动态避障，可以将栅格的粒度设置较大一些，这样就可以减少对系统空间的使用以及降低 A＊搜索的计算量，提高 A＊搜索效率。

采用 A＊算法进行全局路径规划时，先将全局地图以及局部地图栅格化，建立栅格坐标系，并通过全局坐标与栅格坐标的转化得到初始点和目标点的栅格坐标。在栅格坐标系下，A＊算法搜索一条从起始点到目标点的最优路径，生成一条二维子目标点序列。序列中的每个子目标点所保存的信息是其所在的栅格坐标，在这组序列中，除了全局目标节点外的每个节点都有一个指向其父节点的指针。然后通过对每个子目标节点的栅格坐标和全局坐标的转化，得到该点在全局坐标下的坐标。如果机器人在除目标终点所在栅格以外的任何位置，机器人受到引力仍是它所在栅格的父节点产生的引力，当机器人达到目标终点所在栅格的时候，机器人受到的引力是机器人目标节点的引力。

通过 A＊算法进行搜索，得到的只是一条子目标节点序列。下面将采用局部路径规划方法，实现机器人按照上述路径进行平滑运动。

(3) 局部路径规划方法

本研究采用改进的人工势场法进行移动机器人的局部路径规划。从障碍区域、运动学控制约束两个方面对人工势场法进行改进。

① 设置产生斥力函数的有效障碍物　移动机器人在实际的运动过程中，只有有限的几个障碍物能够对机器人产生斥力，只有在与机器人运动方向一定范围内的障碍物才会对机器人运动造成影响。在局部路径规划中，假设机器人前进方向与障碍物的夹角为 α，障碍物分布如图 5-2 所示。在改进的人工势场法中，只有在机器人运动正方向上一定范围内的障碍物 1、2 才会对机器人产生斥力势场，其他方向上的障碍物不会对机器人的运动造成影响。

机器人在障碍物 1 的斥力场下受到的斥力函数如下：

$$F_{rep1}(R)=-\nabla U_{rep1}(R)=\begin{cases}k_{rep1}\left[\dfrac{1}{\rho(R,R_{obs1})}-\dfrac{1}{\rho_1}\right]\dfrac{1}{\rho^2(R,R_{obs1})}\nabla\rho(R,R_{obs1}) & ,\rho(R,R_{obs1})\leqslant\rho_1\\ 0 & ,\rho(R,R_{obs1})>\rho_1\end{cases} \tag{5-7}$$

式中，k_{rep1} 为正比例系数；$R_{obs1}=(x_{obs1},y_{obs1})$ 为障碍物1的位置；$\rho(R,R_{obs1})$为机器人与障碍物1之间的距离；ρ_1 为障碍物1的影响距离。

机器人在障碍物2的斥力场下受到的斥力函数如下：

$$F_{rep2}(R)=-\nabla U_{rep2}(R)=\begin{cases}k_{rep2}\left[\dfrac{1}{\rho(R,R_{obs2})}-\dfrac{1}{\rho_2}\right]\dfrac{1}{\rho^2(R,R_{obs2})}\nabla\rho(R,R_{obs2}) & ,\rho(R,R_{obs2})\leqslant\rho_2\\ 0 & ,\rho(R,R_{obs2})>\rho_2\end{cases} \tag{5-8}$$

式中，k_{rep2} 为正比例系数；$R_{obs2}=(x_{obs2},y_{obs2})$为障碍物2的位置；$\rho(R,R_{obs2})$为机器人与障碍物2之间的距离；$\rho_2$ 为障碍物2的影响距离。

机器人在障碍物群区域受到的斥力合力为：

$$F_{rep}=F_{rep1}+F_{rep2} \tag{5-9}$$

采用这种方法，不仅能够提高局部路径规划的效率，而且还能有效地减少由人工势场法产生的局部极小点问题，使机器人能够快速、安全地穿过多障碍物区域。当机器人到达目标点所在的栅格时，则机器人将不再受到周围环境的影响，它受到目标终点对它产生的吸引力，就可以解决障碍物附近目标点不可达问题。

机器人周围障碍物分布如图5-2所示。

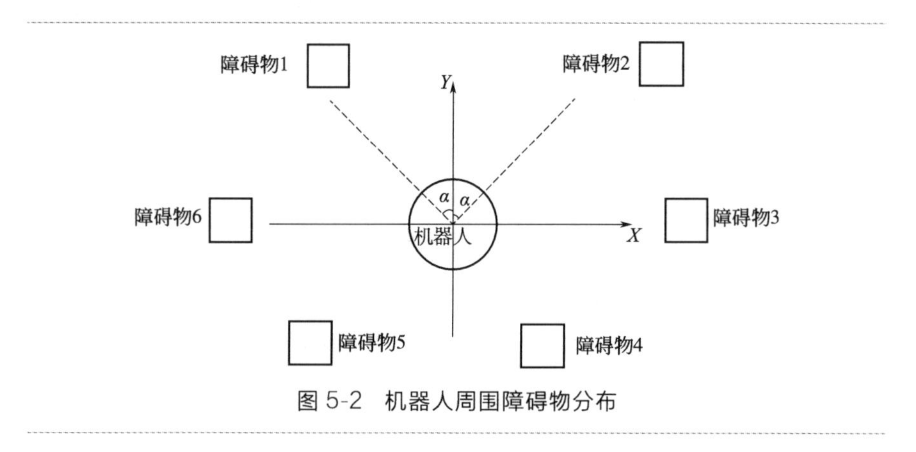

图5-2 机器人周围障碍物分布

② 运动学控制约束　在通过上面的局部路径规划生成机器人运动的角速度和线速度后，运动控制模块将得到的线速度和角速度转化为电机能够识别的移动机器人左轮和右轮的速度 v_1 和 v_r，然后对左轮和右轮的速度进行梯形规划，即使轮速能够平稳地递增或者递减，防止轮速突变造成运动控制的超调。同时为了确保电机的安全，还需要对计算出来的速度进行限速。

5.2.4 仿真研究

图 5-3 模拟了机器人从一个房间到另一个房间的路径规划。起始点为“Start”，目标点为“Goal”。

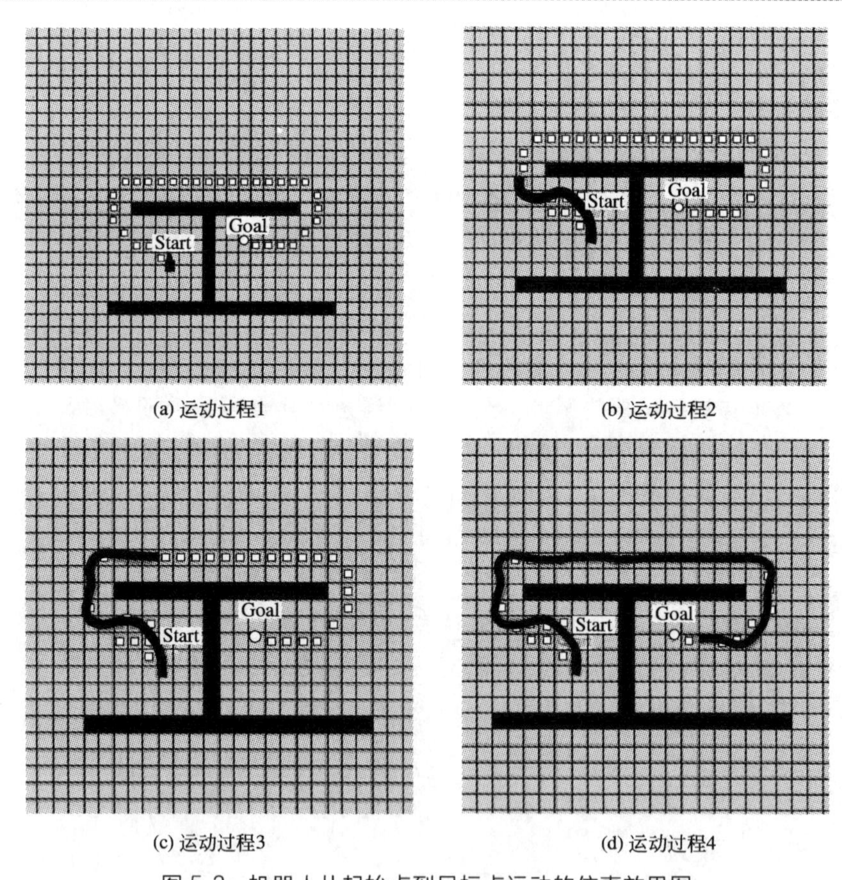

图 5-3　机器人从起始点到目标点运动的仿真效果图

从图 5-3 中可以看出，机器人完成了从一个房间（起始点）到另一个房间（目标点）的过程，全局路径规划生成了当前环境下的全局最优路径的子目标序列点，采用改进的人工势场法控制机器人在子目标序列点之间进行运动。最终，机器人能够沿着一条平滑路径从初始点运动到目标点。

图 5-4 是机器人在相同的初始位置，分别在两个不同的目标位置时的仿真图。从图 5-4(a) 和图 5-4(b) 比较可以发现，在机器人相同的初始位置、不同的目标位置的情况下，机器人总是能够规划出一条在全局意义下从初始点到目标点最优（路径最短）的轨迹。

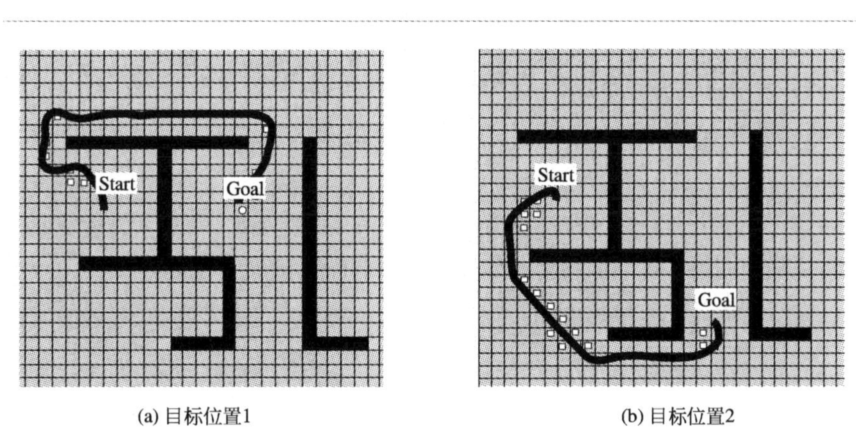

(a) 目标位置1　　(b) 目标位置2

图 5-4　全局路径规划仿真比较图

图 5-5 是机器人在一个复杂环境中，基于人工势场和 A＊融合算法的路径规划仿真效果图。

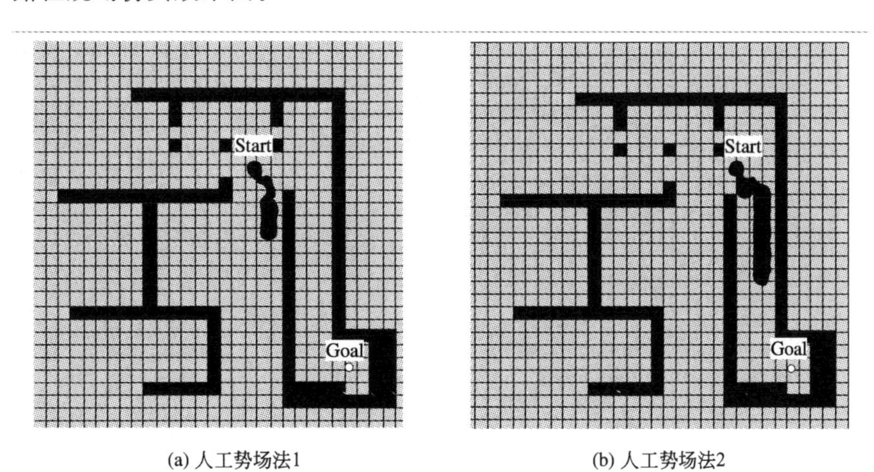

(a) 人工势场法1　　(b) 人工势场法2

图 5-5

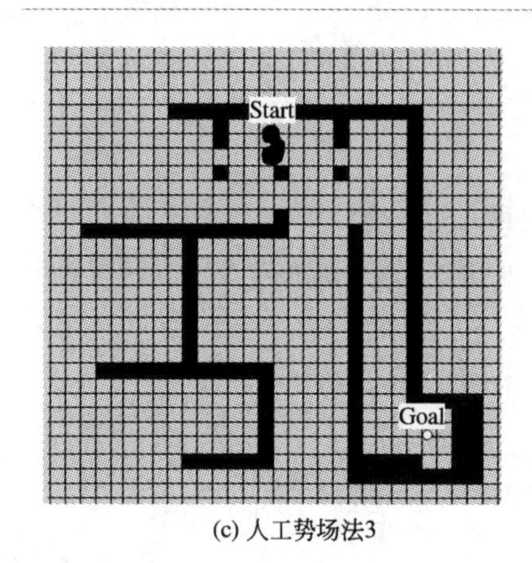

(c) 人工势场法3

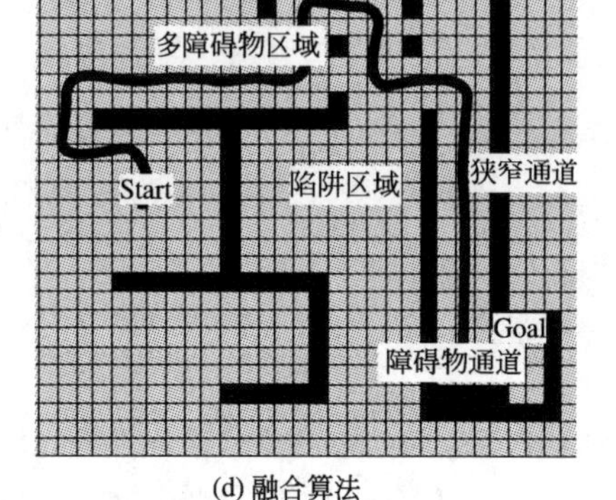

(d) 融合算法

图 5-5 全局路径规划仿真效果图

从图 5-5(a)、(b)、(c) 中可以看出，在人工势场法路径规划中，存在陷阱区域，机器人在多障碍物区域路径不可识别以及在狭窄通道中摆动问题。从图 5-5(d) 中可以看出，采用本研究提出的融合算法，机器人在整个运动的过程中，按照在全局路径规划出的子目标节点序列的引导下，能够有效地避开陷阱区域；在机器人穿越多障碍物区域的时候，在子目标节点的引导下，只需考虑能够影响机器人运动的障碍物，这样就避免发生机器人在多障碍物区域振荡的问题；当机器人在狭窄通道运动过程中，能够平稳地通过通道；机器人在到达障碍物附近的目标节点旁的时候，忽略了此时环境信息对它造成的影响，机器人就可以成功到达目标点。通过本仿真实验可以看出，本研究对人工势场法进行的改进能够很好地解决经典人工势场法存在的缺陷，并且克服了目标点在障碍物附近的不可达问题。同时，从仿真实验可以看出，机器人在运动过程中离障碍物始终有一定的距离，这样就能保证机器人在运动中的安全性，避免局部速度超调造成机器人与障碍物相撞。图 5-6 模拟了机器人在路径规划中遇到动态障碍物并且有效躲避障碍物的过程。

从图 5-6(a) 和 (b) 中可以看出，机器人按照当前规划好的路径向着目标点前进，当机器人进入图 5-6(c) 中所示子目标点所在栅格区域时，这时候机器人探测到动态障碍物，机器人能够利用算法有效地避开动态障碍物，图 5-6(d) 中显示机器人继续趋向目标节点运动。从上述仿真结果可以看出，由于采用了局部路径规划策略，机器人能够实时地躲避动态环境下的障碍物，满足路径规划性能全局最优，且对动态环境有极好的适应性，非常适合应用于复杂环境下的移动机器人路径规划。

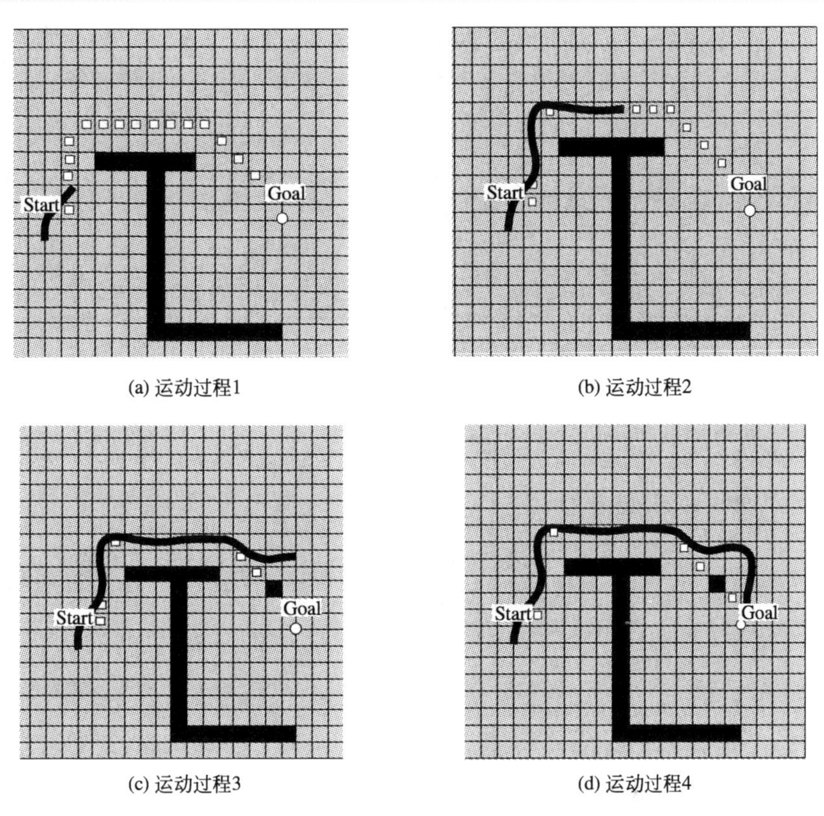

(a) 运动过程1 (b) 运动过程2

(c) 运动过程3 (d) 运动过程4

图 5-6 局部路径规划和避障仿真效果图

5.3 基于人工势场和蚁群算法的机器人路径规划

蚁群算法是由意大利学者 Dorigo 等在 20 世纪末提出的一种模拟蚂蚁群体行为的优化算法。该算法是一种结合了分布式计算、正反馈机制和贪婪式搜索的算法，具有很强的搜索较优解的能力。正反馈能够快速地发现较优解，分布式计算避免了早熟收敛，而贪婪式搜索有助于在搜索过程早期找出可接受的解决方案，缩短了搜索时间，而且具有很强的并行性。但蚁群算法一般需要较多的搜索时间，且容易出现停滞现象，不利于发现更好的解。人工势场法是一种较成熟的局部路径规划方法，结构简单，计算量小，可以快速地通过势场力使机器人向目标点驶去，但容易陷入局部极小点和在障碍物面前振荡。

为了更好地解决移动机器人的路径规划问题，此处提出一种将人工势场法的势场力与蚁群算法相结合的势场蚁群算法，通过加入势场力来避免蚁群算法初期蚂蚁个体的“盲目搜索”，又加入限制条件来抑制势场力对蚁群算法后期的影响。

5.3.1 蚁群算法

蚁群算法是一种仿生算法，它是利用模拟蚂蚁前往目标点所经路线留下的信息素的强弱来实现最优路径规划的一种方法。

设 m 表示蚂蚁数量；$d_{ij}(i,j=0,1,2,\cdots,n)$ 表示节点 i 和节点 j 之间的距离，n 为节点数；α 为信息素启发因子，表示轨迹的相对重要性；β 为期望启发因子，表示能见度的相对重要性；ρ 为信息素挥发因子，且 $0\leqslant\rho<1$；初始迭代次数 $N=0$，最大迭代次数为 $N_{\max}$。

蚁群算法路径规划的具体实现步骤如下。

步骤 1：在初始时刻，m 只蚂蚁会被随机地放置在栅格地图上，各路径上的初始信息素浓度是相同的。障碍物的格子用 0 表示，允许机器人进行移动的格子设为 1，并进行参数初始化。

步骤 2：如果令 $\tau_{ij}(t)$ 为 t 时刻 i，j 两个节点之间残留的信息素浓度；$\eta_{ij}(t)$ 为 t 时刻 i，j 两个节点之间的期望启发函数，定义为节点 i 和 j 之间距离 d_{ij} 的倒数；$\mathrm{Tabu}_k(k=1,2,\cdots,m)$ 为蚂蚁 k 已经走过的节点的集合；$\mathrm{allowed}_k=\{1,2,\cdots,n-\mathrm{Tabu}_k\}$ 表示不在 Tabu_k 中那些节点的集合，也就是允许蚂蚁下一步可以选择的节点的集合。则 t 时刻，蚂蚁 k 从节点 i 转移到节点 j 的状态转移概率为

$$P_{ij}^{k}(t)=\begin{cases}\dfrac{\tau_{ij}^{\alpha}\eta_{ij}^{\beta}}{\sum\limits_{s\in \mathrm{allowed}_k}\tau_{ij}^{\alpha}\eta_{ij}^{\beta}} & s\in \mathrm{allowed}_k\\ 0 & \text{otherwise}\end{cases} \tag{5-10}$$

通过上述状态转移公式，计算出蚂蚁下一步会转移到的格子，障碍物的格子是不能行走的。

步骤 3：蚂蚁走过的路径上会留下信息素，同时为了避免路径上因残留信息素过多而造成启发信息被淹没，信息素会随着时间的流逝而挥发，在 $t+\Delta t$ 时刻节点 i 和 j 上的信息素更新规则见式(5-11)，然后保存此次迭代中蚂蚁所走过的最短路径的长度，并开始下一次迭代。

$$\begin{cases}\tau_{ij}(t+\Delta t)=(1-\rho)\tau_{ij}(t)+\Delta\tau_{ij}(t)\\ \Delta\tau_{ij}(t)=\sum\limits_{k=1}^{m}\Delta\tau_{ij}^{k}(t)\end{cases} \tag{5-11}$$

如果令 Q 表示蚂蚁在本次循环中分泌的信息素总量，L_k 为蚂蚁 k 在本次循环中所走过路径的总长度，p_k(begin,end)为蚂蚁 k 在本次循环中从起点到终点所走过的路径，采用 Ant-Cycle 模型，则有

$$\Delta\tau_{ij}^{k}(t)=\begin{cases}\dfrac{Q}{L_k} & (i,j)\in p_k(\text{begin},\text{end})\\ 0 & \text{otherwise}\end{cases} \tag{5-12}$$

保存此次迭代中蚂蚁所走过的最短路径的长度，并开始下一次迭代。

在新的迭代中蚂蚁能够通过上一次蚂蚁所行走的最短路径时所留下的信息素来进行行走。包含有信息素的格子更大的概率被本次的蚂蚁状态转移所选中。所以每次迭代之后蚂蚁都会在最近的路径周围寻找更近的路径。

步骤 4：重复步骤 2 和 3，判断是否达到迭代次数最大值，如果达到，停止迭代，并将其中拥有最短距离的路径作为输出项。

5.3.2 改进的人工势场法

传统的人工势场法存在容易陷入局部极小点和在凹形障碍物前徘徊的问题，采用加入填平势场的方法对人工势场法进行改进，能够在一定程度上解决机器人在障碍物前徘徊和陷入局部极小点问题。该方法具体步骤如下：

① 确定机器人当前位姿与前 n 步位姿是否在一个较小的范围内重复变化，若在一个较小范围内基本不变，则认定为避障困难。

② 机器人进行回退，退到避障困难区域外。

③ 在避障困难区域，在公式(5-1) 中 U_{att} 引力场上再加上一个填平势场 U_{att1}，其表达式为：

$$U_{\text{att1}}=\begin{cases}K\dfrac{1}{\rho^2(R,R_{\text{local}})} & \rho(R,R_{\text{local}})\leqslant\rho_{\text{r}}\\ 0 & \rho(R,R_{\text{local}})>\rho_{\text{r}}\end{cases} \tag{5-13}$$

式中，$R_{\text{local}}=(x_{\text{local}},y_{\text{local}})$为局部极小点的位置；$\rho(R,R_{\text{local}})$为机器人当前位置与局部极小点的距离值；填平势场 U_{att1} 中的比例系数 $K\in R^{+}$，是一个正值常数；$\rho_{\text{r}}\in R^{+}$ 为填平势场 U_{att1} 对移动机器人所能造成影响的半径范围。

5.3.3 基于势场力引导的蚁群算法

将人工势场与蚁群两种算法相结合有多种方式，此处将改进后的人工势场法中的势场力与蚁群算法相结合，结合后的算法使蚂蚁在每个栅格准备前往下一个栅格之前，计算一次斥力 F_{rep} 与引力 F_{att} 所生成的合力 F_{total}，合力所指向的栅格获得较大的信息素权值，然后两侧其余栅格方向的信息素的权值依次递减，取值范围为 $\rho_{rx}\in(1,2)$。如果令 x 为蚂蚁四周八个栅格的排序，势场力指向方向 x 为 1，按顺时针方向依次排序，当 x 为 2 和 8，3 和 7，4 和 6 时，信息素的权值两两相同，如图 5-7 所示。这样既能保证合力所指向的方向被蚂蚁选择行走的概率最大，又保障了其余方向也有可能被选中。

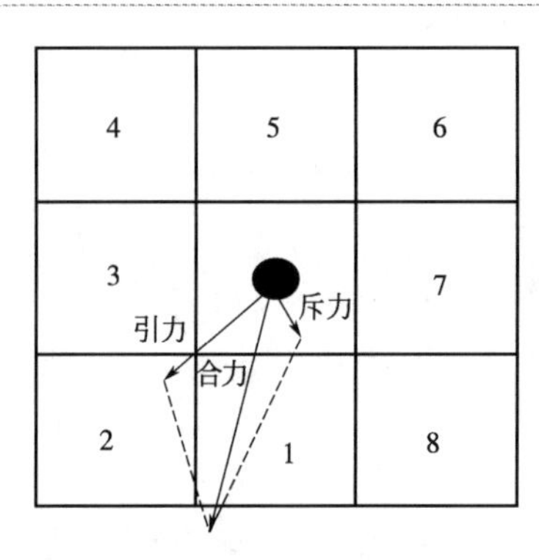

图 5-7 蚂蚁所受的势场力

因此在算法的初始阶段势场力对蚂蚁的影响足够大，为了限制后期势场力对蚁群算法的影响，加入限制条件：

$$\mu=\frac{N_{max}-N_n}{N_{max}} \tag{5-14}$$

$$\rho_{rx\mu}=\rho_{rx}\mu F_{total} \tag{5-15}$$

$$\rho_{rx\mu}=\begin{cases}\rho_{rx\mu} & \rho_{rx\mu}\geqslant 1\\ 1 & \rho_{rx\mu}<1\end{cases} \tag{5-16}$$

式中，N_{max} 为总迭代次数；N_n 为当前迭代次数。

当 $\rho_{rx\mu}<1$ 时，势场力不再对蚁群算法进行影响。这样就使势场力既弥补了蚁群算法前期的缺点又不对蚁群算法的后期影响过大。所以改进后的算法蚂蚁转移的概率公式为：

$$P_{ij}^{k}(t)=\begin{cases}\dfrac{\tau_{ij}^{\alpha}(t)\eta_{ij}^{\beta}(t)\rho_{rx\mu}}{\sum\limits_{s\in \text{allowed}_k}\tau_{ij}^{\alpha}(t)\eta_{ij}^{\beta}(t)} & ,s\in \text{allowed}_k\\ 0 & ,\text{otherwise}\end{cases} \tag{5-17}$$

算法具体实现步骤如下。

步骤 1：参数初始化。

步骤 2：给蚁群算法加入势场力，使每只蚂蚁在选择移动方向时计算势场力，计算蚂蚁在该路径中每个节点处受到的引力和斥力，并得出合力所指向的方向。

步骤 3：通过公式（5-17）计算转移概率，可以实现蚂蚁在其能够行走的格子间进行转移。

步骤 4：判断正在行走的蚂蚁当前位置与前 n 步位置的距离是否在一定的阈值范围内，若是则回退重新进行计算并加入禁忌表，不是则继续前进。

步骤 5：判断当前行走的蚂蚁是否已到达终点，若没有到达终点，则继续按照步骤 3 进行计算并规划前行的方向；否则，对其行走时所留存的信息素进行更新。

步骤 6：查询是否该蚁群内的全部蚂蚁都行走完毕，若还有剩余蚂蚁没有完成路径搜索，则转到步骤 4 继续进行搜索。当全部蚂蚁完成搜索工作时，进行下一步骤。

步骤 7：判断是否满足终止条件，如果没有完成则转到步骤 3 继续求解，若已经达到最大迭代次数，则保存并输出最优路径。

5.3.4 仿真研究

将传统的蚁群算法和由势场力引导的蚁群算法进行对比分析。如图 5-8 所示，其中蚂蚁数量 $m=20$，信息素启发因子 $\alpha=1$，期望启发因子 $\beta=7$，信息素挥发因子 $\rho=0.3$，最大迭代次数 $N=100$。

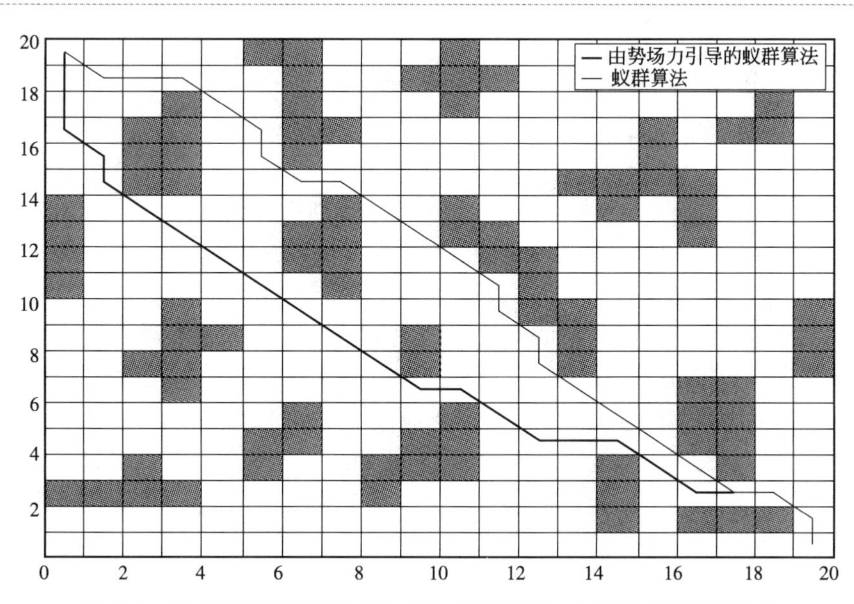

图 5-8 传统蚁群算法和势场力引导的蚁群算法分别形成的最优路径

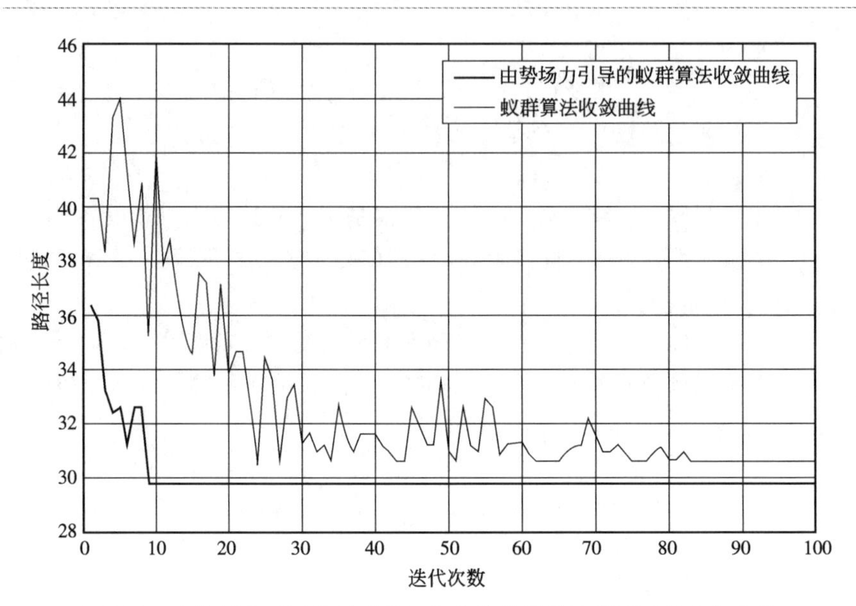

图 5-9 由势场力引导的蚁群算法和传统蚁群算法所形成的收敛曲线

由图 5-9 所得到的收敛曲线可得出表 5-1 的数据。结果表明，由势场力引导的蚁群算法在同等参数下比传统蚁群算法收敛速度更快，路径长度更短。

表 5-1 不同方法的数据对比

算法名称	平均路径长度	最优路径长度	平均迭代次数
传统蚁群算法	31.213	30.627	83
由势场力引导的蚁群算法	30.624	29.796	9

将人工势场法与蚁群算法相结合，由于信息素权值只在开始时对蚂蚁的影响较大，通过人工势场法的势场力引导蚁群算法的初始解，从而降低了蚁群初始时的随机性和盲目性，加快了蚁群算法的收敛速度；随着迭代次数的增加不断降低势场力对蚂蚁的影响力，后期势场力对蚂蚁的影响趋于零，以便更好地发挥蚁群的寻优能力，又通过回退机制在一定程度上降低了陷入局部最优的可能。与传统蚁群算法进行仿真对比表明，本文所提出的算法既加快了蚁群的收敛速度，又充分发挥了蚁群的全局寻优能力。

第6章

废墟搜救机器人

6.1 废墟搜救机器人概述

6.1.1 废墟搜救机器人研究意义

近年来，在世界范围内地震灾害频发，严重威胁人类安全，使受灾地区蒙受巨大的经济损失。2011 年日本东北部发生地震并引发海啸，导致福岛核电站发生严重等级为 7 级（最高等级）的核泄漏事故，在其后的核反应堆修复工作中，3 名作业人员受到严重的核辐射。根据人体的生理极限以及地震废墟内恶劣的生存环境，灾难发生后的 72h 内是救援的黄金时间。灾难发生后超过 72h，幸存者的生命将受到极大的生理挑战，生存的希望非常渺茫。

在地震灾难救援过程中，搜寻废墟内幸存者的工作主要通过以下几种方法：一种是救援人员在废墟外向废墟内发出问询声音，通过监听废墟内返回的声音判断废墟内是否有幸存者。这种方法要求幸存者具有清醒的意识，在灾难发生初期，幸存者伤势较轻的情况下可以使用。另一种方法是救援人员携带专业的生命探测设备，进入废墟内进行幸存者搜寻工作。这种方法具有较大的作业范围，也可以搜寻伤势较重甚至意识昏迷的幸存者，但是地震后的余震以及恶劣的废墟环境会对进入废墟内的救援人员的生命安全构成巨大的威胁，历次重大地震搜救工作中都出现过搜救工作者牺牲的悲剧。随着机器人技术的发展，将移动机器人应用在地震废墟搜救中，不但免去了救援人员冒着生命危险进入废墟内搜救幸存者的危险，搜救机器人携带专业的生命探测仪进入废墟内进行幸存者搜救活动，还可以扩大搜救范围、提高搜救效率。

由于全球城镇化浪潮的影响，城市人口数量逐年增加，而地震等自然灾难导致更多的城市人口受灾受困，针对楼宇废墟环境展开的搜救工作需求日益增强。受灾难影响，灾难发生后，楼宇废墟环境成为典型的非结构化环境。滑落的砖瓦砾石导致地面成为非平坦的环境；倒塌、滑落的楼宇结构加剧了楼宇废墟内的非结构化程度，同时也会严重阻碍电磁信号的传播；保存下来的楼梯也严重限制了搜救机器人的作业范围。目前，废墟搜救机器人的运动控制主要采用遥操作控制和自主运动控制两种控制方式。采用遥操作控制的搜救机器人，进入废墟以后，机器人与废墟外的控制人员通过无线通信信号进行信息通信，通过废墟内的搜救机器人与废墟外的控制站系统之间的信息交换，控制站获得废墟内部信息以及机器人的硬件与软件运行情况数据，搜救机器人获得控制站的控制指令。由于无线通信信号本质上是电磁信号，电磁信号在穿透楼宇废墟内的障碍物进行传播过程中，会严重衰减，极大地减小了机器人的搜救作业范围。工作人员在控制机器人攀爬楼梯、在不同楼层进行幸存者搜寻时，只能通过机器人传回的废墟内部的视频信号和距离传感器检测到的距离数据对机器人进行操作。由于楼梯环境的复杂性，加重了搜救机器人操作人员的操作压力，同时也延长了机器人攀爬楼梯的时间，机器人攀爬楼梯的效率降低直接导致搜救效率降低，而在时间极其宝贵的废墟搜救工作中，搜救工作的效率极其重要。并且，随着各类传感器在搜救机器人中的广泛应用，在颠簸环境下，传感器的量测值存在量测误差，会导致机器人控制的决策误差。而通信中断，会造成机器人在废墟内失联、失控。

针对废墟搜救机器人的硬件系统研究、控制系统研究、控制站系统以及废墟搜救机器人的自主运动研究，一方面对废墟搜救机器人进行全面了解，同时相关方面的深入研究成果的成功应用，将扩展机器人的稳定性与工作效率，进一步提升灾难废墟搜救工作的工作效率和救援效果。

6.1.2 废墟搜救机器人研究趋势

搜救机器人研究虽然起步较晚，但机器人的研究已经深入多年，具有丰富的可借鉴研究成果。根据搜救机器人工作环境的特殊性及工作内容的特殊性，搜救机器人的研究更加侧重于环境适应能力的提升。根据移动机器人的发展趋势以及搜救工作的特殊需求，搜救机器人的发展趋势可归结为以下几个方面。

(1) 稳定可靠的废墟内通信方式研究

目前，搜救机器人与操作人员之间的通信方式分为电缆通信和无线通信两种方式。电缆通信稳定可靠，但在废墟环境下严重阻碍机器人的搜救作业范围；无线通信方便灵活，但废墟内的障碍物会导致通信信号的严重衰减，同时，各种电磁干扰也严重影响无线通信的稳定性与可靠性。稳定可靠的废墟内通信方式是亟待解决的问题之一。

(2) 废墟环境下的自主运动控制方法研究

由于废墟环境下的恶劣条件，结构化、平整地面的移动机器人自主运动控制方法难以满足废墟环境下机器人自主运动的需求，而废墟环境下搜救机器人的自主运动不但能够有效提高搜救工作的效率，还可有效扩展机器人的搜救工作范围。针对废墟环境的机器人自主运动控制方法研究势在必行。

（3）多机器人搜救队研究

不同结构的搜救机器人具有不同的运动能力，不同功能的搜救机器人能够执行不同的救援任务，废墟环境的复杂性和救援任务的多样性需要不同类型的搜救机器人参与救援工作，各机器人相互协调，快速完成搜救任务。

6.2 废墟搜救机器人硬件系统

6.2.1 废墟搜救机器人硬件构成

废墟搜救机器人的硬件系统包含机器人本体硬件、运动执行机构硬件、传感系统硬件以及各种生命探测设备的硬件系统。

废墟搜救机器人的本体硬件机构，虽然其运动方式分为轮式、履带式等不同的运动方式，但结构相似；机器人的运动执行机构包含电动式、气动式等方式；而传感系统包含距离传感设备、声音传感设备、图像传感设备等多种传感设备；机器人所搭载的各类生命探测设备由于其工作的基本原理不同，硬件构成也千差万别。

此处，以一种典型的废墟搜救机器人——可变形搜救机器人系统，说明废墟搜救机器人的典型系统构成，以及机器人的运动学模型。

6.2.2 可变形搜救机器人硬件系统

以中国科学院沈阳自动化研究所机器人学国家重点实验室自主研制的可变形废墟搜救机器人为例，对废墟搜救机器人的硬件系统以及控制系统进行研究与说明。可变形废墟搜救机器人是一种面向地震等灾难的救援机器人，作为灾难应急搜救机器人，可变形废墟搜救机器人可搭载摄像头、拾音器等设备获取废墟内部的环境信息，同时可搭载专业的生命探测仪，对废墟内的幸存者生命迹象进行探测。可变形废墟搜救机器人是人类腿足、眼和耳等器官的延伸，在废墟搜救过程中发挥巨大的作用。

(1) 可变形废墟搜救机器人系统硬件组成与特点

可变形搜救机器人是一种构形可改变的高机动型移动机器人，通过改变自身构形适应不同条件的作业环境。可变形搜救机器人采用模块化结构，不但有利于在紧张的废墟搜救现场进行维护，还有利于进行批量生产。如图6-1为可变形搜救机器人整体结构图。

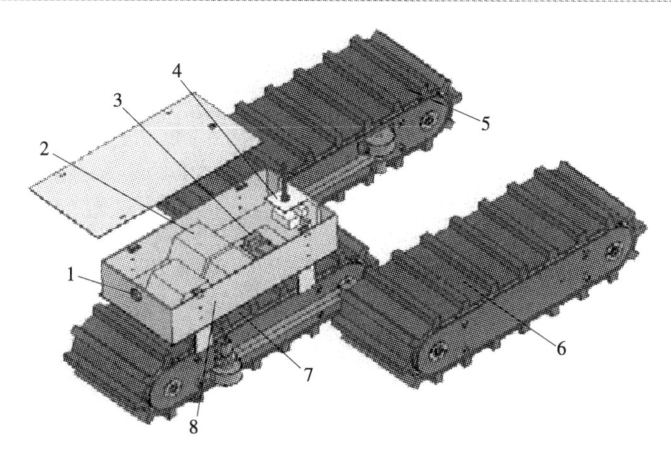

图6-1 可变形搜救机器人整体结构图

1—摄像头；2—电源；3—主控单元；4—无线通信模块；5—模块C；
6—模块A；7—模块B；8—云台

机器人的运动主体由三个独立的模块组成，分别为模块A、模块B和模块C。其中，模块A包含履带驱动装置和俯仰驱动装置，具有2个自由度；模块B包含履带驱动装置、俯仰驱动装置和模块偏转装置，具有3个自由度；模块C包含履带驱动装置和模块偏转装置，具有2个自由度。模块A与模块B之间、模块B与模块C之间采用可拆卸的连杆进行连接。机器人的电源、主控单元、无线通信模块和摄像头等分布在机器人模块B上方的云台中。

可变形搜救机器人的各项参数如表6-1所示，其中，d构形、T构形和L构形为可变形搜救机器人典型的三种构形。

表6-1 可变形搜救机器人各项参数

参数	数值
每个模块接地长度/mm	276
单模块宽度/mm	110
模块间连杆长度/mm	193

续表

参数	数值
d 构形宽度/mm	380
T 构形宽度/mm	540
L 构形宽度/mm	280
单模块高度/mm	150
最大高度/mm	240
单模块质量/kg	3
整体质量/kg	20
电机额定功率/W	10
电机额定电压/V	24
电机最大力矩/N·m	10
履带驱动最大速度/(m/s)	1.3
履带驱动最大加速度/(m/s^2)	1

可变形搜救机器人具有如下特点。

① 模块化结构设计：便于装配和进行维护，易于进行构形重组；

② 履带式驱动：能够适应非平坦、障碍物复杂的废墟环境，具有高机动性；

③ 构形可重组：3 个模块之间采用连杆进行连接，通过改变模块间的拓扑结构可构成多种构形；

④ 模块内部中空：采用外部封装、内部中空的设计理念，内部为电气布线、外部表现为履带驱动，具有很好的防护能力；

⑤ 运动与搭载：高机动性保证了机器人良好的运动能力，可搭载各类传感设备与搜救设备，既有利于扩展机器人性能，又可扩展作业能力。

(2) 可变形废墟搜救机器人运动机理

可变形搜救机器人的运动主要可分为直线运动、转向运动、俯仰运动和构形变换，各种复杂运动均由机器人各模块之间的运动组合叠加构成。

① 机器人的直线运动　由三个模块的履带驱动装置驱动模块进行的直线运动组合叠加构成，图 6-2(a) 所示为机器人单模块由履带驱动装置驱动进行直线运动过程中，履带装置上点的受力分析图。其中，驱动电机 J_i 顺时针运动，驱动履带运动。履带上一点 P_i 受力分别为驱动电机的压力 N_1、地面的弹力 N_2、机器人其他部分施加的压力 N_3、履带其他部分对该点的作用力 F_1 以及地面的摩擦力 f。在垂直方向上，$N_2=$

N_3；在水平方向上，当机器人与地面不发生侧滑时，$f=F_1+N_1$。在履带驱动装置的驱动下，机器人的单个模块进行直线运动。如图 6-2(b) 所示，V_A、V_B 和 V_C 分别为模块 A、模块 B 和模块 C 的直线运动速度，当 $V_A=V_B=V_C$ 时，机器人进行直线运动。

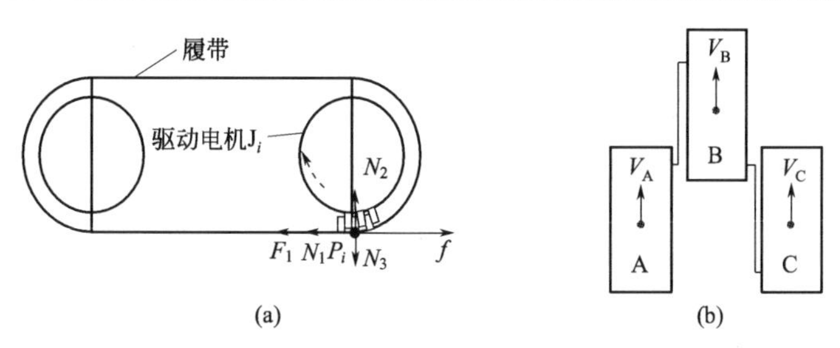

图 6-2 直线运动示意图

② 机器人的转向运动 可变形搜救机器人的转向运动采用差速法，通过不同模块之间的协同运动完成。如图 6-3(a) 所示，为机器人转向运动时机器人各模块的运动速度示意图。机器人在进行转向运动时，机器人的模块 B 运动速度 $V_B=0$，模块 A 和模块 C 的直线运动速度方向相反、大小相同，$|V_A|=|V_C|$。由于三个模块之间采用刚体进行连接，当模块 A 和模块 C 运动速度不同时，机器人不会发生形变，机器人与地面之间发生滑动摩擦。图 6-3(b) 为机器人转向运动时各模块的受力分析示意图，其中，f_A、f_B 和 f_C 分别为机器人的三个模块与地面之间的滑动摩擦力，r_A、r_B 和 r_C 分别为机器人的中心 O 到 f_A、f_B 和 f_C 所在直线间的距离。由于机器人与地面发生滑动摩擦，机器人在各模块滑动摩擦力的力矩 $M=r_Af_A-r_Bf_B+r_Cf_C$ 作用下产生转向运动。

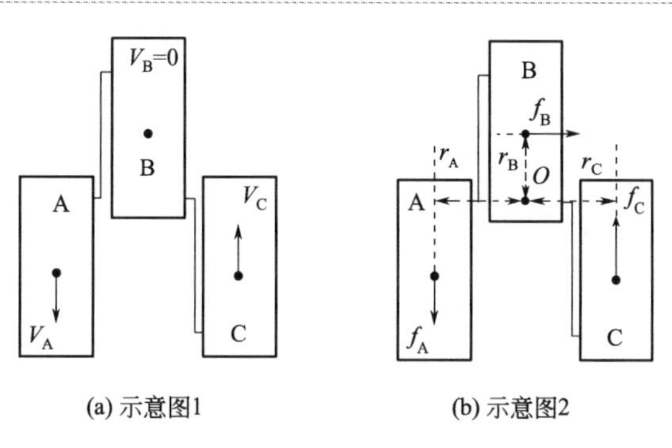

图 6-3 转向运动示意图

③ 机器人的变形机理　可变形机器人的模块 A 和模块 C 具有 2 个自由度，模块 B 具有 3 个自由度，通过机器人的俯仰装置和偏转装置可以改变三个模块之间的相对位置，进而改变机器人的构形。如图 6-4(a) 所示，J_2 和 J_4 分别为可变形机器人模块 A 和模块 B 的俯仰装置，驱动俯仰装置可分别使机器人的模块 A 和模块 B 在垂直方向进行俯仰运动；J_5 和 J_7 分别为可变形机器人模块 B 和模块 C 的偏转装置，驱动偏转装置可分别使机器人的模块 B 和模块 C 在水平方向进行偏转运动。如图 6-4(b) 所示，通过驱动机器人的俯仰装置和偏转装置，可变形机器人具有 9 种不同的构形，分别是 g 构形、d 构形、q 构形、L 构形、T 构形、R 构形、j 构形、p 构形和 h 构形，图中的箭头标示了不同构形之间的变换路径。

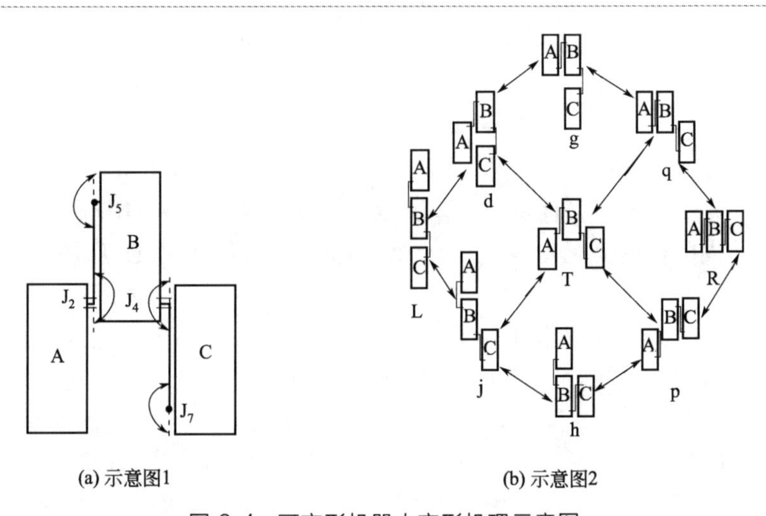

(a) 示意图1　(b) 示意图2

图 6-4　可变形机器人变形机理示意图

由于每种构形下，机器人与地面的接触情况不同，机器人在运动过程中各模块之间的相互作用力也不相同，因此，机器人在不同的构形下具有不同的运动性能和稳定性能。T 构形兼顾良好的转向性能、越障性能和防倾翻稳定性，T 构形为机器人执行废墟搜救任务时进行漫游、越障和攀爬楼梯中应用最为广泛的构形；d 构形具有比 T 构形更加优良的通过性能，同时兼顾转向性能和越障性能，但其防倾翻稳定性弱于 T 构形，该构形通常用于穿越狭小的废墟空间；L 构形具有最佳的通过性能，但该构形下机器人的转向性能和防倾翻稳定性不佳，该构形主要应用于相对平缓环境下穿越狭小空间；R 构形具有最佳的转向性能，但该构形下机器人的防倾翻稳定性不佳，该构形多用于坡度较小的废墟环境中。T

构形为最佳综合性能运动构形，因此，机器人的初始化构形为 T 构形，在执行废墟搜救任务时使用最为广泛的也是 T 构形。

6.2.3 可变形搜救机器人运动学模型

机器人的运动学模型是进行机器人运动分析和制定机器人运动控制策略的基础。由于可变形搜救机器人在废墟内进行漫游、越障和攀爬楼梯等动作的执行多基于 T 构形，T 构形也是可变形机器人的最佳综合性能构形，此处介绍的可变形机器人的运动学模型是机器人在 T 构形下的运动学模型。

可变形机器人为履带式机器人，机器人在平面上进行直线运动时，三个模块的履带驱动装置驱动速度相同，即 $\omega_A=\omega_B=\omega_C$，机器人的运动速度为：

$$V=\omega_B r_m \tag{6-1}$$

式中，ω_A，ω_B，ω_C 分别为可变形机器人模块 A、B、C 履带驱动装置角速度，rad/s；r_m 为机器人履带驱动装置到履带表面的距离，m。

图 6-5(a) 所示为机器人在“抬头”姿态下进行直线运动的侧视图。可变形机器人在进行转向运动时，根据上文的分析，可变形机器人采用差速法进行转向，即模块 A 和模块 C 运动速度方向相反、大小相同。图 6-5(b) 所示为可变形机器人转向运动俯视图。其中，V_A 和 V_C 分别为可变形机器人模块 A 和模块 C 的单模块直线运动的运动速度，并有 $V_A=\omega_A r_m$，$V_B=\omega_B r_m$。可变形机器人通过模块 A 和模块 C 的协同运动实现转向运动，机器人的转向角速度为：

$$\omega_\theta=\frac{V'_C}{r_\theta} \tag{6-2}$$

机器人的转向角度为：

$$\theta=\omega_\theta t \tag{6-3}$$

式中，V'_C 为可变形机器人模块 C 的重心的实际运动速度，m/s，由于可变形机器人的模块 A 和模块 C 在转向运动过程中与地面发生滑动摩擦，因此 $V'_C\neq V_C$；t 为可变形机器人转向运动的运动时间。

可变形机器人采用机器人云台的倾斜角度描述可变形机器人的倾斜角度，采用垂直于机器人云台的方向向量 $\vec{n}$ 描述可变形机器人的倾斜程度。当机器人不发生倾斜时：

$$\vec{n}=\vec{n}_0=\begin{bmatrix}0\\0\\1\end{bmatrix} \tag{6-4}$$

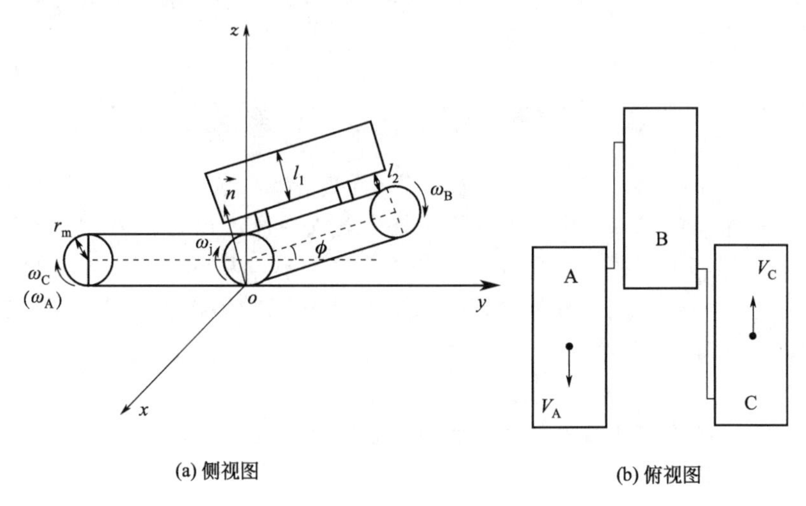

(a) 侧视图　(b) 俯视图

图 6-5　可变形机器人示意图

当可变形机器人左右方向倾斜 θ_y 时，等价于可变形机器人横滚 θ_y，机器人的倾斜方向向量为：

$$\vec{n}=\boldsymbol{R}(y,\theta_y)\vec{n}_0=\begin{bmatrix}\cos\theta_y & 0 & \sin\theta_y\\ 0 & 1 & 0\\ -\sin\theta_y & 0 & \cos(\theta_y)\end{bmatrix}\begin{bmatrix}0\\0\\1\end{bmatrix}=\begin{bmatrix}\sin\theta_y\\0\\\cos\theta_y\end{bmatrix} \tag{6-5}$$

当可变形机器人左右方向倾斜 θ_x 时，等价于可变形机器人俯仰 θ_x，机器人的倾斜方向向量为：

$$\vec{n}=\boldsymbol{R}(x,\theta_x)\vec{n}_0=\begin{bmatrix}\cos\theta_x & 0 & \sin\theta_x\\ 0 & 1 & 0\\ -\sin\theta_x & 0 & \cos\theta_x\end{bmatrix}\begin{bmatrix}0\\0\\1\end{bmatrix}=\begin{bmatrix}\sin\theta_x\\0\\\cos\theta_x\end{bmatrix} \tag{6-6}$$

可变形机器人在翻越障碍物和攀爬楼梯时，机器人各模块履带驱动装置驱动电机和俯仰装置驱动电机的角速度需要进行协调控制，以调整机器人姿态。可变形机器人各模块驱动电机的角速度呈现一定的比例关系时，机器人才能通过一系列运动动作调整机器人的位置和姿态。可变形机器人各模块驱动装置的驱动电机和俯仰装置的驱动电机角速度比例关系如下：

$$S_A=\frac{\omega_A}{\omega_B} \tag{6-7}$$

$$S_C=\frac{\omega_C}{\omega_B} \tag{6-8}$$

$$S_j = \frac{\omega_j}{\omega_B} \tag{6-9}$$

式中，ω_A，ω_B，ω_C 分别为可变形机器人模块 A、B、C 履带驱动装置角速度，rad/s；ω_j 为可变形机器人模块 A 和模块 B 俯仰装置的驱动电机角速度，rad/s；S_A，S_C 和 S_j 分别为不同电机角速度的比值。

6.3 废墟搜救机器人控制系统

废墟搜救机器人兼具硬件复杂度高和控制复杂度高的特点，同时，需要应对非结构化的外部环境，因此，废墟搜救机器人的控制系统与传统的机器人系统相比，其可靠性和稳定性等方面具有较高的要求。

6.3.1 废墟搜救机器人控制系统的要求

为了实现对机器人的灵活操控，并进一步实现机器人的自主运动，机器人的变形能力和多样的运动姿态增加了控制系统设计的难度。该型机器人的控制系统需要满足以下几方面的要求。

(1) 实时性

该型机器人面向复杂地形的作业环境，因此首先要实现对该机器人的灵活操控，控制系统的实时性是基本要求。然而控制系统要同时完成许多工作，比如要对每个关节的运动做规划；对每路传感器反馈信号进行滤波、识别等处理；将自身运行状态及一些必要信息反馈给操作者；对自身出现的故障进行及时处理等。为了使关节的运动平滑，并及时响应，至少使操作者感觉不到卡顿，操作系统对关节电机的控制周期要小于 200ms，机器人有五个运动关节需要同时控制。对传感器信号的采集，若不计成本只考虑对信息的应用，则采集频率越高越好，通过对大量数据处理得到的最终信息，其可信度更高。同时通信也需要时间。可见，实时性这一要求对于该型机器人是必要的，也是难点所在。

(2) 操作完整性

该型机器人具有两栖多种运动步态，并且能够变形，具备很强的环境适应能力。操作者应该能对机器人任何构形、任何步态进行控制，尽可能多地发挥出该机器人机械结构设计的优势。控制系统搭建操作者与机器人之间的桥梁，应当提供操作者随意操纵机器人的能力，同时，对可能损坏机器人的动作加以保护，避免操作者误操作。

（3）容错性

控制系统应当随时掌控机器人的运动状态、各电子器件的运行状态，并能够自动采取保护措施。比如在上电初期，控制系统应当对各电子器件进行自检。在机器人运动过程中也要定时进行检测，发现故障或是可能的对机器人的损害，应能够自动停止运动或是回复到稳定姿态。

（4）可扩展性

机器人面对的任务是多样的，根据任务需要有时需要添加传感器、增加控制策略等。机器人的控制系统应当便于扩展，而不需要改变整体系统框架，改变或删除已经实现的功能。

（5）可监测机器人运行状态

对机器人的运行状态需要实时监测，并将数据保存便于后处理、调试与维修。

6.3.2 层次化分布式模块化控制系统结构设计

为满足前文所述要求，基于层次化体系以及分步式控制设计了模块化控制系统结构，如图 6-6 所示。控制系统分为三层，分别为监控层、规划层和执行层。监控层实现人机交互，规划层进行控制策略规划，执行层实现运动控制和传感器信号采集及预处理。各层由一个或多个功能模块组成，各模块具备独立的控制器，通过多主总线通信连接，构成分布式控制系统。

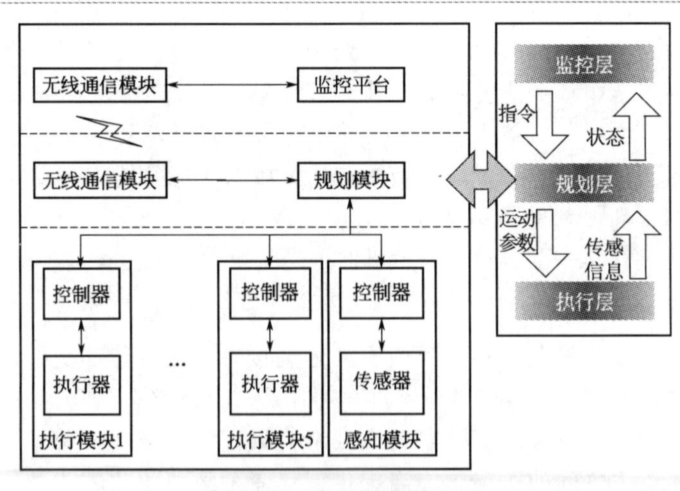

图 6-6 控制系统结构框图

监控层实现人机交互，一方面具备友好的操作界面，方便操作者操纵机器人，另一方面将机器人状态信息反馈给操作者。监控层由监控平台与无线通信模块组成。监控平台发送操作指令，显示并存储机器人状态信息；无线通信模块实现监控层与规划层之间的通信。

规划层进行控制策略规划。规划层衔接监控层与执行层，处于整个控制系统的中心位置，发挥着调度中心的作用。该层根据操作者命令、机器人状态信息、环境信息以及具体任务对机器人的运动进行全局规划。该层由规划模块和无线通信模块组成。

执行层实现运动控制和传感器信号采集及预处理。执行层由多个执行模块和多个感知模块组成，具备数量最多的功能模块。执行模块用于控制单个关节电机的运动，将控制周期缩短至百毫秒以内；感知模块用于采集传感器的信息，并进行软件滤波、识别等预处理。

6.4 废墟搜救机器人控制站系统

搜救机器人系统是典型的“人-机-环境”系统，不但包括机器人本体机构，还包括传感、通信和控制站等本体支撑系统。在搜寻与救援作业中，机器人和操作者通常处于人机分离的遥操作状态，操作者只能通过控制站获取机器人所处的环境和本体状态，规划和控制其执行救援任务。因此，控制站是机器人系统的核心控制机构之一，是实现人机交互的唯一平台。

6.4.1 废墟搜救机器人控制站系统特点

为了能够在废墟环境中安全有效地执行搜寻救援工作，本节根据可变形机器人的功能特性，结合搜寻与救援应用背景，针对控制站系统设计需求进行分析。

（1）控制站系统作为人机实现交互的唯一平台，必须具备监控的基础功能

① 能够实时显示机器人状态、所处环境和位置、控制指令执行状态等信息。其中，机器人状态可以通过数据和仪表盘等方式表示，所处环境和位置通过视频和音频方式反馈，控制指令执行状态采用文字描述的方式。

② 能够实时控制机器人改变运动状态，主要包括速度、方向和各项

参数设置等。其中，控制指令输入可以通过软按键、按钮和摇杆等方式实现，各项参数的设置通过手动修改方式实现。

(2) 考虑到面向搜寻救援作业的特殊应用背景，设计还应该满足以下需求

① 搜救机器人存活能力主要取决于系统整体的环境适应能力。受灾环境存在二次倒塌等潜在危险，控制站所处环境也可能发生变化。系统应尽可能实现复合功能，减小重量、体积和功耗。在适应环境的同时，尽可能应对突发的外界干扰。

② 受灾环境的高危险性严重威胁机器人自身安全，高复杂性的救援作业极易造成操作者身体和认知疲劳，机器人有时会突发意外状况。控制站应尽可能为通信延迟、机构故障、非结构动态环境和误操作等安全隐患提供解决途径。

③ 搜救机器人基本思想是通过控制站实现人和环境交互，将人类的感知和行为能力映射延伸到远端危险环境。控制站设计应考虑到物理屏障、信号衰减等干扰因素，可以融合视觉与非视觉信息采用多种效应通道。除本体观测角度外，尽可能提供多视角观测机器人在局部环境内的位置信息。

④ 搜救机器人的移动需求和相对固定的控制站作业位置使系统处于人机分离的遥操作状态。该状态严重增加了救援复杂程度。控制站应具有局部自主能力，缓解操作人员工作强度。救援作业对控制站的监控精度、交互品质、便携性与舒适度均具有较高要求，设计应尽可能友好、人性化。

⑤ 实际应用中，大多采用地面救援机器人、空中无人直升机、地面救援工作人员、医护人员和地面救护车辆共同组成一个多智能体的立体化网络系统。控制站系统应能够充分发挥各平台特点及优势，辅助交互信息在系统整体范围内流动与共享，为各级救援单位的判断与决策提供实时准确的信息与行动支持。

(3) 控制站设计过程中还应该考虑到以下具体功能需求

① 可变形机器人具有较强环境适应能力和高机动性能，多种运动构形和运动步态使其具有不同环境空间适应能力。考虑到不同复杂程度的控制任务，控制站应提供多层次可选择的控制模式，满足可变形机器人繁多的控制指令需求。

② 可变形机器人具有一定的自主能力，当操作者不能及时对机器人所处环境进行准确判断时，控制站系统应提供机器人自主转向、越障和

急停功能的调用接口，实现操控与监督结合的协同工作模式。

③ 机器人控制站系统应从信息层面上将机器人与操作者连接在闭环回路里，通过环境感知、辅助操作、信息反馈等交互方式操控机器人在废墟等环境完成搜救任务，实现人类感知与行动能力的延伸。

根据上述分析的搜救机器人功能需求，基于人机交互技术的控制站系统应遵循以下原则。

① 环境适应性　搜救现场通常是随机灾害造成的非结构复杂环境，操作者所处环境也可能随需求不同发生变化，同时任务部署也将根据具体受灾状况而变化。因此，控制站系统应具有应对外界不稳定和不确定因素的抗干扰能力，具有广泛的环境适应性。

② 安全稳定性　安全稳定是系统整体功能实现的基本前提保障，应同时考虑周围人和环境的安全以及机器人自身的安全。搜救现场环境复杂危险，操作者视野严重受限，导致感知推断力下降，机器人有时会突发翻倒或卡住等意外事件。控制站应在传感器数据发生突变等情况下及时报警并进行紧急处理，避免事故恶化，保障任务顺利执行。

③ 智能专业性　控制站系统应该具有将人的灵活适应性与机器人的准确快速性相结合的能力。当机器人难以准确预测碰撞和实时选择策略时，需要操作者辅助机器人从烦琐的冗余数据中快速提取有用信息，并进行合理推断。同时，操作者需要机器人通过快速的精确计算和信息合成等优势提供决策依据。在操作者难以及时作出准确判断和决策时，控制站应具有辅助控制规划能力，解决非结构环境障碍的随机性为机器人运动规划带来的困难，降低信息处理和推断的时间消耗。

④ 多通道信息融合　救援现场环境具有复杂性和危险性，单一的反馈信息难以满足实际搜救需求。例如，单纯视频图像信息存在视野限制且容易受到灰尘烟雾等影响，而单纯的声音信息难以辨别来源方位又容易受到现场噪声干扰。因此，基于多资源理论，互补融合并行的多通道信息资源，可增强交互信息准确度，提高系统容错性及鲁棒性。

⑤ 友好人性化　控制站应尽可能降低对操作者的技术训练要求，能够让操作者相对直观、有效地辅助机器人执行任务。搜救机器人作业缺乏临场感和交互性，控制站应提供立体临场环境和多效应通道体验，符合视觉直观的活动领域、非精确决策和隐含性交互等人类日常生活习惯。

6.4.2 废墟搜救机器人控制站系统结构

随着技术水平的不断发展，机器人控制体系结构研究已经逐渐从单一的硬件、独立专业的控制器和单独控制逐渐过渡到了软硬件融合、通用开放式和多级协调控制。

机器人控制站系统体系结构研究目标是设计具有开放式、模块化的通用机器人控制站结构。硬件方面，采用开放型的通用计算机平台，利用其成熟的软硬件资源作为主控制器功能扩展的技术支持；软件方面，采用标准操作系统，结合可移植性强的语言编写应用程序。

功能模块的划分、各模块间的信息交互模式以及功能模块的实现是机器人控制系统体系结构的研究重点。通常有基于硬件层次和功能划分的两种基本结构，其中，基于硬件层次的划分类型相对容易，但具有对硬件依赖性较强的缺陷。基于功能划分的体系结构从功能角度将软硬件系统作为整体进行分析和考虑，该类型的划分更符合体系结构的研究初衷。

按照体系结构建立的各部件间连接方式的不同，可以分成慎思式、基于行为式和混合式三种体系结构类型。

① 慎思式体系结构　是指机器人根据已知的逻辑知识或搜索方法来推理生成预期目标的动作指令。通过逻辑语言和产生规则完成资源、任务和行动目标的知识表示。具有较强推理能力，知识表示明确，主要面向结构化环境的应用。

② 基于行为的体系结构　是指将系统分解成具有各自控制机制的基础行为，并能够通过相应仲裁机制组合形成智能动作适应和响应外部环境的变化。一定程度上减轻甚至避免了设计和建立环境模型的工作。

③ 混合式体系结构　是指结合慎思式和基于行为的体系结构集成机制，采用主执行器作为顺序器，通过规划层获取行动，决策和执行任务。通常包括顺序器、资源管理器、制图器、任务规划器和性能监督求解器五个基本组成部分。

机器人体系结构的设计与建立主要包括计算的分布性、通信的独立性、系统的灵活性、可扩展性及远程监督和控制几方面可以借鉴的设计要点。

根据所分析的机器人控制需求和搜救作业需求，基于所提出的环境适应性、安全稳定性、智能专业性、多通道信息融合和友好人性化的五项设计原则，结合搜救机器人的任务特点与工作环境，采用融合慎思式和基于行为的混合式体系结构建立控制站系统体系结构，如图 6-7 所示。下面分为层次划分、控制回路、功能模块和数据流动四个方面进行分析和说明。

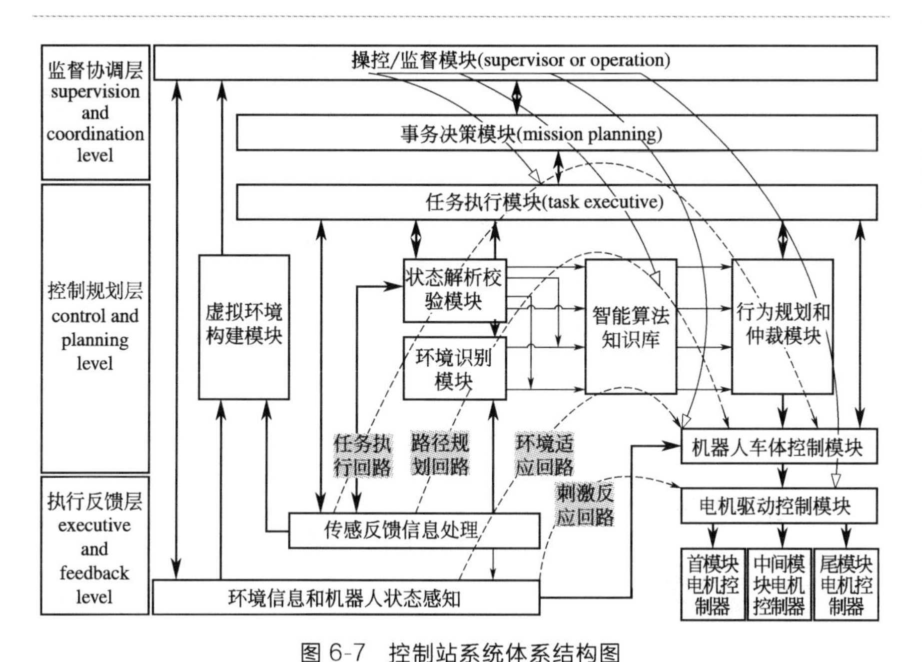

图 6-7 控制站系统体系结构图

（1）体系结构的层次划分

该体系结构由监督协调层（supervision and coordination level）、控制规划层（control and planning level）以及执行反馈层（executive and feedback level）组成。能够满足废墟搜救机器人环境适应性需求，以层次化的设计方式归类可变形机器人繁多功能需求，提高了系统通用性和可靠性。

① 执行反馈层　是机器人系统与外界环境直接交互的最底层。通过传感反馈信息处理模块与环境信息和机器人状态感知模块，实现环境参数、机器人位置及姿态、任务执行状态等的数据采集与信息处理；通过机器人电机驱动控制模块结合首模块、中间模块和尾模块各自电机控制器基于当前状态执行上层控制指令，例如转向、调速、变形等控制指令。

② 控制规划层　包括虚拟环境构建模块、状态解析检验模块、环境识别模块、智能算法知识库、行为规划与仲裁模块以及机器人车体控制模块。本层次为顶层监督协调层和底层执行反馈层之间的中间层，负责两层次的交互。

首先，根据监督协调层的操控/监督模块执行任务决策，任务执行模块负责对其他各个功能模块进行调度与规划，是本层次的控制规划核心部分。操控模式状态下，任务执行直接分配至机器人车体控制模块；监督模式状态下，任务执行需通过控制站系统的行为规划与仲裁模块再对机器人车体执行控制。

其次，根据底层执行反馈层获取的环境和机器人状态信息通过环境识别模块和状态解析校验模块或者直接传输到任务执行模块，作为任务执行状态的实时判定及控制规划的决策依据。虚拟环境构建模块融合状态信息构建机器人在局部环境下的三维虚拟环境，环境及机器人感知信息通过该模块或者直接传输至上层监督协调层。

③ 监督协调层　是该体系结构最高智能性的体现，该层次主要包括操控/监督模块以及事务决策模块。操作者通过该层次对机器人灾难救援作业实现监督、操控和控制决策。操作者的介入提高了机器人系统整体的智能性，包括全局环境感知，机器人任务规划以及事务决策的快速实现，操控和监督两种模式的选择确保了机器人自主能力的应用，解决了非结构环境所带来的未知、复杂、危险和高负荷等救援难题。

(2) 体系结构的控制回路

在体系结构的底层和中间层用虚线形式描述了四条并行控制回路，包括刺激反应回路、环境适应回路、路径规划回路和任务执行回路，体现了可变形机器人的自主智能性。刺激反应回路在机器人状态突变情况下实现紧急停止；环境适应回路在机器人导航过程中实现碰撞检测和自主避障等功能；路径规划回路负责机器人的环境识别和路径跟踪；任务执行回路根据监督规划层的决策调度智能算法知识库实现局部自主行为。

贯穿体系结构三个层次的四条虚线描述了操作者能够通过控制站系统实现对环境适应回路、路径规划回路和任务执行回路三个控制回路的介入与控制。同时，操作者能够直接对电机驱动控制模块进行控制，实现转向等基本底层控制或者调试功能，体现了控制站系统的环境适应性以及智能专业性。

(3) 体系结构的功能模块

为了能够更清晰地对功能模块以及信息交互流程进行描述，本文对所提出的控制站系统体系结构图进行简化，以各模块功能以及信息交互为侧重点，给出控制站系统功能结构框图，“人-机-环境”一体化的机器人功能结构由机器人以及控制站系统两部分组成，如图 6-8 所示。

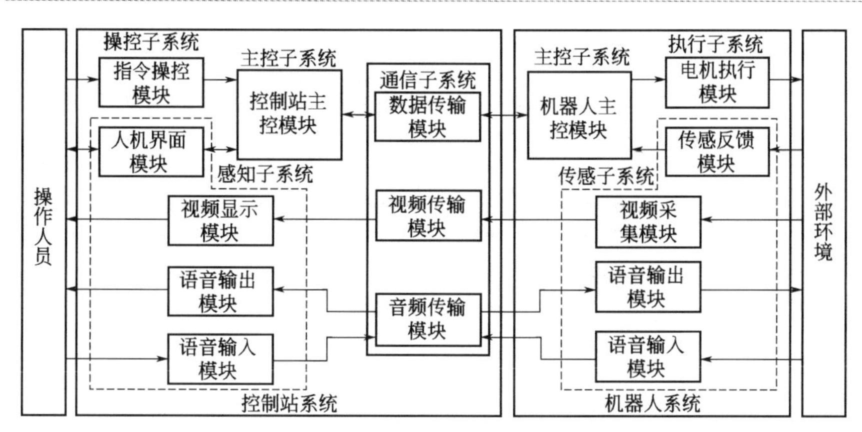

图 6-8 控制站系统功能结构框图

机器人系统除本体机构外还包括三种子系统。

主控子系统：分析控制指令及状态信息，规划机器人运动构形及步态，是机器人的决策系统。

执行子系统：执行机器人的运动规划，改变运动构形及步态。

传感子系统：能够通过多传感器探测及感知周围环境，实现多通道传感信息并存。

控制站系统由四种子系统组成。

主控子系统：作为控制站系统的核心部分，负责信息的整合及规划的决策，操控机器人执行规划部署。控制站主控模块对交互信息进行提取、解码、分析、优化、统筹、存储等处理，为操作人员与机器人之间闭环交互提供人机接口。

操控子系统：结合人机界面模块及指令操控模块，子系统基于多交互资源提供多种控制指令输入模式。操作者结合具体救援任务和现场受灾状况切换操控或者监督工作模式。

感知子系统：通过数据、视频及音频的多信息通道融合虚拟和真实环境为操作人员的控制决策提供依据，具有环境感知以及状态感知功能。环境感知提供听觉和视觉两种通道来获取外部环境信息，状态感知包括机器人构形步态以及任务执行状态感知。

通信子系统：作为控制站与机器人之间信息交互的桥梁，实现操作人员控制规划指令到机器人控制系统的准确下达，并实时获取机器人所反馈的位姿和状态以及救援环境信息，确保控制站系统对机器人状态的实时监视与远距离操控。

（4）体系结构的数据流动

① 感知状态数据　控制站系统提供虚拟和真实两种实时状态反馈形式相结合的工作机制，控制站系统通过传输子系统获取机器人实时状态数据传送到主控制模块，构建虚拟监控环境，结合真实的环境信息使操作者通过人机界面模块实时感知和判定机器人的实际运行状态。

② 控制指令数据　操作者通过控制站系统的两种机制能够实现机器人控制。首先通过指令操控模块选择监控模式和输入指令。直接操控模式下，控制站主控模块只对指令进行简单处理，以命令行形式传递任务指令；监督控制模式下，主控模块对指令任务进行处理生成行为序列，再通过数据传输模块实现指令的下达。

控制站系统融合了层次式控制体系和基于行为的控制体系，具有层次清晰、结构开放、通用性强等特点。同时，按功能采用模块化划分，以多通道信息融合的方式，从信息层面上将人（救援人员）、机（可变形灾难救援机器人系统）和环境（废墟救援现场）连接在闭环回路里，通过环境感知、辅助操作、信息反馈等交互方式监督操控机器人在废墟等环境执行救援任务，实现搜救人员感知与行动能力的延伸。

6.4.3 废墟搜救机器人控制站工作模式

机器人学研究领域中，人机交互通道是指人和机器人间传递和交换信息的通信信道。人机交互通道包括感觉通道和效应通道，感觉通道主要用于感知信息，效应通道主要根据感知信息进行处理和任务执行。当今人机交互的发展主要趋于通过整合来自多个通道不同精确程度的输入完成用户意图的捕捉，既能够反映理性的计算机结构，又能够提高交互的自然性和高效性。

视觉和语音通道是最符合人类日常习惯的自然交互模式，操作者能够通过两种通道的互补感知环境信息。机械接触式通道是最基本的交互方式，主要完成确认任务目标和实现控制指令的下达。

下面对控制站系统所具有的多通道协同工作模式进行深入研究。

（1）视觉交互通道

废墟的狭窄倒塌式结构是救援人员甚至救援犬都难以进入的，为了保证现场作业人员安全，控制站与机器人之间需保持一定的作业距离，即操作者通过遥操作的方式不跟随机器人进入废墟，研究应首先解决控制站系统和移动机器人本体的视频传输问题。

同时，由于救援任务的复杂性，搜救总体指控中心需要对各个废墟搜救机器人所探测的视频信息进行统一的监督和管理。由于各机器人系统已经事先配置了不同的传输系统，研究还应考虑如何将其他机器人互不干扰地集成到搜救机器人整体系统，实现视频信息共享。

根据上述视觉交互通道功能需求，控制站系统采用多种视频通信模式协同工作的方法，搭建复合式的视频传输平台，以适应不同的监控位置和作业需求，使系统具有功能裁剪性，一定程度上降低了系统的耦合性。

下面针对不同终端展开复合式视觉交互通道研究。

控制站操作现场：该部分的视觉交互通道分为真实环境与虚拟环境的两种实时状态感知通道。

控制站系统接收远端机器人采集的环境和状态信息，所传输的真实环境信息通过视频传输系统提供至控制站的人机界面模块。真实环境的视觉交互通道采用无线微波传输远程环境视频信息，并针对不同的监控位置及搜救任务提供载波频率及发射功率不同的两套系统设计方案。分别具有图像清晰稳定，接收品质较优和具有较强的抗干扰性能，能够适应封闭复杂的救援环境的功能特性。提供多个通信频道，支持机器人采集的多方向影音信号同步传输，扩展视距范围，实现真实环境的视觉感知。

远程指挥中心：为了适应联网监控规模以及救援作业需求的变化，视觉交互通道的设计采用分层次的网络管理模式，以远程指挥中心作为整个系统的网络中枢，各个机器人控制站系统作为二级网络结点，控制站操作现场与远程指挥中心视觉交互通道结构示意图如图 6-9 所示。相对靠近机器人救援作业位置的控制站操作现场与远程指挥中心通过无线局域网实现视频通信。

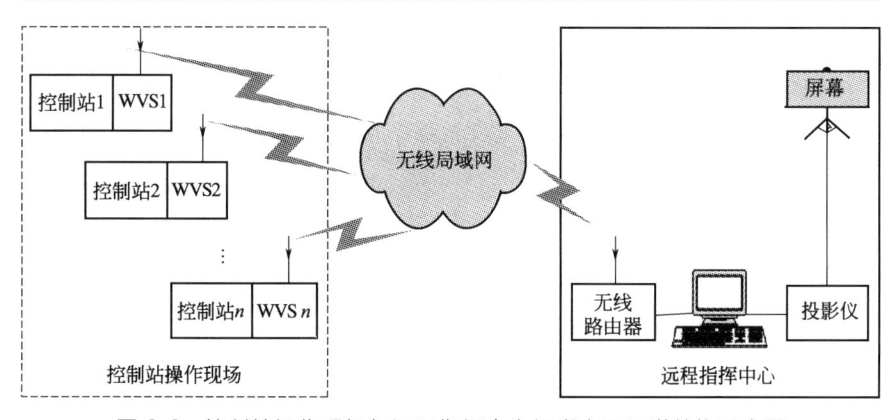

图 6-9　控制站操作现场与远程指挥中心视觉交互通道结构示意图

放置在不同救援现场附近的各个机器人控制站接收各自反馈的视频监控信息，并通过有线方式传输视频信号至网络视频服务器，这些网络视频服务器通过一个无线路由器接入无线局域网。放置在远程指挥中心的PC机通过有线方式与该公共路由器连接，接入无线局域网。能够通过专门的视频监控软件访问并管理网络视频服务器，并对视频信息进行解码显示。

(2) 语音交互通道

设计的主要目标是能够与视觉通道进行互补，缓解单一通道所带来的强度负荷，在视频信号受到严重干扰的情况下辅助信息获取，贴近人类生活习惯，提高搜寻幸存者的效率。

控制站系统提供包括废墟现场幸存者与控制站操作者的语音交互，各个控制站现场操作人员间的语音交互和远程指挥中心与控制站操作现场的语音交互三部分。语音交互通道示意图如图6-10所示。

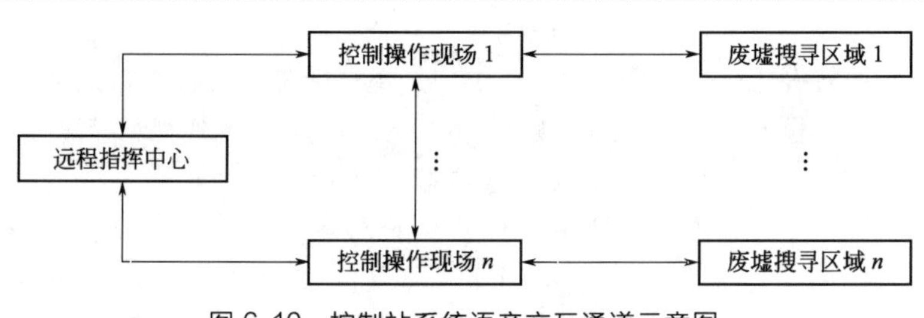

图6-10 控制站系统语音交互通道示意图

语音交互通道的实现可以和视觉交互通道相结合，采用相同的传输设备进行音频信号传输，采集与获取可以通过拾音器、扬声器等产品化对讲设备实现。

(3) 机械触觉通道

机械触觉通道主要通过鼠标、键盘等触摸和按压等方式实现，触控板、摇杆和按钮等可以作为辅助通道，实现人与控制器间的交互。机械触觉通道人机交互过程示意图如图6-11所示。

在控制站系统信息交互过程里，通常结合不同交互通道自身特点和优势，以主辅通道互补的方式共同协作执行交互任务。有效降低单个通道的承载负荷，提高交互的可靠性和任务执行效率。图6-12所示即主辅通道协同工作模式示意图。

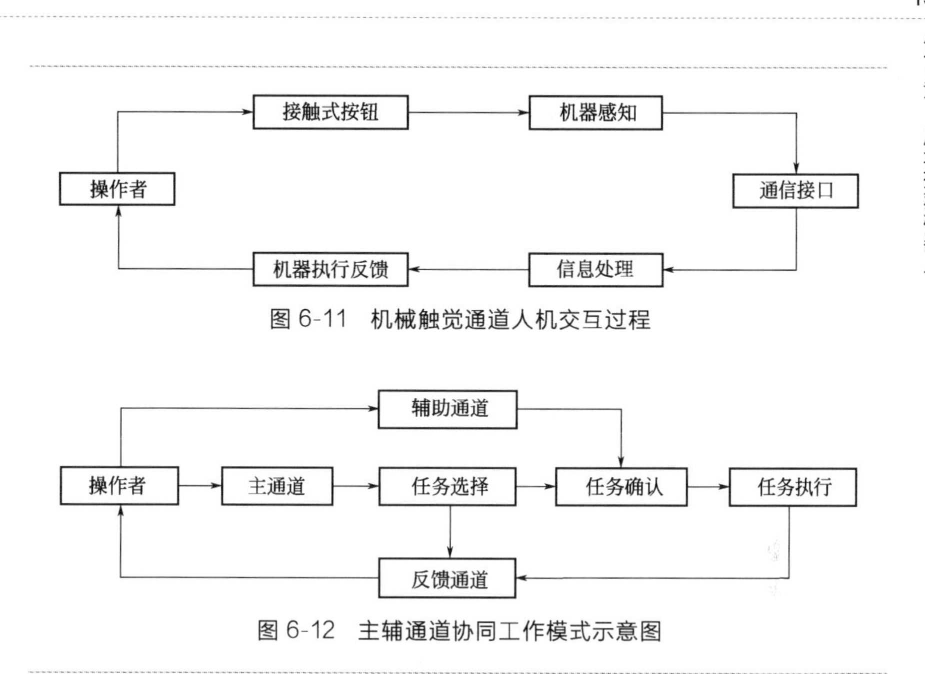

图 6-11 机械触觉通道人机交互过程

图 6-12 主辅通道协同工作模式示意图

控制站系统人机交互的视觉和语音通道具有直接性和自然性，符合人类日常行为习惯。但是语音通道需要视觉通道的引导和提示，两种交互通道应该共同作为交互的主通道，机械触觉通道则作为辅助通道执行任务决策工作。

根据各个效应通道的优势和缺陷，选择主辅协同工作模式，视觉结合语音作为主通道，机械触觉通道作为辅助通道。视觉和语音通道利用感知信息快速高效的优势，进行环境感知和状态获取，两种通道出现冲突时，以视觉通道信息为主。机械触觉通道作为进行决策任务的输入手段和感知危险突发情况的途径。

通过多通道主辅协同工作，降低了单个通道作业负荷，有效缓解操作者疲劳感。同时，改善了系统感知能力，提高了交互的可靠性和工作效率。

6.5 颠簸环境下废墟搜救机器人自主运动

6.5.1 颠簸环境对废墟搜救机器人的运动影响

废墟环境为非结构化复杂环境，由于楼宇废墟环境的地面为非平坦地面，机器人在非平坦地面上运动过程中，机器人所在平面与地平面之间的夹角会产生剧烈的变化，对外表现为机器人颠簸。因此楼宇废墟环境是一种颠簸环境。由于机器人在楼宇废墟环境下自主运动的控制与决策依赖于感知系统的各类传感器采样获得的量测数据，而各类传感器以刚性连接的方式进行装配，机器人的颠簸导致传感器所在平面与地平面之间的夹角产生剧烈变化，尤其是测距传感器，传感器的量测方向会产生剧烈的变化，进而导致机器人与周围环境之间的距离感知数据的量测误差增大。机器人在自主运动过程中，距离感知数据是机器人进行运动控制与决策的重要依据，距离感知数据量测误差的增大会导致机器人自主运动的决策失误。

由于机器人的决策失误是由机器人在运动过程中所依据的误差偏大的距离量测数据产生的，本文规定量测误差过大的距离量测数据为无效数据，满足一定条件的距离量测数据为有效数据。从传感器量测数据角度判断机器人自主运动决策误差的标准为，机器人在世界坐标系中通过半机器人长度的距离内自主运动决策所依据的有效数据数量，该数据为零时，机器人会导致决策失误。

6.5.2 颠簸环境下废墟搜救机器人运动学模型

机器人在通过平坦地面上高度较小的障碍物时，会发生一定程度的颠簸，颠簸引起的倾斜角度大小和发生颠簸的频率同障碍物的外形、尺寸和障碍物的分布位置有关。根据障碍物的外形，可将产生颠簸的障碍物分为类杆形障碍物、类矩形障碍物、类三角形障碍物和类球形障碍物。现分别对存在以上四种障碍物的颠簸环境进行分析，得出机器人的倾斜角度同机器人与障碍物的相对位置、障碍物的尺寸大小之间的函数关系，建立颠簸环境下机器人姿态的数学模型。

(1) 类杆形障碍物

如图 6-13 所示，A、B 为类杆形障碍物的两个端点，P、Q 分别为机器人在水平地面上放置时与地面接触部分的顶点。当 PQ 的中点与 A 点接触时，机器人的倾斜角度未超过 40°，则视障碍物为可翻越障碍物，否则为不可翻越障碍物。

以机器人与障碍物接触的初始时刻 P 点的位置为坐标原点，建立坐标系。令 $PQ=l$，$AB=h$，θ 为机器人的倾斜角度，$\theta=\angle QPB$，$OP=x'$，$OQ=z'$。

根据机器人与障碍物的接触点的不同可将机器人翻越障碍物的主要

过程分为图 6-13 中所示的 4 种过程。

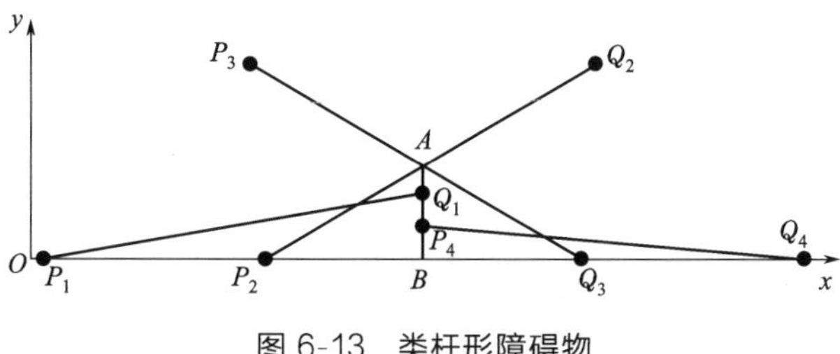

图 6-13 类杆形障碍物

过程 1：P 点与地面接触且 Q 点与障碍物接触，该过程中，机器人的倾斜角度函数如下：

$$\theta=\arccos\frac{l-x'}{l} \tag{6-10}$$

过程 2：P 点与地面接触且机器人底部与障碍物接触，该过程中，机器人的倾斜角度函数如下：

$$\theta=\arctan\frac{h}{l-x'} \tag{6-11}$$

过程 3：Q 点与地面接触且机器人底部与障碍物接触，该过程中，机器人的倾斜角度函数如下：

$$\theta=\arctan\frac{h}{z'-l} \tag{6-12}$$

过程 4：P 点与障碍物接触且 Q 点与地面接触，该过程中，机器人的倾斜角度函数如下：

$$\theta=\arccos\frac{z'-l}{l} \tag{6-13}$$

（2）类矩形障碍物

如图 6-14 所示，A、B、D、C 为类矩形障碍物的四个端点，P、Q 分别为机器人在水平地面上放置时与地面接触部分的顶点。当 PQ 的中点与 A 点接触时，机器人的倾斜角度未超过 40°，则视障碍物为可翻越障碍物，否则为不可翻越障碍物。

以机器人与障碍物接触的初始时刻 P 点的位置为坐标原点，建立坐标系。令 $PQ=l$，$AB=h$，$BD=d$，θ 为机器人的倾斜角度，$\theta=\angle QPB$，$OP=x'$，$OQ=z'$。

根据机器人与障碍物的接触点的不同可将机器人翻越障碍物的主要过程分为图 6-14 中所示的 4 种过程。

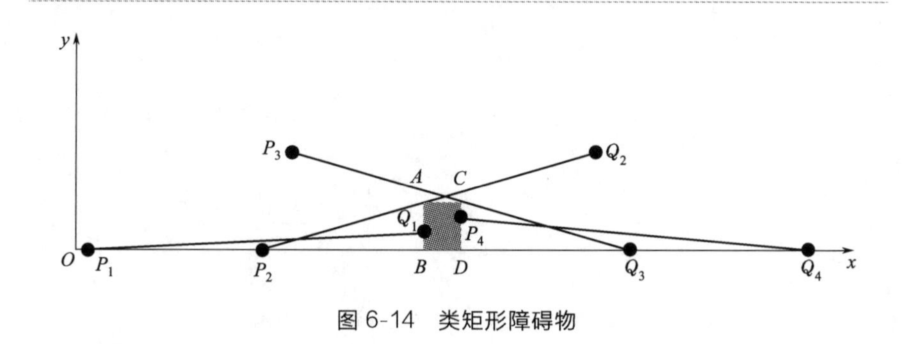

图 6-14　类矩形障碍物

过程 1：P 点与地面接触，Q 点与障碍物接触，该过程中，机器人的倾斜角度函数如下：

$$\theta=\arccos\frac{l-x'}{l} \tag{6-14}$$

过程 2：P 点与地面接触，机器人底部与障碍物接触，该过程中，机器人的倾斜角度函数如下：

$$\theta=\arctan\frac{h}{l-x'} \tag{6-15}$$

过程 3：Q 点与地面接触且机器人底部与障碍物接触，该过程中，机器人的倾斜角度函数如下：

$$\theta=\arctan\frac{h}{z'-l-d} \tag{6-16}$$

过程 4：P 点与障碍物接触且 Q 点与地面接触，该过程中，机器人的倾斜角度函数如下：

$$\theta=\arccos\frac{z'-l-d}{l} \tag{6-17}$$

（3）类三角形障碍物

如图 6-15 所示，A、B、C 为类三角形障碍物的三个端点，$AB=AC$，D 为 BC 中点，P、Q 分别为机器人在水平地面上放置时与地面接触部分的顶点。当 PQ 的中点与 A 点接触时，机器人只有一个点与障碍物接触，且机器人的倾斜角度未超过 40°，则视障碍物为引起颠簸的障碍物，否则障碍物可视为坡。

以机器人与障碍物接触的初始时刻 P 点的位置为坐标原点，建立坐标系。令 $PQ=l$，$AD=h$，$BD=CD=d$，θ 为机器人的倾斜角度，$\theta=\angle QPB$，$OP=x'$，$OQ=z'$。

根据机器人与障碍物的接触点的不同可将机器人翻越障碍物的主要

过程分为图 6-15 中所示的 4 种过程。

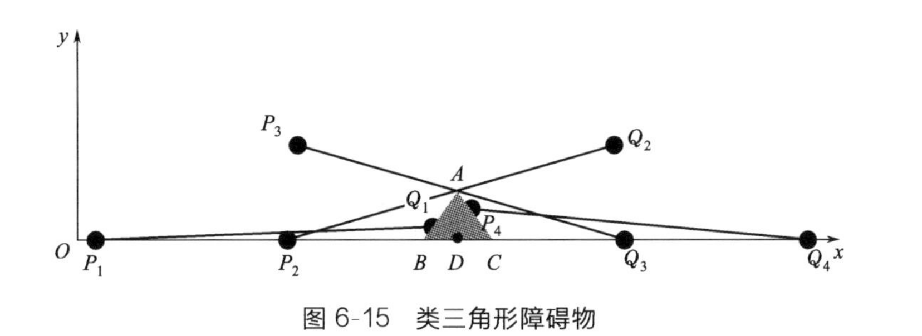

图 6-15 类三角形障碍物

过程 1：P 点与地面接触，Q 点与障碍物接触，该过程中，机器人的倾斜角度函数如下：

$$\theta=\arccos\frac{h^2(l-x')+d\sqrt{l^2h^2+l^2d^2-h^2(l-x')^2}}{lh^2+ld^2} \tag{6-18}$$

过程 2：P 点与地面接触，机器人底部与障碍物接触，该过程中，机器人的倾斜角度函数如下：

$$\theta=\arctan\frac{h}{l+d-x'} \tag{6-19}$$

过程 3：Q 点与地面接触且机器人底部与障碍物接触，该过程中，机器人的倾斜角度函数如下：

$$\theta=\arctan\frac{h}{z'-l-d} \tag{6-20}$$

过程 4：P 点与障碍物接触且 Q 点与地面接触，该过程中，机器人的倾斜角度函数如下：

$$\theta=\arctan\frac{h^2(z'-l-2d)+d\sqrt{l^2h^2+l^2d^2-h^2(z'-l-2d)^2}}{lh^2+ld^2} \tag{6-21}$$

(4) 类球形障碍物

如图 6-16 所示，A、B、C 为类球形障碍物上的点，$\overset{\frown}{BAC}$ 为半圆，BC 为直径，D 为 BC 中点，$AD\perp BC$，P、Q 分别为机器人在水平地面上放置时与地面接触部分的顶点。用直线连接 A、B、C 三点构成 $\triangle ABC$，当 PQ 的中点与 A 点接触，且 P 点在横坐标轴上时，若线段 PQ 只有一个点与 $\triangle ABC$ 接触，且机器人的倾斜角度未超过 40°，则视弧形障碍物为引起颠簸的障碍物，否则障碍物可视为坡。

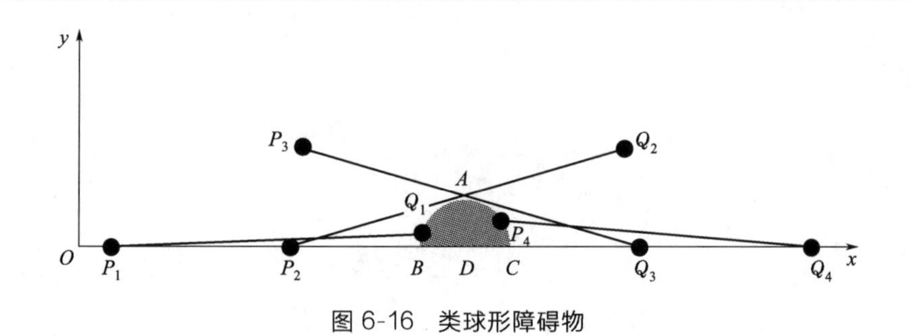

图 6-16 类球形障碍物

以机器人与障碍物接触的初始时刻 P 点的位置为坐标原点，建立坐标系。令 $PQ=l$，$AD=h$，$BD=CD=d$，θ 为机器人的倾斜角度，$\theta=\angle QPB$，$OP=x'$，$OQ=z'$。

根据机器人与障碍物的接触点的不同可将机器人翻越障碍物的主要过程分为图 6-16 中所示的 4 种过程。

过程 1：P 点与地面接触，Q 点与障碍物接触，该过程中，机器人的倾斜角度函数如下：

$$\theta=\arccos\frac{-b+\sqrt{b^2-4ac}}{2a} \tag{6-22}$$

式中

$$a=4d^2l^2-4l^2(l-x')^2$$
$$b=4[l^2+(l-x')^2-2d^2](l^2-lx')$$
$$c=4d^2(l-x')^2-[l^2+(l-x')^2]$$

过程 2：P 点与地面接触，机器人底部与障碍物接触，该过程中，机器人的倾斜角度函数如下：

$$\theta=\arcsin\frac{d}{l+d-x'} \tag{6-23}$$

过程 3：Q 点与地面接触且机器人底部与障碍物接触，该过程中，机器人的倾斜角度函数如下：

$$\theta=\arcsin\frac{d}{z'-l-d} \tag{6-24}$$

过程 4：P 点与障碍物接触且 Q 点与地面接触，该过程中，机器人的倾斜角度函数如下：

$$\theta=\arccos\frac{-b+\sqrt{b^2-4ac}}{2a} \tag{6-25}$$

式中

$$a=4d^2l^2-4l^2(z'-l-2d)^2$$
$$b=4[l^2+(z'-l-2d)^2-2](lz'-l^2-2ld)$$
$$c=4d^2(z'-l-2d)^2-[l^2+(z'-l-2d)^2]$$

6.5.3 颠簸环境下模糊控制器分析与设计

模糊控制器的任务是根据机器人运动环境的颠簸程度，控制机器人的运动速度，使机器人的运动速度与环境的颠簸程度相协调，提高机器人在世界坐标系中半机器人长度距离内自主运动决策所依据的有效数据数量，进而降低机器人的自主运动决策误差，防止机器人发生决策失误，并兼顾机器人搜救工作的效率。

（1）输入输出变量

模糊控制器的输入变量为有效采样比例。系统采用机器人测距传感器量测数据的有效采样比例为参数，表征颠簸环境的颠簸程度，量测数据的有效采样比例越小，颠簸环境的颠簸程度越高。根据人类活动经验，将颠簸环境的颠簸程度分为五种，分别为：不颠簸、轻度颠簸、中度颠簸、高度颠簸和极度颠簸，颠簸程度逐渐增加，输入变量的模糊子集为{BN,BS,BM,BH,BE}。图6-17(a)所示为输入变量的隶属度函数形式，其中横轴为距离量测数据的有效采样比例，纵轴为隶属度。

模糊控制器的控制目标为基于颠簸环境的颠簸程度控制机器人的运动速度，以降低机器人决策失误的可能性。因此，模糊控制器的输出变量为机器人的运动速度。根据人类活动经验，将机器人的运动速度分为以下五种：慢速、低速、中速、高速和极速，输出变量模糊子集为{VS,VL,VM,VH,VE}。图6-17(b)所示为输出变量的隶属度函数形式，其中横轴为机器人运动速度，纵轴为隶属度。

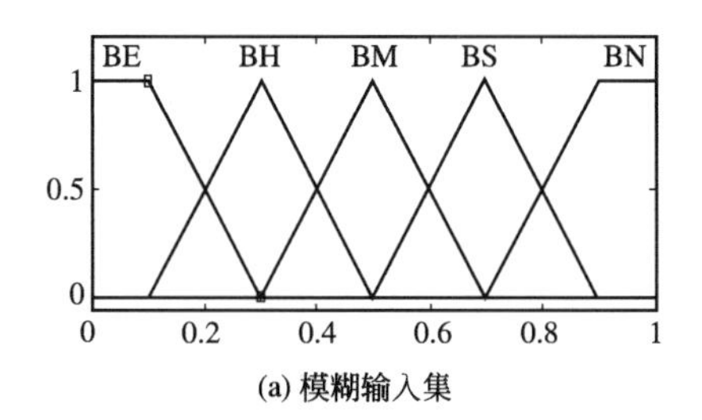

(a) 模糊输入集

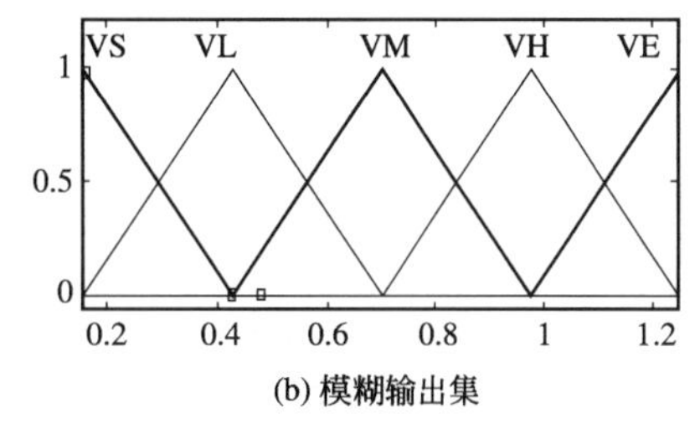

(b) 模糊输出集

图6-17 输入、输出变量的隶属度函数形式

（2）模糊控制规则

根据对模糊控制器输入变量、输出变量分析，模糊控制器的输入变量为有效采样比例，输出变量为机器人运动速度，因此，该模糊控制器为单输入、单输出控制器，模糊控制规则如表 6-2 所示，其中，Ratio 为模糊控制器的输入变量，即有效采样比例，V 为模糊控制器的输出变量，即机器人的运动速度。

表 6-2 模糊控制规则的语言描述

变量	模糊子集				
Ratio(if)	BE	BH	BM	BS	BN
V(then)	VS	VL	VM	VH	VE

从有效采样比例论域 Ratio 到速度论域 V 的模糊关系 $\boldsymbol{R}$ 如下：

$$\boldsymbol{R}=(\mathrm{BE}\hat{\times}\mathrm{VS})(\mathrm{BH}\hat{\times}\mathrm{VL})(\mathrm{BM}\hat{\times}\mathrm{VM})(\mathrm{BS}\hat{\times}\mathrm{VH})(\mathrm{BN}\hat{\times}\mathrm{VE}) \quad (6\text{-}26)$$

式中，$\hat{\times}$ 为模糊直积算子。

模糊控制器的模糊控制矩阵是模糊规则的数学描述，根据图 6-17 模糊控制器输入变量和输出变量的隶属度函数以及公式(6-26) 所示模糊控制规则可得，模糊控制器的模糊控制规则矩阵为：

$$\boldsymbol{R}=\begin{bmatrix}1 & 0.5 & 0 & 0 & 0\\ 0.5 & 0.5 & 0.5 & 0.5 & 0\\ 0 & 0.5 & 1 & 0.5 & 0\\ 0 & 0.5 & 0.5 & 0.5 & 0.5\\ 0 & 0 & 0 & 0.5 & 1\end{bmatrix} \quad (6\text{-}27)$$

模糊控制器的关键控制作用在于基于表征颠簸环境的颠簸程度的有效采样比例控制机器人的运动速度 V，机器人的输出变量可通过如下关系获得：

$$V=\boldsymbol{R}\circ\mathrm{Ratio} \quad (6\text{-}28)$$

式中，$\circ$ 为模糊集合合成算子。

6.5.4 仿真研究

系统采用 MATLAB 进行仿真研究，验证系统的准确性和有效性。

（1）仿真条件

根据颠簸环境下机器人姿态的数学模型分析可知，机器人在不同尺寸的障碍物环境下运动过程中，机器人的倾斜角度变化不同。其中，引起机器人产生颠簸的主要障碍物为类矩形障碍物。图 6-18 所示为在不同尺寸的类矩形障碍物环境下，机器人通过一次障碍物过程中的倾斜角度变化数据，横轴为机器人在世界坐标系内进行直线运动过程中与出发点之间的水平距离，纵轴为机器人前进方向的倾斜角度，机器人向上倾斜时，机器人的倾斜角度采用正数表示，机器人向下发生倾斜时，机器人的倾斜角度采用负数表示。图 6-18(a) 中类矩形障碍物高度为 1cm、宽度为 6cm，机器人在运动过程中的最大倾斜角度为 3.583°；图 6-18(b) 中类矩形障碍物高度为 3cm、宽度为 4cm，机器人在运动过程中的最大倾斜角度为 10.8°；图 6-18(c) 中类矩形障碍物高度为 6cm、宽度为 6cm，机器人在运动过程中的最大倾斜角度为 22.01°；图 6-18(d) 中，类矩形障碍物的高度为 12cm、宽度为 6cm，机器人在运动过程中的最大倾斜角度为 29.99°。

根据图 6-18 以及上文对各类引起颠簸的障碍物下机器人的姿态数学模型分析可知，机器人在颠簸环境下的倾斜角度具有复杂性、多变性等特点，并且随着废墟环境下多种障碍物的叠加，机器人在颠簸环境下的姿态更加复杂。

由于仿真实验的目的是验证控制方法的有效性和准确性，因此，仿真实验条件应该与实际条件相符。根据图 6-18 分析以及上文的颠簸环境下机器人姿态的数学模型分析可得，MATLAB 仿真实验的必要条件如下：

① 机器人的倾斜角度随着机器人在世界坐标系内与出发点水平距离的变化而变化，机器人向上倾斜和向下倾斜时倾斜角度不同；

② 机器人的倾斜角度必须包含机器人在实际颠簸环境下倾斜角度的变化范围内的全部取值区间；

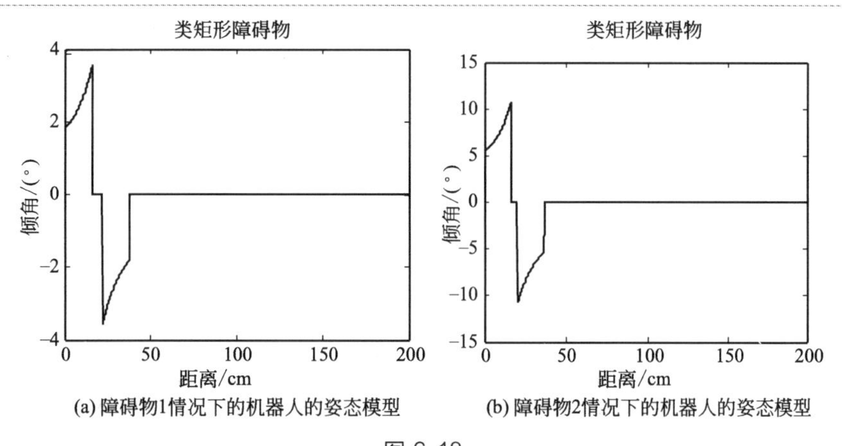

(a) 障碍物1情况下的机器人的姿态模型

(b) 障碍物2情况下的机器人的姿态模型

图 6-18

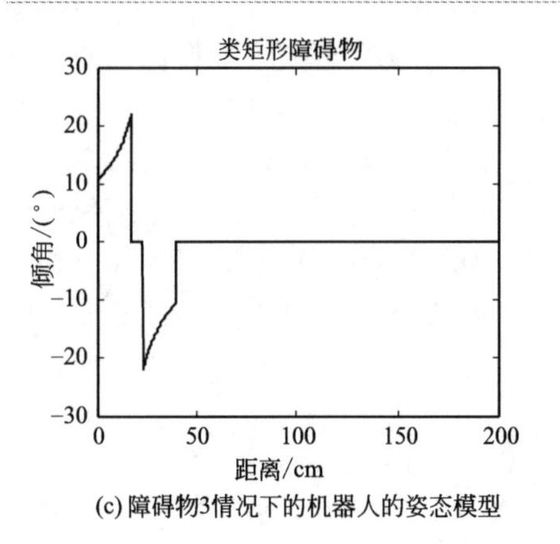

(c) 障碍物3情况下的机器人的姿态模型

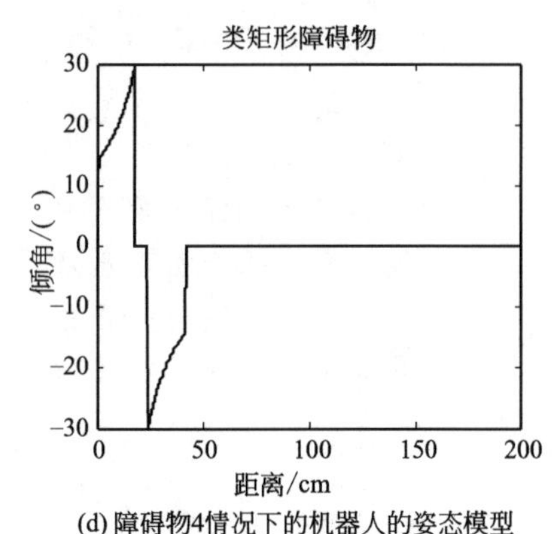

(d) 障碍物4情况下的机器人的姿态模型

图 6-18　不同障碍物情况下机器人的姿态模型

③ 机器人在实际颠簸环境下颠簸程度存在强弱的变化，仿真条件必须包含不同的颠簸程度，并且包含机器人由颠簸程度低到颠簸程度高的运动阶段，以及机器人从颠簸程度高到颠簸程度低的运动阶段。

由于实际环境中，导致机器人发生颠簸的障碍物多为类矩形障碍物，本文采用模拟机器人通过多个类矩形障碍物的方式，依据上文分析获得机器人颠簸环境下的倾斜角度。图 6-19 所示为仿真实验的仿真条件示意图。图中，点 O 为起始位置，此时，机器人与障碍物开始接触，机器人上的点 P 与点 O 重合，起始位置为机器人与障碍物开始接触的位置，机器人在运动过程中与出发点之间的水平距离即为点 P 和点 O 之间的水平距离，类矩形障碍物应该满足上述必要条件，具有不同的尺寸大小。

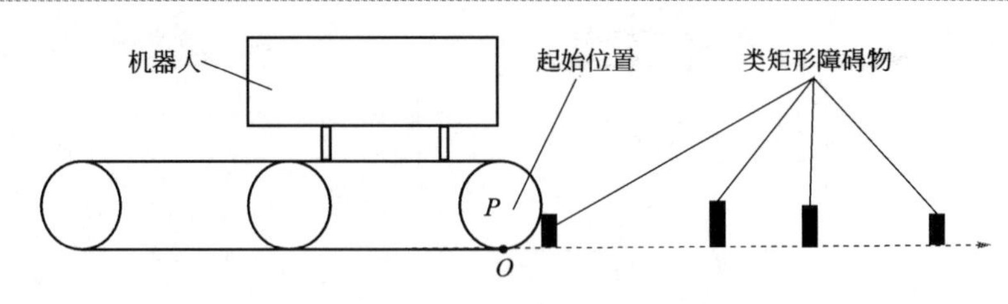

图 6-19　仿真条件示意图

仿真实验中，选取 8 个尺寸大小不同的类矩形障碍物，高度分别为 6cm、3cm、4cm、12cm、5cm、5cm、12cm、2cm，宽度均为 6cm，相邻障碍物间距离均为 45cm。如图 6-20 所示，为机器人越过 8 个类矩形障碍物的过程中倾斜角度的变化数据，其中，机器人向上倾斜时的倾斜角度为正，机器人向下倾斜时的倾斜角度为负。该数据中，倾斜角度变化范围包含实际环境下的取值区间，并且包含不同颠簸程度下的数据，满足上述仿真必要条件。

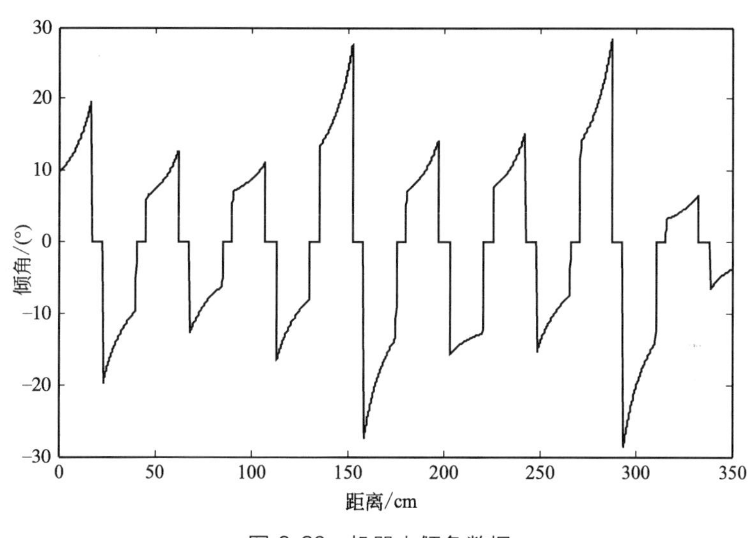

图 6-20 机器人倾角数据

(2) 仿真结果与分析

图 6-21 和图 6-22 所示为将上述颠簸环境下机器人的倾斜角度仿真数据输入仿真系统后得到的实验结果。其中，图 6-21 为模糊控制器的输入变量和输出变量，图 6-22 为采用运动速度与环境颠簸程度相协调的控制方法和机器人采用恒定速度进行控制下，机器人在水平方向上通过机器人长度的一半的距离范围内，即 32cm 距离的过程中，所获得的有效采样数据的数量。选择通过机器人长度的一半的距离，原因在于，机器人的中心点处在机器人的几何中心上，机器人在运动过程中悬空会导致机器人与其他物体的猛烈碰撞，甚至会发生倾翻。

图 6-21 中，横轴为机器人与起始位置的水平距离，纵轴分别为输入变量有效采样比和输出变量机器人的运动速度。由图 6-21 并结合图 6-20 仿真条件分析可知，在环境颠簸程度较大的区域，例如横轴坐标 [10,40] 之间，机器人的倾斜角度较大，导致有效采样比较小，在这种条件下，机器人降低运动速度；反之，在环境颠簸程度较小的区域，例如横轴坐标 [320,350] 之间，机器人的倾斜角度较小，有效采样比较大，机器人提高运动速度。图 6-21 所示仿真结果与上文理论分析相符。

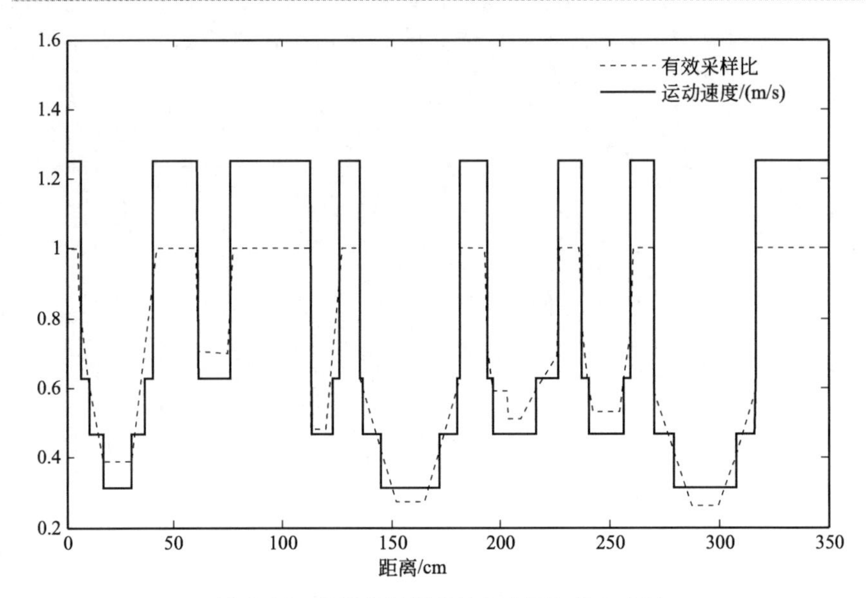

图 6-21 模糊控制器的输入变量和输出变量

图 6-22 为分别在速度协调控制运动条件下和机器人采用恒定速度运动条件下，机器人通过相同距离过程中，机器人有效距离采样数据的数量，图中速度协调条件下，有效采样数量均不小于 1。如图中点 (170.5,3)，为机器人在通过与出发点距离［138.5,170.5］的位置区间过程中，机器人所获得的有效距离采样数据数量为 3。通过图中两种情况下的数据对比可知，颠簸情况下，机器人采用匀速运动时，在通过机器人长度一半的过程中，存在有效距离采样数据为零的情况，该情况下，机器人获得的距离数据偏差过大，机器人依据距离采样数据进行的决策为错误决策，造成机器人决策失误。而采用机器人运动速度与环境颠簸程度相协调的控制方法，机器人在通过机器人长度一半的过程中，有效距离采样数据的数量至少为 1，该过程中，机器人可舍弃所有的无效距离采样数据，依靠有效采样数据进行决策。如在横轴坐标［270,300］之间，图 6-20 表明该区间内机器人倾角较大，图 6-21 表明该区间有效采样比例较小，共同说明环境颠簸程度高，该区间内机器人的运动速度与颠簸程度相协调，速度较小。图 6-22 显示，采用 1.02m/s 匀速运动时，有效采样数量为零，不存在有效决策依据数据，而采用速度协调方法，有效采样数量大于 1，存在有效决策依据数据。上述分析表明，采用运动速度与环境颠簸程度相协调的控制方

法，可有效解决机器人在颠簸环境下的决策失误问题，验证了控制方法的有效性和准确性。

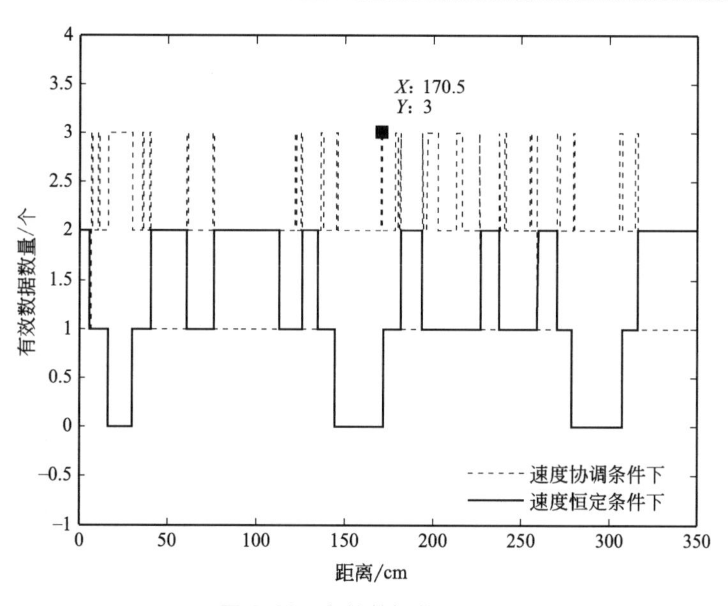

图 6-22 有效数据数量对比

同时，图中出现采用速度协调控制运动条件下的有效距离采样数据数量低于匀速运动情况下的有效距离采样数据数量的情况，其原因是，该情况下机器人的运动速度大于匀速运动条件下的运动速度。结合图 6-21 和图 6-22 可验证上述分析。

上述分析表明，采用运动速度与环境颠簸程度相协调的控制方法，可有效提高机器人搜救工作的效率。

第7章

文本问答机器人

7.1 文本问答机器人概述

7.1.1 文本问答机器人的概念与特点

文本问答机器人是一个智能人机交互系统，用户以自然语言的形式进行提问，机器人从大量信息中找出准确的答案。文本问答机器人旨在让用户通过自然语言进行询问并直接获得答案。例如，用户询问“中科院在哪”，文本问答机器人回答“中国科学院位于北京市西城区三里河路52号”。本文所述的文本问答机器人为中文文本问答机器人。

文本问答机器人属于问答系统，在文本处理领域中的国际文本检索会议上，文本问答系统是最为人们关心的研究领域之一。

传统的搜索引擎是根据关键词检索，返回大量的相关信息，用户从系统返回的信息中查找相关的信息。而文本问答机器人直接为用户返回唯一的准确答案，答案更加简洁，用户获取准确信息的时间成本更低。

文本问答机器人的两大表现特点为：问答入口是自然语言形式的问句；问答结果是和问句直接相关的一句话或一段话。因此，相比于传统的搜索引擎，文本问答机器人具有明显的优势：自然语言的提问方式更符合人类的交互习惯；相比于关键词，语句包含更完整的信息，可以更准确地表达用户意图；答案精确简洁，直接针对用户的问题，具有更高的信息检索效率；简洁的答案形式，使文本问答机器人更适合移动互联网应用以及物联网人机交互设备应用。

7.1.2 文本问答机器人的发展历程

虽然早在人工智能刚刚开始研究的时候，人们就提出让计算机利用自然语言回答人们的问题，学术界与工业界开始构建问答系统的雏形，而直到20世纪80年代问答系统一直被局限在特殊领域的专家系统。虽然图灵实验告诉人们，如果计算机能够像人类一样与人进行对话，就可以认定计算机具备智能，但由于当时的条件有限，实验都在受限领域，甚至是固定段落上进行。

近年来，随着网络和信息技术的快速发展，尤其是移动互联网的普及和物联网技术的发展，移动互联网设备逐渐普及，物联网时代的各类人机交互设备如雨后春笋般出现，传统的基于关键字检索的搜索引擎，难以满足用户在移动联网设备、物联网人机交互设备的信息检索需求，人们想更快地获取高质量信息的愿望促进了文本问答机器人技术的研究与发展。许多大的科研院所与知名企业，都积极参与到该领域的研究中。

在国外的问答机器人系统中，主要有麻省理工学院研发的 START 系统、密歇根大学研发的 AnswerBus 系统、微软的 AskMSR 系统、日本的 NTCIR 系统。

相对于国外问答机器人系统的研究进展，国内文本问答机器人系统的研究起步较晚，1970 年之后才着手研究中文文本问答机器人系统。1980 年中科院语言所研究出我国第一个基于汉语的人机对话系统，随着国内研究文本问答系统的机构愈来愈多，所取得的成就也愈加丰硕，清华大学、复旦大学、北京语言大学等在中文自然语言研究领域取得了较大成果，清华大学研究出了校园导航系统 EasyNay，中科院计算所研发的问答系统可对《红楼梦》中的人物关系进行解答。

7.1.3 文本问答机器人的分类

文本问答机器人由于应用领域不同，信息存储的形式独具特点，机器人答案来自不同的数据源，文本问答机器人存在多种分类方法。

常见的文本问答机器人的分类方法，包括按领域划分、按问答形式划分、按问答语料划分。

（1）按领域划分

按领域划分是指根据文本问答机器人所回答内容的领域进行划分，分为受限域文本问答机器人、FAQ 文本问答机器人、开放域文本问答机器人。

① 受限域文本问答机器人　是指针对特定领域的文本问答机器人系统，如面向医疗、金融、法律、教育、房地产等特定领域的文本问答机器人，其答案被限定在特定的领域范围内，基于特定领域的信息构建机器人的语料库，而非基于互联网作为搜索数据源构建机器人的语料库。因此，受限域文本问答机器人具有明确而相对固定的数据源。

受限域文本问答机器人具有三个特征。

a. 应用领域固定。受限域文本问答机器人的语料库信息来源非互联网搜索的数据源，而是特定领域的数据库、知识库，系统对用户可能提问的问题进行预先设计。由于是预先设计用户提问问题、受限于固定领域的语料信息，受限域文本问答机器人的数据源必须是明确的，同时也必须是权威的数据源。

b. 系统具备一定的复杂度。受限域问答机器人系统须满足用户在特定领域的全部问答，由于用户问题的复杂性，导致受限域问答机器人系统的复杂性，系统难以采用单一的简单算法与模型满足多样化的用户问答需求。

c. 良好的可用性。受限域文本问答机器人是针对特定的应用领域，用户具有明确的需求，系统应满足不同用户在该领域的特定需求，因而，受限域文本问答机器人须具备良好的可用性。

因此，受限域文本问答机器人的系统核心是构建特定领域的问答语料库，同时，问答语料库的获取与表示方法须根据行业的不同而不同，构建基于行业领域的知识库，具有行业特定的具体知识和特殊要求，因而问答语料库的相对规模较小。

② FAQ 文本问答机器人　是一种基于常见问题数据集的智能问答系统，问题和答案数据的组织关系，以成对的列表方式构成。

FAQ 的问题和答案数据集都是已知信息，由于是构建在已知的信息基础上，系统没有错误的信息，执行效率较高。FAQ 文本问答机器人针对用户所提问的问题检索问题集，如果检索到目标问题，机器人向用户返回与目标问题一一映射的答案信息。

由于 FAQ 文本问答机器人只能回答设计者所预设的问题，因此，FAQ 文本问答机器人的缺点也比较明显，即常见问题数据集的规模较小，FAQ 文本问答机器人一般应用于受限领域的某个方面，例如政务行业的综合行政服务大厅常见问题、企业内部 OA 系统的财务报销问题、银行 APP 软件使用方法问题、医院挂号流程与预约专家的流程等问题。

③ 开放域文本问答机器人　相对于受限域文本问答机器人，开放域文本问答机器人是面向多个领域的问答系统，与受限域文本问答机器人相对比，开放域文本问答机器人在数据规模和领域上具有明显的不同。

在数据规模方面，受限域文本问答机器人的语料规模局限在某一个特定的领域，其问答范围也局限在语料库所限制的领域范围；开放域文本问答机器人所使用的语料库是面向多个领域的，因此，技术难度更大，采用常规的关键字检索技术难以满足系统需求，针对大规模文本数据的处理，须采用自然语言处理技术进行数据处理。

开放域文本问答机器人的核心目标是提供简捷的跨领域问答交互，用户通过自然语言进行提问，系统从各种数据源中获取准确答案。由于开放域文本问答机器人的语料库不限制领域，用户的提问也不被限制在特定领域。

开放域文本问答机器人系统的典型应用是基于互联网信息的开放域

文本问答机器人系统，用户通过简洁的人机交互界面，与机器人进行对话，文本问答机器人通过海量的互联网信息提供简洁且准确的答案信息。

（2）按问答形式划分

文本问答机器人的问答形式也有所不同，按问答形式划分，文本问答机器人分为聊天机器人、检索式问答机器人、社区问答机器人。

① 聊天机器人　是模拟人类对话的人机对话系统，以机器人来回答人们提出的各种问题。

聊天机器人的基本原理是基于对话技巧，设计模式匹配方式。聊天机器人的模式匹配模型比较简单，将用户所输入的自然语言问句，以词为基本单位进行处理，针对用户的问题查找对应的答案。

由于聊天机器人以词为单位构建算法模型，系统对用户问题的处理相对简单对语义的分析能力不足，对问句的理解能力不够强，上下文处理的能力较弱。因此，对于用户的复杂问句或者在问答语料库范围较大的情况下，容易出现答非所问的问题。

由于聊天机器人具有上述特点，其适用于处理较为简单的、规模较小的问题，如某个确切的细分领域的特定用户群体，或系统的特定环节的简单高频问题的人机问答场景。

② 检索式问答机器人　是搜索引擎与自然语言处理相结合的一种问答机器人，用户以自然语言的形式输入问题，基于用户的自然语言问句，系统从互联网或其文档库中进行搜索，将用户问题相关的文档、网页等搜索结果反馈给用户。

检索式问答机器人与单纯的搜索引擎不同，系统将用户所提供的自然语言的问句，通过问句分析、问题理解等处理，分析用户所提问问题的意图，对数据源进行检索。而传统的搜索引擎主要是基于关键词进行检索，对用户问题的意图和问句缺乏足够的语义理解。

检索式问答机器人与搜索引擎相比，在信息检索能力上也存在不足。经过长期的研究与系统迭代升级，国际上和国内优秀的搜索引擎系统已经具备了相当强大的功能，在面向互联网的海量数据进行搜索时，搜索结果的准确率和召回率令用户较为满意，其信息检索的能力已经超过了聊天机器人的能力。

③ 社区问答机器人　又称为协作式问答系统，是一种基于互联网的、开放域问答系统，社区问答机器人的问答语料库来源于互联网用户，用户通过自然语言方式的问题进行提问，社区问答机器人通过信息检索，在语料库中检索最优答案，反馈给用户。

社区问答机器人系统具有明显的社交网络属性，其最大的特点是，吸引众多的互联网用户参与到提出问题与给出答案的过程中来，通过不同用户群体的交互与协作，构建逐步完善的语料库。由于这一特点，社区问答机器人的语料贡献者将各行各业的智慧，在社区问答机器人系统内进行汇集，逐步发展出百度知道、新浪爱问、知乎等大型系统。

社区问答机器人系统丰富的问答语料库，构成了一个大规模的数据集，为研究自然语言处理、信息检索、信息抽取、机器学习以及大数据提供了新的资源和途径，如何从这些数据集中挖掘出更多有价值、有意义的信息，是一个充满挑战与期待的课题。

(3) 按问答语料划分

问答语料是文本问答机器人系统的重要且不可或缺的组成部分，问答语料库可以分为结构化数据（如关系数据库）、半结构化数据、非结构化数据（如网页）。按照文本问答机器人的问答语料不同，文本问答机器人可分为基于结构化数据库的文本问答机器人、基于自由文本的文本问答机器人和基于知识库的文本问答机器人。

① 基于结构化数据库的文本问答机器人　结构化数据库也称为行式数据库，是由二维表结构来逻辑表达和实现的数据，严格地遵循数据格式与长度规范，主要通过关系型数据库进行存储和管理。

基于结构化数据库的文本问答机器人系统，主要特点是系统将用户的问题作为一个查询条件，对用户问题进行分析后，在结构化的数据库中执行查询操作，并将查询的结果作为答案反馈给用户。

传统的结构化数据库查询，要求严格按照查询条件与特定的格式进行查询，如果用户不能够对结构化数据库非常了解，传统的数据库系统难以执行该用户的查询操作，得到准确的查询结果更难。因此，基于结构化数据库的文本问答机器人系统的关键在于，将用户的自然语言所描述的问题，进行理解与分析，将自然语言准确、高效地转化为结构化数据库查询语言的形式，继而对结构化数据库数据进行查询。

② 基于自由文本的文本问答机器人　自由文本是原始的、未经处理的非结构化文本，文档、网页等都属于自由文本。

基于自由文本的问答机器人系统，允许用户以自然语言的方式进行提问，系统通过信息检索，从系统的自由文本集合或互联网中，检索与用户提问相匹配的文档、网页数据，然后通过答案抽取，从所检索出来的文本或网页中抽取问题的答案并反馈给用户。

基于自由文本的文本问答机器人能够回答的问题的答案存在于文档、网页等系统中，由于这些自由文本没有领域的限制，因此，基于自由文本的文本问答机器人多是开放域问答机器人，其中包含面向互联网应用的社区问答机器人等。

③ 基于知识库的文本问答机器人　知识库是对信息进行加工的工具，是用于生产、加工和存储复杂结构化与非结构化信息的系统。第一代知识库系统是专家系统。信息的处理加工过程，是知识库的创建与应用过程，知识库的处理与应用包括信息加工、处理、存储、检索和应用等环节。知识库的两大支柱包括 Agent 和本体。

基于知识库的文本问答机器人使用知识库回答用户提出的问题，知识库是该机器人赖以支撑的重要组成部分。基于知识库的文本问答机器人可以使用一个或多个知识库，利用检索和推理等技术，理解和解决用户提出的问题。

基于知识库的文本问答机器人由于使用了经过信息加工的知识库，对原始数据进行提炼和升华，故具有较高的准确率。

7.1.4 文本问答机器人的评价指标

文本问答机器人的性能评价，一般采用准确率（precision）和召回率（recall）两个指标进行评价，准确率和召回率代表着整个系统的综合性能。

准确率是提取出的正确信息数量与提取出的信息总数的比值；召回率是提取出的正确信息数量与样本中的信息总数的比值。

例如，文本问答机器人的答案库中知识的数量为 A，机器人根据用户的问题匹配到 m 个知识，其中 m_1 个问题是正确问题，m_2 个问题是错误问题，而答案库中实际有 n 个知识是与用户问题相匹配的知识，此时，准确率为 m_1/n，召回率为 m_1/A。

7.2 文本问答机器人体系结构

7.2.1 文本问答机器人基本原理

文本问答机器人的功能表现是基于用户的问题寻找对应答案的过程。文本问答机器人的数学描述为，已知系统的问题集 Q、答案集 A、映射关系 F、问题集的某个元素 q，求解答案集 A 的某个元素 a 的过程。

例如用户询问“中科院在哪”，机器人为理解用户的询问意图，首先对用户的问题进行分析，通过问题分析可知用户在询问一个位置，而且这个位置的单位名称是“中科院”（全称“中国科学院”），然后，系统在答案库中对答案进行抽取，并且只提取答案库中的地理位置作为候选答案，最终从众多的候选答案中选择排序最靠前的信息“中国科学院位于北京市西城区三里河路 52 号”作为答案回复给用户。

因此，文本问答机器人系统由问题分析、信息检索和答案抽取三个主要部分组成，如图 7-1 所示。

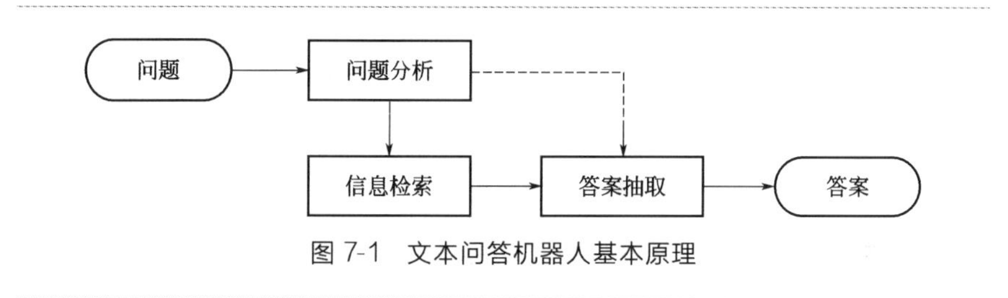

图 7-1　文本问答机器人基本原理

问题分析是对用户问题的分解与分析，一般包括词法分析、句法分析、问题类型判断、句型判断、命名实体识别等过程，问题分析的结果为信息检索做数据准备，同时也为答案抽取服务。

信息检索与搜索引擎的信息检索类似，信息检索的目的是根据查询条件检索数据库、知识库或网页等数据集，获取所有可能包含答案的信息，并根据条件进行初步筛选，召回所匹配的目标信息。信息检索的结果由答案抽取阶段进行更进一步的分析处理。

答案抽取是文本问答机器人的核心环节之一，答案抽取的主要目标是在信息检索提供的信息中，抽取出与用户问题相匹配的信息，作为机器人的最终答案反馈给用户。答案抽取的关键是对信息检索的结果进行分析，并与问题分析阶段的分析结果相匹配，获取信息检索结果中所包含的答案。

问题分析、信息检索、答案抽取各部分在文本问答机器人系统中的目的与作用、处理对象、关键技术、输出结果等如表 7-1 所示。

表 7-1　问题处理、信息检索、答案抽取的关系

项目	问题处理	信息检索	答案抽取
目的与作用	问句解析，为后面的处理服务	获取可能包含答案的文档或网页，为答案提取提供处理对象	从信息检索获取的结果中判断并生成答案
处理对象	用户所提问的问句	问题处理得到的解析后的数据	检索得到的并经过初选后的文档或句子

续表

项目	问题处理	信息检索	答案抽取
输出结果	问句形式化及形式化扩展后的关键词序列	检索得到的并经过初选后的文档或句子	生成对象问句的答案
关键技术	词法分析、句法分析、问题分类、命名实体识别、句型识别、语义分析、语料库技术等	布尔检索技术、向量检索模型、概念检索模型、搜索引擎技术等	命名实体识别、句法分析、相似度计算、语义分析、模式匹配、语句生成等
对整体系统的影响	系统的基础与核心部分，处理结果影响整体系统的性能	处理结果影响系统的相应速度，召回率影响答案抽取阶段数据的数量和质量，进而影响整体系统的准确率	系统的核心与目标，依赖于问题处理和信息检索的结果

同时，为提升文本问答机器人的信息检索效率和准确性，文本问答机器人还包含一个常见问题库，即 FAQ 库，将用户经常问的高频问题及对应的答案进行提取、分析、存储。系统获取用户的问题后，首先通过 FAQ 库进行检索，如果 FAQ 中包含与用户问题相匹配的问题，系统直接给出对应的答案，而无需经过信息检索与答案抽取过程（图 7-2）。

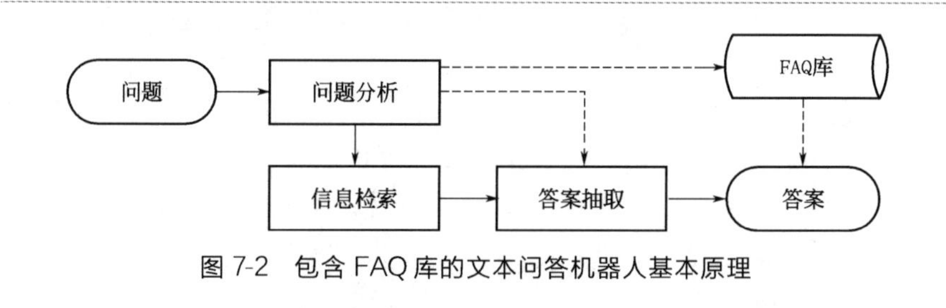

图 7-2 包含 FAQ 库的文本问答机器人基本原理

7.2.2 文本问答机器人体系结构

文本问答机器人根据其类别不同，系统总体架构会有部分不同，但各类文本问答机器人处理信息的基本原理相同。文本问答机器人系统的架构不仅影响系统的准确率、召回率等性能指标，还影响系统的安全性、可用性、扩展性等非功能性指标。

为保证中文问答机器人系统的完整性，高可用、高可靠等要求，系统架构须满足以下条件。

① 完整性 系统能够对中文问答机器人系统的各个环节进行完整分析，涵盖系统的问题分析、信息检索、答案抽取等完整环节。

② 通用性 系统总体架构能够适用于不同领域、不同问答形式、不

同数据源的中文问答机器人系统。

③ 高可用 系统具备较强的信息处理能力，充分利用自然语言处理技术，深入分析问句、答案等数据的特有属性。

④ 安全性 符合标准的系统规范，针对不同阶段、不同层面提供对应的数据安全与系统安全保障。

⑤ 高可靠 系统须满足长期不间断运行的需求，并能够在系统发生错误时快速恢复，同时，降低系统部分错误对整体系统的影响。

⑥ 可扩展 系统能够满足技术升级以及系统性能升级的需求，进行技术升级扩展和性能升级扩展，系统处理流程与关键技术弱耦合，技术升级与性能升级不需要改变系统架构。

文本问答机器人体系结构如图7-3所示。

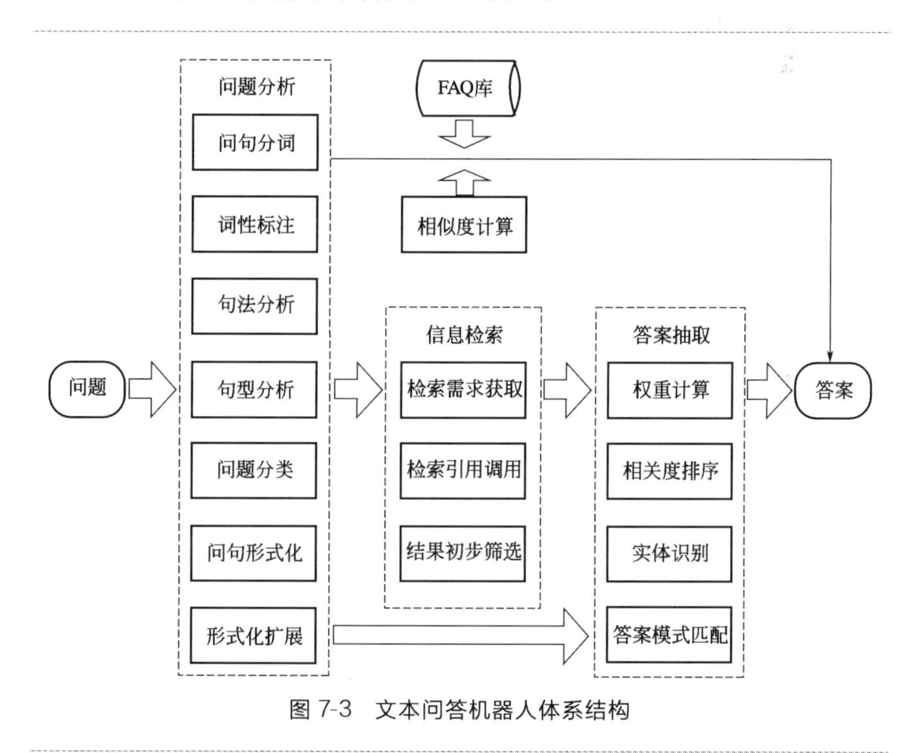

图7-3 文本问答机器人体系结构

7.2.3 文本问答机器人问题分析

问题分析是文本问答机器人系统的基础和核心之一，是系统的初始化模块，对用户提问信息进行深入分析与理解。问题分析的输入信息为用户提问的原始数据，问题分析部分需要完成问题类型分析、问题句法结构关系分析、问题关键词提取、关键词扩展等几个环节的工作。

（1）词法分析

词法分析是将用户问句转化为词序列的过程，词法分析首先进行分词，根据构词规则识别不同的词语，然后进行词性标注，对分词结果中的每一个词语的词性进行标注，确定每个词语是名词、动词、形容词或者其他词性。

（2）问题分类

中文常用的问题分类包含时间、地点、人物、原因、数字等问题类型，针对不同的问题类型，文本问答机器人可以制定相应的答案抽取规则，确保系统在答案抽取阶段根据答案抽取规则获得问题的答案。同时，问题分类还可根据简单问题、事实性问题、定义性问题、总结性问题、推理性问题等进行分类。

（3）关键词提取

关键词提取是从问句中提取有效的关键词。关键词提取过程中，针对不同的词性进行关键词提取与过滤处理，将对问句意图影响较小的“啊”“吧”“呢”等词过滤掉，对影响问句意图较大的名词、动词、形容词等关键词进行提取。

（4）关键词扩展

由于中文中存在同义词、多义词等情况，例如“中国”“我国”“全国”是同义词，因此会出现问题语句和答案语句中的关键词是同义词的问题，进而导致由于关键词匹配失败而丢失包含正确答案的数据的问题。因此，需要系统进行关键词扩展。系统进行关键词扩展能够提升问答机器人系统的召回率，但存在降低准确率的风险。

（5）句法结构分析

句法结构分析是分析问句中词与词之间的依存关系和逻辑结构关系，通过句法结构分析提取用户问句的主要构成要素。句法结构分析为信息检索和答案提取奠定基础。

7.2.4 文本问答机器人信息检索

信息检索是利用问题分析结果中的关键词序列，在文档集合或互联网网页中查找符合检索条件的信息，如果系统具有FAQ库，系统还要在FAQ库中进行检索。信息检索是系统的中间环节，连接问题分析和答案抽取环节，具有桥梁性的作用。

信息检索的输入信息为关键词序列，即问题分析的结果。信息检索的输出信息为满足检索条件的文档集、段落集或语句集等答案集。信息检索的关键是计算检索条件和检索结果之间的相关性，根据相关性对确定答案集元素的权重，并对答案集元素进行排序，获取权重最大的答案集元素，传送给答案抽取环节进行继续处理。

信息检索需要对被检索信息建立索引，确保系统能够快速找到包含特定关键词的答案集元素。同时，在构建索引前，需要对信息进行无效删除、去重等预处理。

信息检索技术属于较为传统的技术，目前已经具有较为成熟的信息检索模型，如布尔检索、向量检索、概念检索等检索模型。

7.2.5 文本问答机器人答案抽取

答案抽取是文本问答机器人的最后一个步骤，是将信息检索的结果提炼成最终答案的过程，将最终答案反馈给用户。答案抽取对问题分析和信息检索的输出结果进行综合分析，抽取信息检索输出结果中的有用信息，对问题答案做出结论性输出。

答案抽取过程中，首先根据问题分析结果中的问题分类结果，基于过滤机制过滤掉无关答案；然后，根据信息检索阶段的检索结果，通过段落断句、去除疑问句、过滤答案句、命名实体识别和排序等操作，获取答案信息的所在位置信息，得到一个包含多个候选答案的答案集合。最后，计算该答案集合中候选答案的权重，权重最大的候选答案即为反馈给用户的最终答案。

7.3 文本问答机器人关键技术

文本问答机器人在问题分析、信息检索、答案抽取等阶段，不同阶段的目标不同，所采用的关键技术也有所不同。文本问答机器人的关键技术包含中文分词技术、词性标注技术、去停用词技术、特征提取技术、问题分类技术、答案提取技术等。

7.3.1 中文分词技术

词语是构成语句意图的基本单位，中文与英文的最大区别之一是英文词与词之间通过空格进行分隔区别，而中文文本的词与词之间是连续的，因此，中文自然语言处理的第一步是中文分词。中文分词的主要作用是将语句中的所有词语打上与之相对应的标签。

中文分词的三个基本问题是分词规范、歧义切分和未登录词的识别。

① 分词规范　即定义什么是一个词语，例如“研究生物学”中包含了“研究”“研究生”“生物”“生物学”多个词语，根据不同的词语界定方式可以有多种不同的分词结果。

② 歧义切分　汉语中经常存在歧义的词语，如“研究生物学”可以是“研究生/物/学”或者“研究/生物/学”，歧义切分是将有歧义的词语做出切分判断。歧义切分一般结合上下文语境，甚至语气、停顿等。

③ 未登录词识别　未登录词是指词表中没有收录的词语或者训练过程中没有出现过的词语。针对新出现的普通词汇，采用新词发现技术对未登录词进行挖掘发现，经过验证后添加到词表中；针对词表外的专有名词，采用命名体识别技术，对人名、地名、单位名称等进行单独识别。

中文分词技术的研究时间较长，具有较多成熟的分词算法，目前，较好的分词系统分词的准确率已经超过了90%。常用的中文分词方法有基于词表的分词方法、基于语义分析的分词方法、基于统计模型学习的分词方法和基于深度学习神经网络的分词方法。

(1) 基于词表的分词方法

基于词表的分词方法是按照一定的策略，将待分析的语句与词表中的词条进行匹配，若在词表中找到与之匹配的词语，则匹配成功。基于词表的分词方法依赖于词表，是最早开展研究的中文分词方法。

目前，基于词表的分词方法有正向最大匹配法、逆向最大匹配法、双向扫描法、逐字遍历法、n-gram分词法等方法。

① 正向最大匹配法　与词表中最长的词所包含的字符数有关，系统从左向右取待分析语句的 m 个字符作为匹配字段，m 为词表中最长的词所包含的字符数，然后将该匹配字段与词表进行匹配，若匹配成功，则将这个匹配字段作为词切分出来，若匹配不成功，则将这个匹配字段的最后一个字去掉，将剩下的字符作为新的匹配字段，重复上述匹配过程，直至切分出所有的词为止。例如，词表中最长词包含4个汉字，对“研究生物学”进行分词的过程中，首先将“研究生物”与词表匹配，若匹配不成功，则将“研究生”与词表匹配，若匹配成功，则将“物学”与词表进行匹配，直至全部切分完毕。

② 逆向最大匹配法　是正向最大匹配法的逆向思维，若匹配不成功，系统将匹配字段的前一个字去掉，再进行下一轮匹配。

③ 双向扫描法　又称为双向最大匹配法，将正向最大匹配法和逆向

最大匹配法得到的结果进行比较，进而确定合适的分词方法。

④ 逐字遍历法　又称为逐字匹配法，基于索引树进行逐字匹配的方法，从索引树的根节点依次同步匹配待匹配的每一个词。该方法具有执行效率快的优点，缺点是构建与维护索引树比较复杂。

⑤ n-gram 分词法　是一种基于贝叶斯统计的分词方法。系统首先根据不同的分词方法进行分词，此时的分词结果包含歧义切分和未登录词问题，然后构建以词语为节点、以条件概率为边的有向无环图，将分词问题转化为求解最佳路径问题，如图 7-4 所示。n-gram 分词法在词表中，以词为单位进行统计，统计出每个词出现的频率，将所有可能的分词结果进行统计，计算概率最大的分词结果。每个分词结果的联合概率如式(7-1) 所示。n-gram 分词法的每个词的概率都是一个依赖于其前面所有词语的条件概率，n 取值大于 4 时，会导致数据稀疏问题，一般 2-gram 分词法为常用分词法。2-gram 分词法联合概率如式(7-2) 所示。

$$p(\omega_1,\omega_2,\cdots,\omega_n)=p(\omega_1)p(\omega_2|\omega_1)p(\omega_3|\omega_1\omega_2)\cdots p(\omega_n|\omega_1\omega_2\omega_{n-1}) \tag{7-1}$$

$$p(\omega_1,\omega_2,\cdots,\omega_n)=\prod_{i=1}^{n} p(\omega_i \mid \omega_{i-1}) \tag{7-2}$$

式中，ω_i 是长度为 n 的语句中的第 i 个词语。

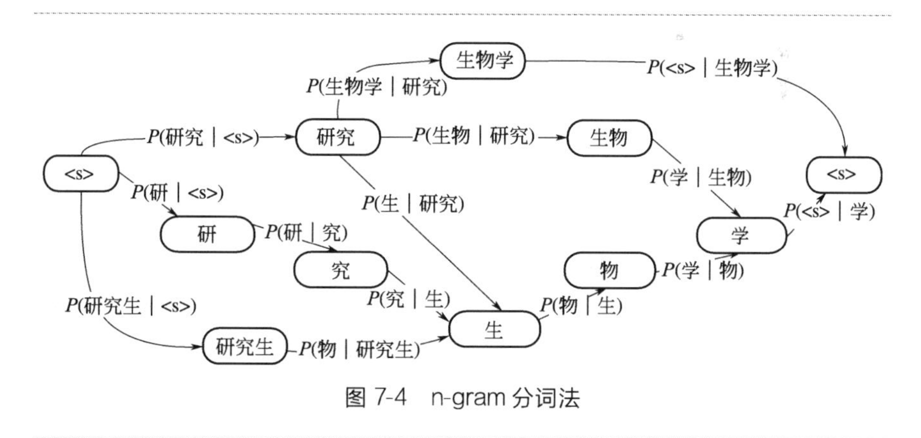

图 7-4　n-gram 分词法

由于对词表的依赖性很大，基于词表的分词方法在语义歧义及未登录词处理方面的效果较差。

(2) 基于语义分析的分词方法

基于语义分析的分词方法引入语义分析，对自然语言的语言信息进行更多处理，进行分词。常见的有扩充转移网络法、矩阵约束法等。

① 扩充转移网络法　该方法以有限状态机概念为基础。有限状态机只能识别正则语言，对有限状态机作的第一次扩充使其具有递归能力，形成递归转移网络（RTN）。在RTN中，弧线上的标志不仅可以是终极符（语言中的单词）或非终极符（词类），还可以调用另外的非终极符的子网络（如字或字串的成词条件）。这样，计算机在运行某个子网络时，就可以调用另外的子网络，还可以递归调用。词法扩充转移网络的使用，使分词处理和语言理解的句法处理阶段交互成为可能，并且有效地解决了汉语分词的歧义。

② 矩阵约束法　先建立一个语法约束矩阵和一个语义约束矩阵，其中元素分别表明具有某词性的词和具有另一词性的词相邻是否符合语法规则，属于某语义类的词和属于另一词义类的词相邻是否符合逻辑，机器在切分时以之约束分词结果。

(3) 基于统计模型学习的分词方法

统计模型学习的分词方法又称为无字典分词方法。词是稳定的组合，因此在上下文中，相邻的字同时出现的次数越多，就越有可能构成一个词。因此字与字相邻出现的概率或频率能较好地反映成词的可信度。统计模型学习的分词方法对训练文本中相邻出现的各个字的组合的频度进行统计，计算它们之间的互现信息。互现信息体现了汉字之间结合关系的紧密程度。当紧密程度高于某一个阈值时，便可以认为此字组可能构成了一个词。

常用的统计模型有n元文法模型（n-gram）、隐马尔可夫模型（hidden Markov model，HMM）、最大熵模型（ME）、条件随机场模型（conditional random fields，CRF）等。

实际应用中此类分词算法一般是将其与基于词典的分词方法结合起来，既发挥匹配分词切分速度快、效率高的特点，又利用了无词典分词结合上下文识别生词、自动消除歧义的优点。

(4) 基于深度学习神经网络的分词方法

该方法是模拟人脑并行，分布处理和建立数值计算模型工作的。它将分词知识所分散隐式的方法存入神经网络内部，通过自学习和训练修改内部权值，以达到正确的分词结果，最后给出神经网络自动分词结果。

常见的神经网络模型有LSTM、GRU等神经网络模型。

7.3.2 词性标注技术

词性标注在问题分析模块中的作用是判断文本中词的词性，即判断每个词到底是属于哪种词性的词语。词语的词性主要分为以下5类：动词、名词、副词、形容词或其他词性。在问题分析乃至自然语言处理的研究中，无论是对英文或是中文，词性标注过程都是必不可少的。正是因为词性标注的普适性，所以在整个语言性研究中，它都发挥巨大的作用，并在多个领域取得了出色的成绩，最突出的领域就是信息检索和文本分类两大领域。

在词性标注方法中，包含三种流行的算法：

① 基于规则标注算法，该算法本身含有人工标注的规则库，需要消耗大量的人工代价；

② 基于随机标注算法，要实现该算法，必须具备大量的数据作为训练数据集来获取模型，利用模型来判断文中某个词是哪种词性的可能性，如基于HMM的标注算法；

③ 混合型标注算法，该算法综合了前两个算法的优点，达到综合性能的最优，被广泛用于自然语言处理中，如TBL标注算法。

7.3.3 去停用词技术

停用词，通俗理解为“具有虚词性质的词”或者是“检索无效的字”。停用词的存在往往会影响文本问答机器人的应答速率，并且会严重占用实验机器的存储空间。因此在检索问题答案时，为节省存储空间和提高搜索效率，这些停用词就会被系统自动“消除”掉，让它们不会影响系统回答问题的效率。

停用词不等同于人们常常提到的过滤词，过滤词往往都加上了人为的设置，人们对不需要出现的词汇进行处理，而停用词并不需要人为干预。

7.3.4 特征提取技术

特征提取的作用，是将集中的数据转变成深度学习方法能够直接使用的矩阵数据，在这个过程中特征提取只负责转变数据形式，其余的因素都不考虑，无需理解特征的可用性。进一步的特征选择能够在转化过来的特征集中选取有代表性的特征子集，这些特征子集可以表示文本的有用信息。

深度学习的方法不能直接处理原始的文本数据，原始的文本数据必须经过特定处理、转变，而特征提取的处理结果，就是生成深度学习方法能够处理的数据。

数据集提供的数据文本都是以文字的形式表示的，若要提取出文字中的信息就需要将数据文本先经过预处理（分词处理），通过词向量的表示方法将分词后的结果转变成固定长度的向量，新生成的向量在后期就可以直接被深度学习网络直接识别处理。

特征提取的具体步骤如下。

① 根据统计算法统计原始数据集中出现的词汇，构成初始的词典向量。新生成的向量中是由原始数据集中的全部词语构成的，所有的词语（假设停用词已去除）都可以在新生成的向量中找到对应的元素。

② 所有的文本经过第一步处理之后，都可以用向量来表示。每个文本都可以表示成为自己特有长度的词典向量，如果文本不同则词典向量的长度也不同。

③ 一般采用 0－1 的表示方法来描述文本，如果某个词语出现那么对应的向量元素就表示为 1，若不出现则对应的向量元素表示为 0。

因为特征提取不分析文本中的无用信息，它是将文本全都转化为词典向量，所以其生成的词典向量的维数较高，不利于直接进行计算。因此，在后期参与计算的特征向量是经过特征选择之后的向量，特征选择在这个环节体现出降维的作用，避免了计算中出现维数灾难的问题。

7.3.5 问题分类技术

问题分类的目的是，当用户提出问题时，通过先将问题分为不同的类别，然后再深入理解用户的意图。问题分类经常被看成如何求解将问题 $x \in X$ 映射到某个类别中的一种映射函数，如式(7-3)：

$$f: X \rightarrow \{y_1, y_2, \cdots, y_n\} \tag{7-3}$$

公式(7-3) 表示 f 从问题集合 X 映射到类别集合 Y，y_i 属于类别集合 Y。

在问题分析阶段中，问题分类具有两个作用。一方面是在一定程度上减小答案的候选空间；另一方面是答案的抽取策略由问题的类别所决定，对于不同类别的问题，相对应的答案选择策略集知识库也是不同的。

7.3.6 答案提取技术

答案提取，即从结构化、半结构化、非结构化等不同结构的数据中进行信息提取，识别、发现和提取出概念、类型、事实、关系、规则等信息，构成答案。

结构化信息具有较强的结构性，往往由程序控制自动产生，信息提取的对象一般为某些字段所对应的内容；非结构化信息具有较强的语法，如网页信息中的新闻信息等；半结构化信息介于两者之间，其信息内容是不符合语法的，有一定的格式，但是没有严格的控制。半结构化信息和非结构化信息进行答案提取时，也可将其转化为结构化文本，再进行结构化信息的答案提取。

7.4 基于互联网的文本问答机器人的典型应用

计算机信息和互联网技术的不断发展促使各类在线服务向网络化、智能化和自动化的方向发展，移动互联网与互联网电商的快速发展，催生了文本问答机器人在互联网电商、移动 App 等渠道的应用。文本问答机器人通过网站、App 等渠道与用户进行对话互动，解答来自用户的问题，不仅减少了企事业单位的服务成本，同时也优化了用户的体验。

当前应用较为广泛的是基于互联网的文本问答机器人，并且问答效果较好的系统为基于 FAQ 知识库的受限域文本问答机器人。

7.4.1 基于 FAQ 的受限域文本问答机器人系统结构

基于 FAQ 的受限域文本问答机器人的系统架构，也包含问题分析、信息检索、答案抽取模块，而应用于互联网环境下，为满足海量用户交互的需求以及多种交互渠道的需求，同时保证机器人系统的高可用、高并发、可扩展以及安全性，系统采用分布式设计，自上而下分为接入层、交互层、服务层和数据层。系统的总体结构如图 7-5 所示。

接入层是系统的接口对接与信息分发层，对接网页、App 等网络渠道的接口，然后根据规则将不同的前端信息发送到应用管理层进行处理。接入层对系统的信息分发进行优化管理，接入层影响系统的应用渠道范围和可用性。

交互层是系统的应用交互管理系统，将来自接入层的信息进行分模块管理，包含用户输入内容的信息管理、敏感词管理、FAQ 知识库管理、知识审核管理、知识状态管理、系统的参数与权限管理等。交互层最能体现系统的功能与用户的交互体验。

服务层是系统的技术核心，系统的问题分析、信息检索、答案抽取对应的引擎在服务层进行管理，包含分词引擎、词性标注引擎、问题分类引擎、数据归一引擎、信息检索引擎、实体识别引擎、结果生成引擎等。服务层影响系统的准确率和召回率，是区分不同系统和决定系统性能指标的关键。

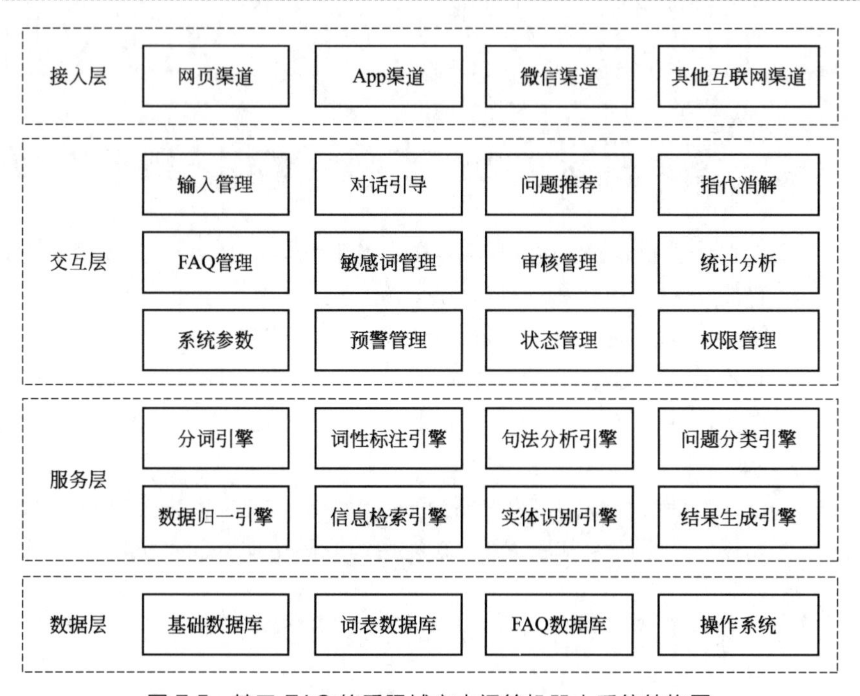

图 7-5 基于 FAQ 的受限域文本问答机器人系统结构图

数据层是数据存储相关的服务平台，包含管理机器人系统的操作系统数据以及文件系统，同时还包含 FAQ 数据库、系统的词表数据库，以及应用系统的基础数据库。数据层影响系统的整体性能。

7.4.2 基于 FAQ 的受限域文本问答机器人系统功能

基于 FAQ 的受限域文本问答机器人系统经过长期的实际应用，系统已经具备了良好的整体性能和用户体验。除了进行简单的一问一答，机器人系统还支持场景式问答、指代消解、关联业务系统等复杂功能和应用场景。

（1）用户输入信息预处理

用户输入信息预处理包含对无效信息的过滤、用户输入信息归一化处理，同时，为提升用户的问答效果和提高系统的准确率，系统接入层针对用户所输入的不完整信息，根据关键字匹配FAQ库中的知识，并在用户的问题输入过程中进行实时动态提示，引导用户采用FAQ库的标准问题进行问答，避免发生因歧义分词和未登录词问题导致的准确率降低问题。

（2）用户问题识别

用户问题识别是传统的文本问答机器人的基本功能，即根据用户的问题，在FAQ库中匹配与之相对应的知识。用户问题识别是系统的核心功能，系统根据用户所发送的最终问题信息，通过问句分词、词性标注、句法分析、句型分析、问题分类、问句形式化、形式化扩展得到规范化的用户问题；通过问题处理结果得到信息检索的条件和需求，调用信息检索引擎，从FAQ库中检索到满足条件的所有信息，然后根据问题类型对检索结果进行初步筛选；根据信息检索的结果，系统对经过初步筛选的信息进行排序处理，将排名第一位的信息作为最终答案反馈给用户。

（3）场景式问答

场景式问答式为应对FAQ库数量较大而导致的问答准确率低的问题而设计，场景式问答为用户在不同上下文条件下，所输入的问题相同而得到不同的答案的过程。

场景式问答需要在FAQ库中构建不同的问答场景，问答场景的上下文关系以tree结构进行关联。每个问答场景的要素包含入口、流程控制和退出机制。

① 入口　系统通过语句的语义匹配进行入口控制，区分不同对话是普通问答还是场景式问答，入口控制与识别的本质是用户问题识别的过程。

② 流程控制　即场景内的用户对话管理，用户在基于上文的对话后，进入场景问答以后的第一个问题为入口问题，第二个及以后的问题与上文进行语义关联，如用户可回答“是的”“没错”“上海户口”等积极问题、消极问题或者明确的问题，也可以回答“还可以吧”“一般般”等模糊化问题。问答机器人根据用户的上下文关联意图，检索、匹配FAQ库中的树形知识的不同知识节点。

③ 退出机制　系统根据用户的上下文语义进行语句的语义匹配，设定了场景问答退出机制。当用户的下文回复语句同场景中的目标节点知识均不匹配时，即满足场景退出条件。此时，用户的该问题再与FAQ库中的其他知识进行检索、匹配。

（4）相关问题推荐

基于FAQ受限域的文本问答机器人系统具有较好的问答后处理能力，系统根据答案生成的过程结果，若权重最大的知识的权重满足阈值条件，则该知识对应的答案为最终答案，同时，将满足另外权重阈值条件的知识，根据权重进行知识排序，并进行问题推荐。

相关问题推荐是解决系统解决率低的另一个有效方式。

（5）知识学习

知识学习是一种搜集FAQ库的问题的相似问法或FAQ库不包含信息的一种方式。知识学习分为两种方式：分类方式与聚类方式。

分类方式是将每个知识作为一个类，通过计算待学习信息与已知知识的特征或属性之间的关系，进行划分。聚类方式的目标是使同一类对象的相似度尽可能大，不同类对象之间的相似度尽可能小。目前根据聚类思想的不同，大致可以分为：层次聚类算法、分割聚类算法、基于约束的聚类算法、机器学习中的聚类算法和用于高维度的聚类算法。

7.4.3 基于FAQ的受限域文本问答机器人系统特点

基于FAQ的受限域文本问答机器人系统可广泛应用在基于浏览器的互联网领域，由于WEB技术的广泛应用和技术成熟性，基于FAQ的受限域文本问答机器人具有高并发、高可用、安全性高、准确率高等优点，同时，由于FAQ库的内容限制，其回答范围受限。

① 高并发　系统可进行集群化部署和分布式检索技术，能够保证海量用户的同时对话交互。

② 高可用　由于采用分布式结构设计，系统可在前置接入层进行参数优化、网页端代码调优、压缩、缓存、反向代理优化、操作系统文件句柄数优化，使系统能够支持较高的信息吞吐率。

③ 安全性高　在网络层面，系统划定安全区域、部署防火墙系统、部署安全审计系统、漏洞扫描系统和网络病毒监控等系统；系统层面，系统通过主机入侵防范、恶意代码防范、资源控制等手段和方法，确保系统的安全。

④ 准确率高　系统在中文分词过程中，根据不同的应用领域采用不同的分词方法，在应用过程中逐步丰富词表，在应用过程中采用用户问题预处理、相关问题推荐等方法，弥补算法模型的局限性，确保系统的高准确率。

⑤ 问答范围受限　由于FAQ库内的信息数量范围受限，系统只能

应用在一个特定的领域或特定的服务场景中，超过此范围的问题，问答效果一般很差。

7.4.4 基于FAQ的受限域文本问答机器人应用领域

由于基于FAQ的受限域文本问答机器人系统，在特定领域、特定场景下的问答准确率较高，一般会超过80%，因此该机器人在针对特定用户群的特定领域应用广泛。

目前，基于FAQ的受限域文本问答机器人系统已经广泛应用在政府办事事项咨询、医院挂号流程问答、银行信用卡常见操作对话、公司内部人力资源与财务制度人机问询等领域，将大量的重复、高频问题由机器人替代人工进行回答，不但明显降低了沟通过程中的人力资源成本，同时提高了相关问题问答的实时性，取得了良好的效果。

参考文献

[1] 蔡自兴. 机器人学[M]. 第 3 版. 北京：清华大学出版社，2015.

[2] 王曙光. 移动机器人原理与设计[M]. 北京：人民邮电出版社，2013.

[3] 张毅. 移动机器人技术及其应用[M]. 北京：电子工业出版社，2007.

[4] 陈黄祥. 智能机器人[M]. 北京：化学工业出版社，2012.

[5] 王耀南. 机器人智能控制工程[M]. 北京：科学出版社，2004.

[6] 朱世强. 机器人技术及其应用[M]. 杭州：浙江大学出版社，2000.

[7] 高国富. 机器人传感器及其应用[M]. 北京：化学工业出版社，2004.

[8] 郭彤颖. 机器人学及其智能控制[M]. 北京：人民邮电出版社，2014.

[9] 杨汝清. 智能控制工程[M]. 上海：上海交通大学出版社，2000.

[10] 李斌. 蛇形机器人的研究及在灾难救援中的应用[J]. 机器人技术与应用，2003，3：22-26.

[11] 陈香. 救援机器人参与四川雅安地震救援[J]. 机器人技术与应用，2013，3：46.

[12] 刘星. 基于视觉传感器的移动机器人崎岖地面协调控制[D]. 哈尔滨：哈尔滨工程大学，2013：24-27.

[13] 周丽丽，何艳，田晓英，王涛. 移动机器人崎岖地面静态目标瞄准跟踪系统[J]. 自动化技术与应用，2013，32（5）：4-8.

[14] 顾嘉俊. 移动机器人在非平坦地形上的自主导航研究[D]. 上海：上海交通大学，2010：117-135.

[15] 张昕，杨晓冬，郭黎利，张曙. 适用于闭域或半闭域空间无线通信用泄漏电缆研究[J]. 哈尔滨工程大学学报，2005，05：672-674.

[16] [美] Saeed B. Niku. 机器人学导论：分析、控制及应用[M]. 第 2 版. 孙富春，译. 北京：电子工业出版社，2018.

[17] 于金霞，蔡自兴，邹小兵，段琢华. 非平坦地形下移动机器人航迹推算方法研究[J]. 河南理工大学学报，2005，24（3）：210-216.

[18] 唐鸿儒，宋爱国，章小兵. 基于传感器信息融合的移动机器人自主爬楼梯技术研究[J]. 传感技术学报，2005，18（4）：828-833.

[19] 李天庆. 基于多传感器融合的机器人自主爬楼梯研究[D]. 合肥：合肥工业大学，2008：44-49.

[20] 翟旭东，刘荣，洪青峰，渠源. 一种关节式履带移动机器人的爬梯机理分析[J]. 机械与电子，2010（1）：62-65.

[21] 洪炳镕. 室内环境下移动机器人自主充电研究[J]. 哈尔滨工业大学学报，2005，37（7）：885-887.

[22] 王忠民. 灾难搜救机器人研究现状与发展趋势[J]. 现代电子技术，2007，17（30）：152-155.

[23] 赵伟. 基于激光跟踪测量的机器人定位精度提高技术研究[D]. 杭州：浙江大学，2013.

[24] 宗成庆. 统计自然语言处理[M]. 第 2 版. 北京：清华大学出版社，2013.

[25] 刘金国，王越超，李斌，马书根. 变形机器人倾翻稳定性仿真分析[J]. 仪器仪表学

报，2006，18（2）：409-415.

[26] 刘金国，王越超，李斌，马书根. 模块化可变形机器人非同构构型表达与计数[J]. 机械工程学报，2006，42（1）：98-105.

[27] 吴友政，赵军，端湘煜. 问答式检索技术及评测研究综述[J]. 中文信息学报，2013，19（3）：11-13.

[28] 黄寅飞，郑方，燕鹏维. 校园导航系统EasyNav的设计与实现[J]. 中文信息学报，2001，15（4）：35-40.

[29] 王树西，刘群，白硕. 一个人物关系问答系统的专家系统[J]. 广西师范大学学报，2013，21（1）：31-36.

[30] 张江涛，杜永萍. 基于语义链的检索在QA系统中的应用[J]. 计算机科学，2013，40（2）：256-260.

[31] 夏天，樊效忠，刘林等. 基于ALICE的汉语自然语言接口[J]. 北京理工大学学报，2004，24（10）：885-889.

[32] 孟小峰，王珊. 中文数据库自然语言查询系统Nchiql设计与实现[J]. 计算机研究与发展，2001，38（9）：1080-1086.

[33] 刘琨. 基于人工势场和蚁群算法的无人船路径规划研究[D]. 海口：海南大学，2016.

[34] 耿振节. 基于改进蚁群算法的捡球机器人多目标路径规划研究[D]. 兰州：兰州理工大学，2015.

[35] 石为人，黄兴华，周伟. 基于改进人工势场法的移动机器人路径规划[J]. 计算机应用，2010，08：2021-2023.

[36] 王勇，朱华，王永胜等. 煤矿救灾机器人研究现状及需要重点解决的技术问题[J]. 煤矿机械，2007，28（4）：107-109.

[37] Xu J，Guo Z，Lee T H. Design and Implementation of Integral Sliding-mode Control on an Underactuated Two-Wheeled Mobile Robot[J]. IEEE Transactions on Industrial Electronicso，2014，61（7）：3671-3681.

[38] Bruno Siciliano，Oussama Khatib. Springer Handbook of Robotics. Springer Press，2008.

[39] Luo R C，Lai C C. Multisensor Fusion-based Concurrent Environment Mapping and Moving Object Detection for Intelligent Service Robotics [J]. IEEE Transactions ON Industrial Electronics. 2014，61（8）：4043-4051.

[40] Asif M，Khan M J，Cai N. Adaptive Sliding Mode Dynamic Controller with Integrator in the Loop for Nonholonomic Wheeled Mobile Robot Trajectory Tracking [J]. International Journal of Control，2014，87（5）：964-975.

[41] Mao Y，Zhang H. Exponential Stability and Robust H-infinity Control of a Class of Discrete-time Switched Non-linear Systems with Time-varying Delays via T-S Fuzzy Model[J]. International Journal of Systems Science，2014，45（5）：1112-1127.

[42] Blazic S. On Periodic Control Laws for Mobile Robots [J]. IEEE Transactions on Industrial Electronics，2014，61（7）：3660-3670.

[43] Robin. Strategies for Searching and Area with Semi-Autonomous Mobile Robots[C]. Proceedings of Robotics for Challenging Environments，1996：15-21.

[44] Ahelong Wang and Hong Gu. A Review of Locomotion Mechanisms of Urban Search and Rescue Robot [J]. Industrial Robot：An International Journal，2007：400-411.

[45] Ting Chien，Jr Guo，Kuo Su，Sheng Shiau. Develop a Multiple Interface Based Fire Fighting Robot[C]. Proceedings of International Conference on Mechatronics Kumamoto Japan，2007：1-6.

[46] Geert Jan M. Kruijff. Rescue Robots at

Earthquake-Hit Mirandola, Italy: a Field Report [C]. IEEE International Symposium on Safety, Security, and Rescue Robotics, 2012: 1-8.

[47] Alexander Zelinsky. Field and Service Robotics[M]. Springer Publishing Company, 2012: 79-85.

[48] Carlos Cardeira, Jose Sada Costa. A Low Cost Mobile Robot for Engineering Education[C]. Industrial Electronics Society, 31st Annual Conference of IEEE, 2005: 2162-2167.

[49] Josep, Mirats Tur, Carlos Pfeiffer. Mobile Robot Design in Education[J]. IEEE Robotics & Automation Magazine, 2006: 69-75.

[50] Kohtaro Sabe. Development of Entertainment Robot and Its Future[J]. Symposium on VLSI Circuits Digest of Technical Papers, 2005: 1-5.

[51] Hebert Paul, Bajracharya Max. Mobile Manipulation and Mobility as Manipulation Design and Algorithms of RoboSimian[J]. Journal of Field Robotics, 2015, 32: 255-274.

[52] Satzinger. Tractable locomotion planning for RoboSimian [J]. The International Journal of Robotics Research, 2015: 19-25.

[53] V. Jijkoun, M. Rijke. Retrieving Answers from Frequently Asked Questions Pages on the Web [C]. Proceedings of NIKM, 2005: 76-83.

[54] Reconfigurations for RoboSimian[C]. ASME 2014 Dynamic Systems and Control Conference, American Society of Mechanical Engineers, 2014: 120-127.

[55] Satzinger, Bajracharya. More Solutions Means More Problems: Resolving Kinematic Redundancy in Robot Locomotion on Complex Terrain[C]. IEEE International Conference on Intelligent Robots and Systems, 2014: 4861-4867.

[56] Robin, Murphy. Marsupial and Shape-shifting Robots for Urban Search and Rescue[C]. IEEE International Conference on intelligent Systems, 2000: 14-17.

[57] Hitoshi Miyanaka, Norihiko Wada, Tetsushi Kamegawa. Development of an Unit Type Robot "KOHGA2" with Stuck Avoidance Ability [C]. IEEE International Conference on Robotics and Automation, 2007: 3877-3882.

[58] Folkesson, Christensen. SIFT Based Graphical SLAM on a Packbot [J]. Springer Tracts in Advanced Robotics, 2008, 42: 317-328.

[59] Cheung, Grocholsky. UAV-UGV Collaboration with a PackBot UGV and Raven SUAV for Pursuit and Tracking of a Dynamic Target [J]. Unmanned Systems Technology X, 2008: 65-72.

[60] Pavlo Rudakevych. Integration of the Fido Explosives Detector onto the PackBot EOD UGV [J]. ProcSpie, 2007: 61-65.

[61] Markus Eich, Felix Grimminger, Frank Kirchner. A Versatile Stair-Climbing Robot for Search and Rescue Applications [C]. IEEE International Workshop on Safety, Security and Rescue Robotics, 2008: 35-40.

[62] Tongying Guo, Peng Liu, Haichen Wang. Design and implementation on PC control interface of robot based on VxWorks operating system [C]. International Conference on Precision Mechanical Instruments and Measurement Technology, 2014: 1109-1112.

[63] Hesheng Wang, Maokui Jiang, Weidong Chen. Visual Servoing of Robots with Uncalibrated Robot and Camera

Parameters[J]. Mechatronics, 2011: 187-192.

[64] Hesheng Wang, Maokui Jiang, Weidong Chen. Adaptive Visual Servoing with Imperfect Camera and Robot Parameters[C]. International Conference on Intelligent for Sustainable Energy and Environment, 2010: 255-261.

[65] Isabelle Vincent, Qiao Sun. A Combined Reactive and Reinforcement Learning Controller for an Autonomous Tracked Vehicle[J]. Robotics and Autonomous Systems2012 (60): 599-608.

[66] Anastasios, Moutikis. Autonomous Stair Climbing for Tracked Vehicles[J]. The International Journal of Robotics Research, 2007, 60(7): 737-758.

[67] Matsuno, Tadokoro. Rescue Robots and Systems in Japan[C]. IEEE International Conference on Robotics and Biomimetics, 2005: 12-20.

[68] Murphy, Casper. Mobility and Sensing Demands in USAR[C]. IEEE International Conference on Session And Rescue Engineering, 2000: 138-142.

[69] Scholtz, Antonishek, Young. A Field Study of Two Techniques for Situation Awareness for Robot Navigation in Urban Search and Rescue[C]. IEEE International Workshop on Robot and Human Interactive Communication, 2005: 131-136.

[70] Minghui Wang, Shugen Ma. Motion Planning for a Reconfigurable Robot to Cross an Obstacle[C]. IEEE International Conference on Mechatronics and Automation, 2006: 1291-1296.

[71] Changlong Ye, Shugen Ma, Bin Li. Design and Basic Experiments of a Shape-shifting Mobile Robot for Urban Search and Rescue[C]. IEEE International Conference on Intelligent Robots and Systems, 2006: 3994-3999.

[72] Minghui Wang, Shugen Ma. Task Planning and Behavior Scheduling for a Reconfigurable Planetary Robot System [C]. IEEE International Conference on Mechatronics and Automation, 2005: 729-734.

[73] Tonglin Liu, Wu, Chengdong, Bin Li. Shape-shifting Robot Path Planning Method Based on Reconfiguration Performance[C]. IEEE International Conference on Intelligent Robots and Systems, 2010: 4578-4583.

[74] Bin Li, Shugen Ma, Tonglin Liu, Minghui Wang. Cooperative Reconfiguration Between Two Specific Configurations for a Shape-shifting Robot. IEEE International Workshop on Safety Security and Rescue Robotics, 2010: 1-6.

[75] Jinguo Liu, Yuechao Wang, Bin Li, Shugen Ma, Jing Wang, Huibin Cao. Transformation Technique Research of the Improved Link-type Shape Shifting Modular Robot[C]. IEEE International Conference on Mechatronics and Automation, 2006: 295-300.

[76] Minghui Wang, Shugen Ma, Bin Li. Reconfiguration of a Group of Weel manipulator Robots based on MSV and CSM[J]. IEEE Transactions on Mechatronics, 2009, 14(2): 229-239.

[77] Bin Li, Jing Wang, Jinguo Liu, Yuechao Wang, Shugen Ma. Study on a Novel Link-type Shape Shifting Robot[C]. The Sixth World Congress on Intelligent Control and Automation, 2006: 9012-9016.

[78] Minghui Wang, Shugen Ma, Bin Li. Configuration Analysis for Reconfigu-

rable Modular Planetary Robots Based on MSV and CSM[C]. IEEE International Conference on Intelligent Robots and System, 2006: 3191-3196.

[79] Tonglin Liu, Wu Chengdong, Bin Li, Jinguo Liu. A Path Planning Method for a Shape-shifting Robot[C]. The eighth World Congress on Intelligent Control and Automation, 2010: 96-101.

[80] Abacha A B, Zweigenbaum P. MEANS; A Medical Question-answering System Combining NLP Techniques And Semantic Web Technologies[J]. Information Processing & Management, 2015, 51 (5): 570-594.

[81] Atzori M, Zaniolo C. Expressivity and Accuracy of By-Example Structured Queries on Wikipedia[C]. 2015 IEEE 24th International Conference on Enabling Technologies: Infrastructure for Collaborative Enterprises. IEEE Computer Society, 2015: 239-244.

[82] Yi Fang, Luo Si. Related Entity Finding by Unified Probabilistic Models [J]. World Wide Web-intemet & Web Information Systems, 2015, 18 (3): 521-543.

[83] Zhang S, Wang B, Gareth J. F. ICT-DCU Question Answering Task at NTCIR-6 [C]. Proceedings of NTCIR-6 Workshop Meeting, Tokyo, Japan: National Institute of Informatics, 2014: 15-18.

[84] Wu LD, Huang XJ, Zhou YQ, et al. 2003. FDUQA on TREC2003 QA task [C]. In the Twelfth Text Retrieval Conference (TREC2003), Maryland: NIST, 2003: 246-253.

[85] Pavlic M, Han 2 D, Jakupovic A. Question Answering with A Conceptual Framework for Knowledge-based System Development a Node of Knowledge[J]. Expert Systems with Applications, 2015, 42 (12): 5264-5286.

[86] Park S, Shim H, Han S, et al. Multi-Source Hybrid Question Answering System[M]. Natural Language Dialog Systems and Intelligent Assistants. Springer International Publishing, 2015: 241-245.

[87] Mlnock&Michael. Where Are the Killer Applications of Restricted Domain Question Answering[C]. Proceedings of the IJCAI Workshop on Knowledge Reasoning in Question Answering, 2005: 4.

[88] Stutzle T, Hoos H. Max-Min Ant System[J]. Journal of Future Generation Computer Systems, 2000, 16 (9): 889-914.

[89] Ioannidis K, Sirakoulis G Ch, Andreadis I. Cellular ants: a Method to Create Collision Free Trajectories for a Cooperative Robot Team[J]. Robotics and Autonomous Systems, 2011, 59 (2): 113-127.

[90] Chandra Mohan B, Baskaran R. A survey: Ant Colony Optimization Based Recent Research and Implementation on Several Engineering Domain[J]. Expert Systems with Applications, 2012, 39 (4): 4618-4627.